多元的都市化と
中国の発展

李強 ── 編著
蔣芳婧 ── 訳
橋谷弘 ── 解説

日本経済評論社

李强等著
《多元城镇化与中国发展——战略及推进模式研究》
社会科学文献出版社，2013年.

The Japanese version is published with the financial support from the Chinese Fund for the Humanities and Social Sciences.

日本語版への序

　中国の大規模な都市化の発端は，40年前に鄧小平氏が提唱した改革開放にさかのぼる．日本などの国や地域に比べて，中国の都市化は後発型，あるいは遅延型であるため，中国の学者は一般に中国の都市化と産業化が「後発的外生型の近代化」だと考えている．つまり，第二次世界大戦後，多くの発展途上国でみられた産業化と都市化の飛躍的発展に比べて，中国の発展は確かに大幅に立ち遅れていた．同時に，中国では発展と「開放」が密接不可分であり，外来の資本・モデル・影響が重要な役割を果たしていた．それゆえ，中国では「後発性利益」がみられ，「準備期間が長ければ長いほど，発展の勢いも速い（蓄之愈久，其发必速）」ともいえる．20世紀末から21世紀初頭にかけて，中国の都市化と産業化は急速な発展を遂げ，現在，都市部で長期にわたって就業し生活している人々は総人口の約60％となったが，改革開放前の1978年には，この数字がわずか17.9％にすぎなかったことを忘れてはならない．
　現在の中国では，人類史上で最大規模の都市化が進行しているとよくいわれるが，世界最多の人口と農民を抱えているため，都市化の規模もおのずと最大になるのである．
　本書は，改革開放以降の中国における都市化の過程とその特徴について，探究と議論を試みたものである．我々の研究で明らかになったのは，中国の都市化は政府主導型であり，都市化の促進に政府が大きな役割を果たしているということである．あるいは，これは一種の都市化推進モデルであり，政府が強大な組織体系と行政の力を駆使しながら，都市化を計画し推進しているといった方が的確かもしれない．本書では，中国の都市化推進モデルを，大きく7つの類型に分類して提起している．具体的には，経済開発区の建設によって都市化を推進するモデル，新都市を計画・建設することで都市化を推進するモデル，都市の周辺に生産・建設用地を新たに許認可することで都市を拡張させるモデル，旧市街を改造・改築するモデル，一部の大都市で大規模な中心業務地区

（CBD）を建設するモデル，それほど規模の大きくない都市で郷鎮産業を発展させるモデル，そして人口が比較的多く発展の条件を備えた村落で産業化を促進するモデルという7つの類型である．

　都市化は，表面的には多くの農地が都市空間に改造されて高層ビルが林立するというような，景観の変化や物質空間の変化とみられがちである．しかし筆者は，研究を進めるにつれて，都市化の核心が「人の都市化」であることを認識するようになった．つまり都市化の主体は物質ではなく人間であり，都市化の過程における人の変化，人の利益に一層注目すべきである．「人の都市化」というのは，やや複雑な概念で，それが含む内容は非常に広範囲にわたるが，最も重要な内容は，都市化の主体となる人間自身の生産様式，生活様式，文明資質，社会権益という4つの面における変化である．「人の都市化」とは，この4つの面で人々が現代文明の体系に入る過程だと筆者は考えている．

　第1に，生産様式の転換である．人の都市化で重要なのは，都市化の中で人間自身に起きる変化で，なかでも最も重要なのが人々の労働様式，生産様式の転換である．都市化は，人々が現代的産業の就業システムに入ることを意味する．このような変化には，農民や農民工（出稼ぎ農民）が都市に移動し，農業部門から工業・サービス業などの非農業部門へ転換するという変化も当然含まれる．しかし，見過ごしてはならないのは，人の都市化には農業の経営方式の現代化も含まれており，伝統的な小農生産様式から現代的な経営方式へ転換すること，つまり伝統的な農民が現代的な分業システムの中で新しいタイプの農民や農業経営者に転換することも含まれるということである．中国の実践で明らかなように，都市化は農業の放棄を意味するのではなく，農業生産を現代産業の経営方式へ転換することを強調するものであり，それは都市と農村の一体化として体現される．現代の産業システムでは，すでに工業と農業の境界はあいまいになっている．たとえば，食品生産において農作物の栽培は一連の連鎖の一部にすぎず，食品の加工・包装・販売も同じく連鎖の一部となっている．現在の中国農村では，現代的な生産技術を使い，専業の生産合作社を作り，食品技術と安全監督の仕組みも整え，マーケティングも見事にこなすような事例が決して少なくない．要するに人の都市化は，生産様式の変化という面では，都市と農村の一体化という特徴としてあらわれるのである．

第2に，生活様式の転換である．人の都市化は，生活様式の転換という面で，農村住民が現代文明の生活様式に入り，これに馴染んでいく過程をあらわす．具体的には，現代的な交通やインフラ，高品質の文化娯楽，医療衛生，スポーツ，レジャーなどの生活サービスを手に入れることである．生活様式の転換は，農民や農民工が都市に移動して都市住民となることによって成し遂げることもできるが，農村自体の都市化や都市近郊地域の都市化も，その重要な手段である．生活様式の転換は，都市化の過程でしばしば軽視されてきた．前述のように，中国の都市化，工業化の発展の中には「開発区モデル」という非常に特徴的なモデルがある．開発区は，多くの農民・農民工を吸引して就業させ，確かに生産様式の転換を実現したが，生活様式の転換は無視されがちであった．一部の開発区では大量の宿舎が建てられたが，農民工は働き蜂のようにひたすら働くだけで，都市生活の楽しみを全く享受できていない．したがって，人の都市化にあたっては，現代文明における生活様式の実現をとりわけ強調しなければならない．生活様式の転換の重要な一環は，居住様式の転換である．都市化は，現代的な居住様式への転換を意味するが，農民が高層住宅に引っ越せば生活様式の都市化が実現できるわけではない．現在の中国では，農村の住宅用地を他の用途に転換し，農民を高層住宅へ入居させるという動きの背後に，巨大な経済的利益が絡んでいる．そのため，生活様式の都市化を掲げながら，実は農民の利益を侵害しているという問題の発生を特に警戒しなければならない．人の都市化にあたって，住宅問題では人間本位でその時点やその場所の実情に合った住宅の運営が必要とされる．農民の住宅用地の用途転換で得られる利益を追求するのではなく，農民や農民工の居住条件の改善を目指すことこそ，人の都市化の本来の目的である．

　第3に，現代的な文明の資質を形成することである．都市には人口が集中し，とりわけ大都市，特大都市では，なおさら夥しい人口が密集している．それゆえ，都市生活は住民一人ひとりに一層高いレベルを要求している．都市部，特に大都市では，公共秩序や公衆衛生の規範を守らなければ，人口集中による乗数効果によって巨大な惨禍がもたらされるだろう．また，都市生活は住民一人ひとりに，より高いレベルの公共意識と公民資質を求めている．そのため，人の都市化は，都市化に参与するすべての人々の文明的資質の形成を意味してい

る．都市へ移動した人も農村に残った人も，生産様式と生活様式の転換に伴い，現代文明にふさわしい行為・規範・意識・理念を形成すべきである．とりわけ，教育・遵法精神・公衆衛生・公共活動の資質を大きく向上させなければならない．同時に，現代的な生産様式への転換に適応できるような知識・技術・技能・労働の資質や，生活様式の転換にふさわしい交際・心理・審美の資質の向上も含まれなければならない．

第4に，人の都市化は，都市化の中で公平かつ公正な社会的権益を実現することを，とりわけ強調する．現在，中国における都市と農村の分化という二元体制における大きな問題点は，権益上の不公平，不公正である．そのため，都市化の過程では，権利・機会・規則の公平を実現するために，一連の制度・体制・機構を樹立し整備しなければならない．人の都市化の最終的な目標は，都市と農村の住民に対して，平等な経済的権利，社会的権利，政治的権利，発展の権利をもたらすことであり，たとえば土地や住宅などの財産権，社会保障や公共サービスを享受する権利などを持つようになることである．

以上のように，人の都市化という観点は，本書の中で非常に重要な位置を占める．もちろん，人の都市化は長期間を要する非常に困難な任務であり，中国の官・産・学・研など多方面の力によって絶えず改革と創新の積み重ねを要するもので，決して一挙に成し遂げられるものではない．

このたび，本書の日本語版の出版にあたり，訳者の蒋芳婧准教授と監訳・解説の橋谷弘教授の多大なご尽力に特に感謝を申し上げたい．あわせて，日本経済評論社の編集者の方々にも心より感謝を申し上げたい．また，本書の日本での出版は中国国家社会科学基金・中華学術対外翻訳プロジェクトの出版助成を受けたものであり，その関係者にもお礼を申し上げる．

本書にも思わぬ誤謬や不足があることを恐れるが，読者の皆様に指摘や訂正をお願いしたい．

2018年4月22日

李　強

北京・清華大学において

解説

　本書の原本となったのは，李強等著《多元城镇化与中国发展——战略及推进模式研究》社会科学文献出版社，2013 年である．同書は中国の国家社会科学基金重大プロジェクト《推进我国多元城镇化战略模式研究》の成果として刊行された．原書は全 26 章，597 頁に及ぶ大部な著作であり，その全てを翻訳することは諸般の事情から困難だったので，中国の都市化の特徴，都市化推進モデルの 7 類型，人口移動と新住民の社会統合という 3 つの分野に関する章だけを抽出して翻訳した．なお，本書と並行して英語版も作成され，Springer Nature 社から "*Diversified Urbanization and China's Development*" というタイトルで 2018 年 12 月に刊行予定である．原書の構成および筆者と，本書の翻訳部分を示せば，以下のとおりである．

第 1 篇　多元城镇化模式的理论研究
　第 1 章　新中国成立以来城镇化发展历程，现状和问题（葛天任）　本書第 1 章
　第 2 章　多元城镇化模式的理论探讨（陈宇琳・葛天任）　本書第 2 章
　第 3 章　中外城市化和城市发展过程中的经验和教训（刘强・吕鹏・叶攀）
第 2 篇　多元城镇化的推进模式
　第 4 章　中国城镇化"推进模式"的七种类型（李强・陈宇琳・刘精明）　本書第 3 章
　第 5 章　建立开发区模式（吕鹏）　本書第 4 章
　第 6 章　建设新城模式（史玲玲）　本書第 5 章
　第 7 章　城市扩展模式（葛天任）　本書第 6 章
　第 8 章　旧城更新模式（高天）　本書第 7 章
　第 9 章　建设中央商务区模式（王莹）　本書第 8 章
　第 10 章　乡镇产业化模式（李阿琳）　本書第 9 章

第 11 章　村庄产业化模式（刘强）　本書第 10 章
第 3 篇　人口迁移与城镇化的区域研究
　第 12 章　城镇化过程中的人口流动的实证分析（王昊）　本書第 11 章
　第 13 章　基于县域经济的发展推进人口城镇化（江易华）
　第 14 章　基于县域经济的人口城镇化影响因素分析（江易华）
　第 15 章　基于县域经济的城镇化理论模型与对策探讨（江易华）
第 4 篇　城市融入与农民工市民化研究
　第 16 章　城镇化中的社会融入问题（李强）　本書第 12 章
　第 17 章　流动人口城市定居意愿初步研究——以广州的调查为例（刘海洋）
　第 18 章　农民工子女的文化适应与城市融入（石长慧）
　第 19 章　新生代农民工的城镇化问题（叶鹏飞）
　第 20 章　城市群中农民工与市民的社会距离
　　　　　　——以北京，广州，石家庄三大城市的调查为例（芦国显）
　第 21 章　农民工技术地位上升转向中间阶层的重要战略（李强）
第 5 篇　中国城镇化的难点与解决方案
　第 22 章　城市群背景下"社会风险综合分析框架"初探（李强・陈宇琳）
　第 23 章　中国城市群中的犯罪问题与对策研究——以珠三角地区为例（王大为）
　第 24 章　中国城市群中的城市流浪乞讨问题研究（卢国显）
　第 25 章　城市群中社区邻里关系研究——以 H 市为例（李敏）
　第 26 章　城市群中的农村土地制度（高天）

　本書全体で強調されているように，中国の都市化は改革開放以前には政策的に抑制され，改革開放後も工業化の進展に遅れをとっていた．また，絶対的な水準をみても，国連統計で世界の都市化率がすでに 5 割を上回り，先進国では 8 割に近付こうとしている中で，ようやく 6 割前後という中国の都市化率はけっして高いものではない．したがって，習近平政権の下でも「新型都市化（新型城鎮化）」が重要政策の 1 つに掲げられ，今後も中国の都市化は継続して急速に進行する見通しである．
　本書のもとになった共同研究が，国家社会科学基金重大プロジェクトに採用

解説　ix

されたのも，このような背景を抜きには考えられない．しかし，本書の意義は，都市化推進のための政策提言にとどまらない．編者の李強氏は，これ以前に《农民工与中国社会分层》社会科学文献出版社，2004 年（第 2 版 2012 年）や《城市化进程中的重大社会问题及其对策研究》经济科学出版社，2009 年などを上梓し，急速な都市化が引き起こすさまざまな社会問題についても，多くの調査に基づく分析を行ってきた．都市化の推進だけでなく，社会問題解決のための提言も，本書の重要な意義である．また，本書の方法論の特徴として，シカゴ学派など欧米の都市社会学の成果を取り入れて普遍的な議論に結びつけていること，現地調査を含む具体的な都市化の事例分析が豊富なことがあげられる．この点にも，本書を日本で翻訳紹介する意義があると考えられる．

　次に，本書で翻訳した各章の論点を整理し，翻訳から割愛した残りの各章の内容も簡単に紹介しておこう．

　第 1 篇の第 1 章と第 2 章は，本書の総論にあたる部分である．第 1 章では，中国近現代史を貫く都市化の歩みが概観され，近代中国の都市化は立ち遅れ，社会主義中国でも改革開放まで総じて都市化は抑制され，改革開放以降の都市化も工業化に遅れをとっていたことが指摘される．また，これまでの都市化の問題点として，都市と農村の二元的な分割体制と，大都市と中小都市の不均衡があげられている．そして中国の広い国土と多数の人口をふまえ，欧米とは異なる特色を持つ「多元的都市化（多元城镇化）」を推進することが提唱される．第 2 章では，その「多元的都市化」について理論的に検討され，中国における都市規模，都市化推進方式，原動力の多様性が指摘される．同時に，政府各部門の異なる計画を一元化して，総合的戦略計画を立案する必要も指摘され，さらに空間的な都市化だけでなく「人の都市化」，つまり意識や生活様式の都市化が重要だといわれている．これに続く原書の第 3 章は，日本では他の文献でも得られる情報なので翻訳を省略したが，先進国の事例としてイギリス・アメリカ・ソ連・日本，発展途上国の事例として韓国・台湾・ブラジル・インドの都市化過程とその問題点が概観されている．

　次に，原書第 2 篇に収められた多元的都市化推進モデルの 7 類型に関する論考は，本書でも第 2 篇にすべて翻訳収録した．ただし，章によって分析視角や叙述のスタイルがかなり異なるので，その点にも配慮して論点を整理してみた

い．本書第3章は7類型の総論で，まず「推進モデル」と呼ぶ理由として，中国の都市化が政府主導で計画的・総合的に進められてきたという特徴が強調される．また，土地の国有と集団所有，政府以外の民間社会勢力の未発達も中国の特徴とされる．そのうえで，都市化の原動力と空間モデルという2つの論点から先行研究が検討され，本書の7つのモデルが導き出されて，以下の各章につなげられている．

　第4章の開発区建設モデルは，他の章と違って個別事例の分析がなく，やや冗長で総花的な紹介と抽象的な議論にとどまるが，開発区の制度上の分類が列挙されている点は有用であろう．原書には開発区の所在地をあらわす地図が多数挿入されていたが，政策的な変化の激しい分野であるうえ，中国の各種Webサイトをみれば最新情報が確認できるので，本書ではすべて省略した．中国開発区協会編《中国开发区年鉴》各年版も参照されたい．第5章の新都市建設モデルは，日本などでみられる住宅都市としてのニュータウン建設ではなく，「もともと農業人口が居住していた地区を，計画に基づいて都市の行政区画に組み入れ，行政的な手段で人口を集中させるもの」（115ページ）である．ここでは北京市平谷区の事例が紹介され，新都市建設地の農村住民にアンケートを実施し，学歴や職業などによって新都市への賛否や期待がかなり異なることが明らかにされる．農村戸籍を持つ多くの住民にとって，新都市における「人の都市化」が簡単な問題ではないことが読み取れる．第6章の都市拡張モデルは，欧米でも一般的にみられる都市化のパターンだが，中国では「土地の都市化が人口の都市化より速いということ」と，「空間分化と階層分化という一連の社会問題があらわれたこと」（146ページ）が特徴とされる．いずれも，地方政府主導による都市レジームの形成によって，急速な都市拡張が進められた結果である．その実態と問題点を，全国的な事例分析でまとめている．第7章の旧市街開発モデルでは，近年の中国都市で特に目立つ「偽物の骨董品」（175ページ）としての「仿古街」の問題点が，鋭く指摘されている．また，旧市街の住民が高齢者や貧困層などの社会的弱者であるため，再開発によって社会問題が深刻化するという指摘もある．一方，本章で肯定的に評価されている「有機的再開発（有机更新）」については，吴良镛《北京旧城与菊儿胡同》，中国建筑工业出版社，1994年を参照されたい．第8章の中心業務地区（CBD）

建設モデルは，世界の諸都市で一般的にみられるが，ここでも中国の特徴として政府主導であるため CBD が乱立し，産業の集積度が低く，商業施設の比重が高すぎるなどの問題点が指摘されている（184 ページ）．事例分析としては，上海が成功例，広州が失敗例とされているが，訳注でもふれたとおり広州も現在は北京・上海と並ぶ三大国家級 CBD となっている．現状をフォローするためには，李国紅，単菁菁主編《中国商務中心区発展報告 No. 2（2015）："十三五" CBD 引領区域協同発展》，社会科学文献出版社，2016 年を参照すれば，広州を含む全国の主要 CBD が紹介されている．

　第 9 章と第 10 章では，中国独自の特徴をあらわす農村都市化が紹介されるが，「一般的な概念として村落産業化と郷鎮産業化は一部重なる部分がある」（68 ページ）のも確かである．本書の筆者によれば，この 2 つのモデルには「空間的次元の違い」があり，第 9 章の郷鎮産業化モデルは郷鎮，つまり農村部の小都市の空間領域内部で都市化が進展することだとされる．その事例として，河北省の郷鎮産業による小城鎮の都市化と，主体機能区と社会自治組織の育成を組合せた広東省雲浮市が紹介される．一方，第 10 章の村落産業化モデルは，「郷鎮に比べて集約化の要素に欠ける村落」で，「産業発展が村落という地域自体の範囲内で進行」する点が特徴とされる（240 ページ）．つまり，郷鎮すら存在しない「発展の資源と機会が最も欠如した場所」でも都市化が起こりうるという点に注目されている．事例としてとりあげられるのは，北京市街の西南に位置する韓村河である．韓建集団の投資によって，貧困村から近代的な小都市に変貌した韓村河は，確かに成功例ではあるが，一般的なモデルになりうるかどうかは率直にいって疑問も感じる．韓村河に関しては，リーダーの田雄が 10 年以上にわたって多くの著作をまとめているが，とりあえず初期の方針を示した田雄《创业韩村河》北京出版社，2002 年と，資料集である田雄主編《自律韩村河》北京出版社，2003 年をあげておく．いずれにせよ，この 2 つの都市化モデルは本書でたびたびふれられる「農村現地都市化（农村就地城镇化）」の典型的な事例である．本書第 9 章の筆者がこの問題を総合的に論じた著作としては，李阿琳《就地城市化：强政府与弱产业下的农村発展》，社会科学文献出版社，2014 年がある．農村から都市への人口移動による都市化だけが念頭にあると，このような農村現地都市化を理解するのは困難かもしれな

い．しかし，中国に限らず，アジアの都市化を考える場合には，このようなパターンも視野に入れる必要がある．

原書の第3篇と第4篇からは，それぞれ冒頭の1章のみを抽出して翻訳し，本書の第3篇を構成した．原書の第3篇全体では，人口移動がとりあげられているが，そこには筆者たちの明確な問題提起がみられる．本書の筆者たちは，市より小規模で小城鎮より大規模な，「県」に注目する．その中心の県城には，一般的に県政府のほか学校・病院・百貨店など，大都市にもある施設の多くが備えられている．この県城を中心として中都市を建設し，県域経済を発展させることによって，大都市への集中と，小城鎮の能力の限界を打破することができると主張される．訳出した本書第11章では，この主張の前提として，近年の人口移動の実態が分析されている．資料としては『中国統計年鑑』のほか，2000年の人口センサスと2005年の1％抽出調査が使われる．全国的な分析では，都市人口の増加は農村からの転入が主要因で東部地区に集中しているという常識的な結論が確認される．さらに都市規模別の分析で，中小都市から純転出が目立つという指摘にも注目すべきだろう（285ページ）．また，大規模都市への移動が省間移動であるのに対し，中小都市へは市内県間移動が多いとされる．これらの動きの背景として，従来の都市化政策で中小都市が軽視されてきたことが指摘され，同時に今後の中小都市発展の潜在的可能性が主張されている．これに続く原書の3つの章は，人口効能発展区という政策概念を取り入れながら，県域経済の発展要因を計量モデルで説明しようとした一連の分析だが，中国の研究にありがちな常識的な結論を数字で裏付けただけの内容で，県域経済の具体的な発展の可能性を検証したものではないので本書では省略した．

次に原書第4篇では農民工（出稼ぎ農民）の都市への統合が検討されている．このうち，訳出した本書第12章では，広州市の農民工と農転非（農村戸籍から都市戸籍へ転換した人）に対するアンケート調査に基づき，農民工に多くみられる都市への「非統合」だけでなく，農転非の「半統合」も深刻な問題であることが指摘される．また，農民工は都市から排斥されているだけでなく，自分自身も農民としてのアイデンティティーに固執するという調査結果は興味深い（330ページ）．そして，農村出身者の都市への統合の必要が訴えられ，上記の2つの集団の性格の違いに応じた対策が具体的に提唱されている．さらに，

割愛した原書第 17 章では，広州での調査に基づき，農民工の経済的地位・社会的交流・戸籍問題などが原因となって，都市への定住希望を弱めていることが指摘される．第 18 章では，北京市の農民工児童学校での調査に基づき，言語・文化活動・社会関係の各方面で農民工の子供が都市への文化適応で直面する困難を分析している．第 19 章は，7 地域の調査によって，新生代農民工（若年層）の実態を分析している．第 20 章は北京・広州・石家庄の調査に基づき，農民工と都市住民の社会的距離とその要因を分析している．第 21 章は，全国各地の調査に基づき，農民工の職業上の技能の現状と，その向上への提言が行われている．原書第 4 篇に収録されながら割愛せざるをえなかったこれらの章は，いずれもアンケート調査やインタビュー調査の成果が具体的に紹介され，中国の都市問題の現状を示す興味深い内容が数多く含まれている．

すべての章を割愛せざるをえなかった原書第 5 篇では，都市化に伴うさまざまな社会問題がとりあげられている．第 22 章は都市化に伴う社会的リスクに関する理論が紹介され，それを前提に東日本大震災，上海高層マンション火災，北京の交通渋滞が分析されている．第 23 章では，珠江デルタにおける都市犯罪の内容とその原因が紹介され，対策が提言されている．第 24 章は，警察大学（人民公安大学）教員による 3 都市のホームレス調査の成果で，その生活実態から原因まで，具体的状況が明らかにされている．第 25 章は，H 市におけるコミュニティーの近隣関係に関する，詳細な実態調査に基づく分析である．第 26 章は，中国の都市化に特有の農村土地制度に関して簡潔にまとめられている．第 5 篇は他の篇に比べて，一貫した課題が設定されているわけではないが，紹介された個々の事例はそれぞれ中国都市の現状を知るうえで有用である．

以上のように，原書全体では 7 類型の都市化推進モデルの検討と，都市化によって生じた諸問題の分析が，2 つの柱になっている．冒頭に述べたとおり，本書ではこのうち都市化推進モデルの紹介に重点を置いて翻訳されている．

最後に，中国の改革開放以降の都市政策の推移をまとめ，原書の出版（2013 年）以降に打ち出された政策についても簡単に紹介しながら，本書の意義を確認しておきたい．

都市政策に限らず，中国の経済政策の基本となるのが五カ年計画である．本書の 301 ページ以下でも五カ年計画と都市化の関係が解説されているが，ここ

ではその後の動向も含めてあらためて整理しておこう．改革開放政策が本格化した第8次五カ年計画（1991-95）では，都市化が農村建設と並行して「都市・農村計画（城乡規划）」として位置づけられ，第9次五カ年計画（1996-2000）でも「都市・農村建設（城乡建设）」に含まれて，都市化政策の独自の位置付けは乏しい．しかし第10次五カ年計画（2001-05）になると，第9章に「都市化戦略を実施し，都市と農村の共同進歩を促進する（实施城镇化战略，促进城乡共同进步）」と記され，都市化が農村建設から独立した課題とされた．そして，その第2節には「小城鎮」が登場して「小城鎮を重点的に発展させる」と明記されるなど，都市化戦略が詳細に示されるようになった．胡錦涛政権下の第11次五カ年計画（2006-10）では，「社会主義新農村の建設」と「地域協調発展（区域协调发展）の促進」が分離されてそれぞれ独立した項目となり，後者の中に「都市化（城镇化）の健全な発展を促進する」という項目が盛り込まれた．そして，従来からみられた大中小都市や小城鎮の協調発展だけでなく，特大都市と大都市を先頭として「都市群（城市群）の全体的競争力を増強する」という新たな方針も提示された．第12次五カ年計画（2011-15）ではさらに都市化が重視され，第5篇が「地域の協調発展と都市化の健全な発展を促進する」となって，地域発展総合戦略の実施，主体機能区戦略の実施，都市化の推進という3つの章が設けられた．主体機能区（主体效能区）は本書でもふれられているが（35ページ），人口・経済・資源などの条件に対応して各地域の主たる機能を決定し，全国を最適化開発区，重点開発区，開発規制区，開発禁止区に4分類して，都市や産業の配置を決定する政策である．さらに習近平政権下で作成された第13次五カ年計画（2016-2020）では，都市化政策が農村建設から分離されただけでなく，地域協調発展からも分離されて独立した項目となり，計画の第8篇全体が「新型都市化（新型城镇化）の推進」にあてられている．

　習近平政権の掲げる新型都市化は，新たな方針だけでなく，これまでの都市化政策を総合した内容も持つ．したがって，この政策以前に出版された本書の原書の内容も，新型都市化と直接関連する部分が多い．第13次五カ年計画第8篇は，次のような文章で始まっている．「人の都市化を核心として堅持し，都市群を主要な形態として，都市の総合的な積載能力に支えられ，体制機構の

解説

(出所)《关于印发《云南省新型城镇化规划》的通知》50 ページにより作成.

図解-1　全国の都市群と「両横三縦」

革新に保障されながら，新型都市化の歩みを加速し，社会主義新農村の建設水準を高め，都市と農村の発展格差の縮小に努め，都市と農村の発展の一体化を推進する」．この冒頭に掲げられた「人の都市化」は，2012 年の共産党第 18 回全国代表大会や 2013 年の中央都市化工作会議（中央城鎮化工作会議）で強調された「農業移転人口の都市住民化」の核心となるもので，本書でも「日本語版への序」をはじめキーワードとして繰り返し言及されている．

　さらに五カ年計画第 8 篇は 4 つの章からなり，第 32 章では農業からの移転人口の都市住民化がうたわれ，戸籍制度改革や居住証制度拡充などの政策が示されている．第 33 章では，都市の配置と形態を最適化するために，都市群の建設，中心都市の放射機能による都市圏の形成，中小都市と特色ある鎮の発展が提唱されている．このうち重要なのが都市群の形成で，第 11 次五カ年計画から継続する政策だが，現行の「国家新型都市化計画（国家新型城鎮化規划）2014-2020」にも含まれており，図解-1 のように東西 2 本，南北 3 本のベルト地帯（両横三纵）に沿って都市群が配置されている．第 34 章では，調和のと

れた住みよい都市を建設するため，環境や文化への配慮，都市インフラの整備，スラムや危険家屋の改築，都市ガバナンスの確立などが提示されている．第35章は住宅供給政策で，都市戸籍を持たない世帯や貧困世帯への住宅供給，不動産市場の健全化などがあげられている．第36章では，都市と農村の協調発展が提唱され，特色ある県域経済の発展，美しく住みよい農村の建設があげられている．また，特に設けられたコラムでは「新型都市化建設重大工程」が示され，その中には県城や特大鎮を基礎として新たな中小都市を建設すること，特色ある小城鎮を育成することが含まれていて，前述の都市群や都市圏のような大都市政策だけでなく，中小都市政策も重視されている．

　以上のように，現行の第13次五カ年計画における新型都市化政策は，従来の計画にも増して多岐にわたる意欲的な内容を持つが，紹介した項目をみるとわかるように，その多くが本書で随所に示された論点と符合している．現在進行中の中国の都市化を理解するうえで，本書がいかに有用かがわかるだろう．また，本書では7類型の都市化推進モデルが示されているが，実際の都市化の過程は，「複数の推進方式が互いに結合し関連しており」「複数の異なるモデルの総合体である」(58ページ)．このことを理解すれば，複雑なプロセスで進められる中国の都市化の具体像を，本書に導かれながら明快に整理することができるだろう．

橋谷　弘

目次

日本語版への序　iii
解説　vii
凡例　xxi

第1篇　多元的都市化モデルの理論研究

第1章　新中国成立以降の都市化の進展―現状と問題点―……3

1　はじめに――中国の特色ある都市化（城鎮化）の道　3
2　中国における都市化進展の歴史　5
3　中国における都市化進展の現状　16
4　中国における都市化進展の基本的な問題点　18

第2章　多元的都市化モデルの理論的探求……25

1　中国における都市化の基礎と条件の特殊性　25
2　一元か多元か――中国の都市化モデルに対する思考　28
3　多元的都市化モデル　29
4　3つの計画の一元化――多元的都市化戦略に基づく総合的戦略計画　35
5　多元的都市化発展モデルによる多元的都市社会の形成　38

第2篇　多元的都市化推進モデル

第3章　中国都市化「推進モデル」の7類型……47

1　中国における都市化推進過程の特殊性　48
2　中国の都市化推進モデルに関する先行研究　55
3　中国都市化推進の多元的モデル　57

4　中国の都市化推進モデルの利害分析　70

第4章　開発区建設モデル……………………………………………………75

1　開発区という概念の由来とその歴史的沿革　76
2　開発区の発展類型と空間配置　81
3　開発区のガバナンスモデル　85
4　開発区モデルの戦略的機能　90
5　開発区モデルによる都市化推進の論理　97
6　開発区モデルの経済的制約と社会的制約　105

第5章　新都市建設モデル………………………………………………………113

1　新都市の建設と都市化　114
2　新都市建設の事例──PG区の新都市建設プロジェクト　120
3　新都市建設の問題点と対策　139

第6章　都市拡張モデル…………………………………………………………145

1　政府主導による都市拡張モデル　147
2　都市拡張の理解──成長，分化，スプロール　154
3　都市拡張の政治経済レジーム　162
4　結論　166

第7章　旧市街再開発モデル……………………………………………………167

1　概念と現状　167
2　旧市街再開発の課題　172
3　旧市街再開発モデルへの対策と提案　176

第8章　中心業務地区（CBD）建設モデル…………………………………181

1　CBDモデルの紹介──一般的法則と国際比較　182
2　中国のCBDの建設状況と発展の特徴　186
3　中国のCBDの適合性および事例分析──政府管理の視角から　191

4　中国の CBD 発展における問題点と対策　203

第 9 章　郷鎮産業化モデル………………………………………………211

　　1　農村現地都市化の発展過程と既存モデル　212
　　2　事例 1：河北省における農村工業の発展による現地都市化　216
　　3　事例 2：広東省雲浮市における「主体機能」と「完備されたコミュニティ（完整社区）」の活動　225
　　4　郷鎮産業化と現地都市化発展の提案　229

第 10 章　村落産業化モデル………………………………………………235

　　1　産業が牽引する村落産業化モデル　235
　　2　村落産業化の原動力　239
　　3　村落産業化モデルの典型——韓村河　243
　　4　韓村河が豊かになる道　248
　　5　韓村河新村の建設　254
　　6　韓村河の経験と今後の展望　260
　　7　産業都市化モデルの発展　268

第 3 篇　多元的都市化と都市社会の変化

第 11 章　都市化過程における人口移動の実証分析………………275

　　1　中国都市化の進展と趨勢　275
　　2　都市化過程における都市への人口移動の状況　280
　　3　都市化過程における人口移動の状況　290
　　4　中小都市の集積効果の発揮と都市化の健全な進展の促進　301

第 12 章　都市化における社会統合の問題……………………………309

　　1　中国の都市化における「社会統合」という難題　309
　　2　今日の「農転非」の「半統合」問題　313
　　3　外来農民工の「不統合」問題　322

4 「半統合」と「不統合」に対する比較研究　332
  5 社会統合問題の解決策　337

原注　345
索引

凡例

* 本書は，李強等著《多元城鎮化与中国発展――战略及推進模式研究》，社会科学文献出版社，2013年の主要部分を翻訳したものである．日本語訳は蒋芳婧が担当し，訳注・解説・ネイティブチェックを橋谷弘が担当した．
* 原書の構成と翻訳箇所・省略箇所については，本書の解説を参照されたい．また，翻訳した章でも，地図等を省略した部分がある．
* 原書の注は，ほとんど引用文献の出典を示すものなので，巻末にまとめて掲載した．しかし内容に関わる注は，脚注（訳注）に移した．したがって，引用文献を確認する必要のない読者は，巻末の注を参照せずに読むことができる．引用文献のうち日本語訳が確認できたものは，解説者が補足した．
* 脚注は，解説者による訳注である．その中に，前項のように若干の原書の注も含まれる．
* 中国の法令，機関名，企業名などの固有名詞は，原則として日本語に翻訳し，中国語をカッコ内に併記した．一方，慣用句やスローガンがそのまま引用されている場合や，日本語としてなじみの薄い語句の場合，元の中国語を示したうえで，日本語訳をカッコ内に併記した．
* 制度や統計数値などは現状と異なる場合があるが，混乱を避けるため原書の執筆時点のものをそのまま用いている．ただし，大きな変更があった場合など，訳注で補った部分がある．
* 度量衡の単位は，原書でも基本的にメートル法が用いられているが，耕地面積だけ中国では「亩（畝：ムー）」が用いられるので，原則として換算せずそのまま訳した．1ムーは約667平方メートルである．

第 1 篇　多元的都市化モデルの理論研究

第1章
新中国成立以降の都市化の進展
―現状と問題点―

1　はじめに――中国の特色ある都市化（城鎮化[訳注1]）の道

　5千年余りの文明を有する中国は，世界で最も早くから，最も大規模で多数の都市が発展した国の1つである．しかし19世紀以降，中国の都市発展は先進工業国に遅れをとるようになった．1949年に中華人民共和国が成立して以来，都市化は紆余曲折した発展の過程をたどってきた．改革開放前の約30年間の都市化の進展は，非常に緩慢なものだった．しかし改革開放以降，中国の都市化は人類史上において未曾有の規模と速度で進展し，現在では都市化の速度が世界で最も速い国の1つとなった．

　都市化の趨勢は，人間の意志によって左右されるものではない．都市社会は，大多数の伝統的な農村社会に比べれば，明らかに多くの優位性がある．たとえば，土地の集中的利用，生産と消費の集中，人口の集中，エネルギーの集中，雇用機会の創出，効率の高い経済発展モデルなどの優位性である．改革開放以

　訳注1）「城鎮化」という表現は近年の中国で使われるようになった用語で，以前は「城市化」といわれていた．近年の政策では大都市・中都市にあたる「市」だけでなく，農村小都市にあたる「県城」や「建制鎮」の発展を重視しており，意識的に「城鎮化」という表現が使われる．しかし，城鎮化という表現は日本語にはなじまず，しかも本書の原文では，旧来の都市化も含めて中国に関する動きはすべて「城鎮化」と表記しているため，歴史的にも違和感がある．したがって，翻訳にあたって原則として「城鎮化」を「都市化」と訳し，政策を示す場合など必要に応じて「城鎮化」を用いることとする．英語でも，「城市化」と「城鎮化」を区別せず，「Urbanization」と訳すのが一般的である．

降の非農業部門の発展，とりわけ工業の発展と経済の高度成長によって，中国社会の大規模な都市化が動き出した．

中国の都市化の道には，特殊性と複雑性がある．中国は，経済が転換しつつある世界の国の中で，最も人口が多い発展途上国であり，政府主導の行政・経済モデルを持っている．中国は他の国と異なる国情を持つため，都市化も必然的に他国と異なる特徴を持ち，他国の発展モデルや経験をそのまま模倣することはできない．一方，中国は国土が広く，地域間の発展はきわめて不均衡であり，それぞれの都市には特有の発展経路とライフサイクルがある．したがって，画一的な都市化モデルや方法をあえて強要すれば，それが裏目に出るだけでなく，かえって解決し難い社会問題や，より一層手ごわい社会経済発展への障害を残すことになる．中国の都市化は自国の実態と結びつけなければならず，国情に合わせた道，すなわち特色ある「城鎮化」の道を歩むしかない．

中国の特色ある都市化進展の道を堅持すると同時に，30年間の急速な都市化を経て現在は重要な時期にさしかかっており，都市化がもたらす矛盾が強まる時期になったことも見逃してはならない．中国の都市化進展の任務は，極めて困難である．現在の中国の発展速度と産業変革の趨勢からみれば，今後20年ほどの間に，3億の農村人口が大都市や中小都市[訳注2]に移動する可能性が非常に高い．現在の都市の数と受容能力では，この巨大な人口移動のニーズに応えられない．新たな都市化進展のピークがすでに迫っている．このような大規模な社会転換の過程で，中国の国情に合わせた都市化戦略と，科学的で各地域の具体的状況に即した都市発展計画がなければ，上述のようなさまざまな問題を解決できない．そればかりか，新たな矛盾や危機が生み出される可能性が大きい．そうなれば，都市化は挫折し，今後の都市の発展や社会の運営に大きなリスク要因を残すことになる．

また，都市化は資源と富の再分配方法の1つでもある．この再分配は異なる社会集団の間だけでなく，異なる地理空間においても起こり，同時により深いレベルで産業構造の調整や人口構造・就業構造の変化にも関わっている．都市

[訳注2] 原文は「城市和城鎮」．このように対比する場合，「城市」は一般の都市，「城鎮」はそれより小規模な都市や農村都市を指す．

化はさらに生活様式の根本的な転換も引き起こす．このような一連の変化は，中国社会が経験している重要で大きな社会構造の転換と高度に重なり合い，相互に影響を及ぼしている．そのような二重の社会変化の歴史的展開は互いに絡み合っており，都市の急速な発展がもたらす広範囲の社会調整は，異常なほど熾烈で深刻なものになっている．そのため，我々は都市化の引き起こした多くの社会問題に十分に注目すべきである．先進国でも発展途上国でも，中国のような特殊な社会的変遷を経験した国はない．当面する中国社会の大規模な変化の中には，計画経済体制から市場経済体制への転換，社会の現代化の加速的推進と社会全体の構造転換や再編，社会生活の組織原則における政治主導から経済・倫理主導への移行，単位制社会から公民社会への転換[訳注3]などが織り込まれている．このような大きな社会的変遷を背景として，中国の都市化進展の道は，必然的に中国の実情に合わせた特色を持ちながら，困難だが新しい道を開くことになるのである．

　中国は発展途上の大国であり，きわめて特殊な国情を持ち，全国各地の人口・資源・環境・社会経済条件の格差が非常に大きい．また現在は，改革開放から30年来の急速な都市化の重要な時期にさしかかっており，社会構造の転換と都市化の進展が絡み合いながら同時に進行している．したがって，中国が直面している都市化問題は必然的にきわめて困難で複雑なものとなっている．そのため，我々は，この問題を高度に重視し，慎重に意思決定し，実事求是を堅持し，都市化進展の一般的規律に照らし，合理的に配置し，統一的に計画し，中国の特色ある「多元的都市化」を発展させる道を進まなければならない．

2　中国における都市化進展の歴史

　20世紀以降の中国における都市化進展の過程は，大きく3段階に区分する

[訳注3]　改革解放前の都市部では，企業・官庁・学校などが政治・経済・社会などあらゆる機能を持つ「単位」となり，都市住民は必ずいずれかの単位に属し，生まれてから死ぬまでその中で給与や教育・医療・生活用品・社会福祉などを含む一切のサービスを享受していた．これに対し，改革開放以降に生まれた「公民社会」は，日本語でいう市民社会と同義の，個人主体の枠組みである．

ことができる．すなわち，① 20 世紀初めから新中国の成立まで（1900-49 年），②新中国の成立から改革開放まで（1949-78 年），③改革開放以降（1979 年から今日まで）である．

(1) 1900-49 年

中国の伝統社会では，生産力の発展が長期間にわたって封建的生産関係に縛られ，近代的な意味での都市が出現しなかった．1840 年のアヘン戦争で，西洋列強は軍艦と大砲で中国の門戸を開き，南京条約（1842 年）締結以降の 60 余年の間に，中国が外国の強要や自らの意志によって開港した都市は，合わせて 104 を数える[1]．帝国主義国は外国商品を中国にダンピング輸出すると同時に，客観的にいえば，資本と工業革命の技術を中国に持ち込んだ．そのため，工業化と都市化が最初に進展したのは，これらの半植民地的・半封建的な貿易港湾都市だった．そして中国が工業化と都市化を自ら推進する発端となったのは，1861 年に始まる洋務運動であり，工業原料の大規模な発掘，機械制大工場の設立，鉄道交通の発展などによって，一群の近代都市が勃興した．

1911 年の辛亥革命から 1930 年代までは，都市化が比較的急速に進展した時期で，いわゆる歴史上の「中国労働者階級の形成」[2]期である．この時期における都市化の特徴は，外国資本が侵入して急成長し，民族工業が徐々に発展し，労働力が都市に流入し，農村の手工業が衰退しはじめたことである．1936 年に，人口が 50 万を超える大都市は 10 を数え，そのうち，上海の人口は 348 万人[3]に達していた．この時期の都市化は中国南部における進展が著しく，上海の発展はその典型例である．租界の設置と外国貿易の発展に伴い，浙江省・江蘇省などから大量の人口が上海に流入し，近代的な水準を備えた大都市へと急速に発展した．推計によると，1933 年の上海市の総人口は 340 万人で，1895 年の甲午戦争（日清戦争）期の 90 万人に比べて 3.7 倍に増加した．同時期，上海の労働者の総人口は 3.7 万人から 35 万人となり，9.5 倍に増加した[4]．上海の工業生産高の年平均成長率は，1895-1911 年には 9.36％，1911-25 年には 12.05％，1925-36 年は鈍化したとはいえ 6.53％に達した[5]．しかし，この時期の都市化の進展は，半封建的・半植民地的な特徴，すなわち半資本主義的な特徴を顕著にあらわしたものであった．国家は真に独立した状態ではなく，多く

の沿海都市では外国の租界が設けられ，大都市は外国資本と帝国主義の角逐の場になってしまった．したがって，1949年の新中国成立の意義は，民族が独立し，中国人が自分自身の手で都市建設を始めた点にあるといえる．

新中国成立前の都市化の歴史は，19世紀中葉の洋務運動からスタートしたが，1世紀近くの長期間にわたる戦争，革命，社会変動や様々な運動などによって，都市化は非常に緩慢なものになってしまった．1843年，1893年，1949年における都市人口はそれぞれ，2070万，2350万，5766万であり，総人口に対する都市人口の割合はそれぞれ5.1%，6.6%，10.6%である．1949年の10.6%という都市化率は，イギリスの1850年の水準に相当するものであり[6]，西洋に比べて丸々1世紀も立ち遅れてしまった．当時，中国の960万平方キロの国土には，136の様々な規模の大・中・小都市と，2000余りの県城・建制鎮[訳注4]しかなく，都市も都市経済も発達していなかった．中国の都市化の起点は水準が低く，時期も相当立ち遅れたものだったといえるだろう．

(2) 1949-78年

新中国が成立すると，短期的な工業始動期を経て，産業発展は速やかに重工業主導の戦略へと転換し，外延的拡大再生産によって都市人口が急速に増加した．しかし，その後すぐに都市の受容能力の制約を受け，さらに1950年代末から60年代初頭までの「経済困難期」の影響もあって，「大都市の規模を抑制する」という方針がたてられた．そして，戸籍制度などの手段によって，農村人口の都市への移動が厳しくコントロールされるようになった．このため，改革開放以前には，一部の都市で比較的大きな拡張がみられたものの，それは主として高い自然増加率による人口の自然増加の結果であった．全体的な都市発展の水準をみると，改革開放前の都市人口の成長速度は緩やかで，しかも変動が大きかった．この時期は，以下の3つの重要な段階に区分することができる．

訳注4］「県」は，ほぼ日本の郡に相当する行政単位で，「県城」はその中心都市である．「建制鎮」は現行制度で建てられた「鎮」のことで，歴史的な鎮と区別するためにこのように呼ばれるが，一般の都市よりも小規模な町である．

① 1949-57年：都市化進展のノーマルな上昇期

1949年に新中国が成立した時，全国の都市数は69，都市人口は5765万人，都市化率はわずか10.64％にすぎなかった[7]．国民経済の回復期と第1次五カ年計画期には，国家レベルの大規模な経済建設の展開に伴って工業化は急速に進展し，既存の工業都市の改造も迅速に展開された．多くの新規・拡大工業プロジェクトが全国で展開され，都市建設，経済発展，サービス業の発展は，この時期に都市化の進展をもたらす産業基盤を築いた．労働力需要が大量の農村人口の都市への移動を促し，都市化のスピードが速まった．『新中国五十年统計資料汇编』によると，1957年の都市数は176となり，1949年の新中国成立時の2.6倍に増加したが，これは年平均12.42％の伸びであり，都市人口は9949万で，年平均7.06％の伸びとなった．また同年の都市化率は15.39％で，1949年より4.75ポイント伸び，年平均0.59ポイントの伸びとなった（図1-1）．

② 1958-65年：都市化進展の「急上昇」と「急降下」

1958年から65年にかけて，中国経済は「大躍進」運動[訳注5]や，自然災害と国民経済の調整などで曲折した過程をたどり，都市化の進展も「急上昇」と「急降下」を経験した．このうち1958年から60年の間には，都市数，都市人口，都市化率とも急速な高まりをみせ，都市人口は57年の9949万人から60

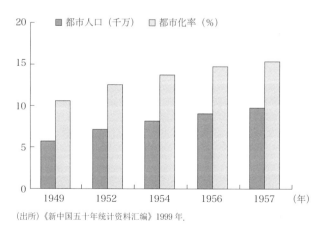

(出所)《新中国五十年统計資料汇编》1999年．

図1-1 1949-57年の中国の都市化進展状況

年の1億3073万人に増加し，都市化率は年平均1.45ポイントの伸びで15.39％から19.75％に上昇した．新中国成立初期に比べ，都市化のスピードは著しい伸びを示した．しかし，1958年から都市と農村の厳格な二元的制度が形成されはじめ，中央政府の都市化政策も調整された．たとえば，1958年に厳格な戸籍管理制度が実施され，農村から都市への人口移動は厳しく制限され，国家建設委員会と都市建設省（城市建設部）がともに廃止された．この時期には，重工業優先の経済発展戦略と高度に集権的な計画経済体制がとられ，工業の建設が都市発展における最重要事項となった．都市住宅や公共施設の建設はほぼ停止され，消費型都市から生産型都市への転換が行われた．甚だしいことに，新設されたばかりの一部の市は以前の県に格下げされ，一部の地級市も県級市に引き下げられた訳注6)．

1961年から65年になると，深刻な自然災害や，都市・農村経済の衰退と調整方針の実施によって，都市数と都市化率は急速に減少した．とくに1960年代初頭には，260万人余りの都市人口が農村へ送り出され，一部の都市も次々と撤廃された．1965年までに，都市の数は171まで減少した．都市人口はある程度増えたが，総人口がそれより速いスピードで増加したため，都市化率は17.98％まで2ポイント近く低下した（図1-2）．

③　1966-78年：都市化進展の停滞期

1966年から76年の「文化大革命」期において，都市化の進展は各産業と同様に，基本的に停滞した．この時期には，政治運動が社会活動の中心となり，工業・農業の生産は停滞し，経済は大きな損失を被った．1968年から始まった知識青年と都市労働者，幹部の「下郷運動」によって，多くの都市人口は農村へ「下放」された．不完全な統計によると，「文革」期間中に農村へ行って

訳注5）「大躍進政策」は，毛沢東国家主席の指導で1958年から61年にかけて行われた農業・工業の増産計画だったが，経済原理を無視した精神主義による動員で経済は不振に陥り，多くの餓死者を出して中止された．

訳注6）「地級市」は，省・自治区・直轄市などの1級行政単位に次ぐ2級行政単位の1つであり，「県級市」は県などと並ぶ3級行政単位の1つである．したがって，「市」の中に直轄市－地級市－県級市という規模別の序列がある．

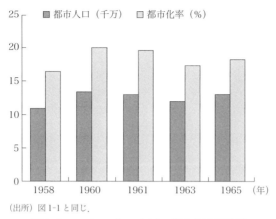

(出所) 図1-1と同じ．

図1-2　1958-65年の中国の都市化進展状況

定住した知識青年の総動員数は約2千万人であり，「下放」された都市部の幹部や労働者は，その家族と合わせて約3千万人にのぼった．この時期，中国全体の都市化率は17.5％前後で横ばいとなり，1977年の都市化率は1965年よりも低い17.55％となった（図1-3）．

　また注目に値するのは，この時期に改革開放以降の都市化を制約する制度的基礎が生まれたことである．都市人口が制限され，都市と農村を分割統治する戸籍制度が形成されて，これらがのちに都市と農村の格差を拡大する制度的起点となった．当時の情勢の下で，中国は消費型都市から生産型都市へ転換する方針をとり，工業と農業の鋏状価格差を利用して工業化の進展を推進し，都市と農村の二元体制を築いた．つまり，一国が農業国から工業国へ転換して近代化を進めるために，国家による蓄積が始まったのである[8]．しかし同時に，経済発展の不均衡が「都市恐怖症」をもたらし，都市人口の減少が問題の解決策とみなされて，都市経済に問題が起こると農民工[訳注7]を帰郷させて都市への圧力を緩和するという現象の先駆けとなった．さらに，「農村から都市へどれくらい余剰生産物（そのカギは食糧）を供給できるかということが，工業建設と都市の規模を決定する」という認識が形成され，やがて「都市化進展の上限は，商品化された食糧の供給能力によって決められる」という理論的認識が生まれた[9]．

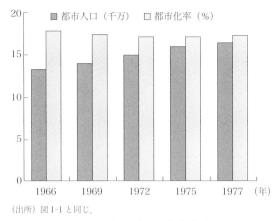

(出所) 図1-1と同じ．

図1-3　1966-77年の中国の都市化進展の状況

(3) 1979年から現在まで

1979年以降，改革開放と工業化の加速に伴い，中国の都市化も加速的進展の時期に入った．この時期の都市化の進展は大まかに以下の3段階に分けられる．

① 都市化の進展が回復した段階（1979-84年）

　この段階は，主として農村体制改革と農村工業化が都市化を推進した時期である．1978年12月の共産党第11期中央委員会第3回中央会議によって，農村の経済体制改革の幕が開かれ，農業は数年連続の高成長をみせた．この基礎の上に，農村の郷鎮企業と農村小都市が急成長し，「都市は工業をやり，農村は農業をやる」という古い二元的な局面は打ち破られ，徐々に「都市の工業化と農村の工業化の同時進行」という新しい二元的な局面に取って代わられた．

　1980年10月に全国都市計画会議（全国城市規划会议）が「大都市の規模を抑え，中都市を合理的に発展させ，小都市を積極的に発展させる」という基本

訳注7〕「農民工」は農村戸籍を持ちながら，都市に移住して商工業や雑業に従事している出稼ぎ労働者のことで，1983年に社会学者の張雨林が使ってから，現在では普通名詞のように使用されるようになった．中国特有の概念であるため，本書でも原則としてそのまま「農民工」と表記する．

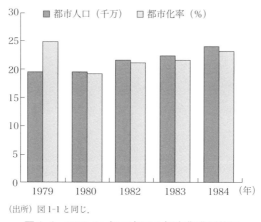

（出所）図 1-1 と同じ．

図 1-4　1979-84 年の中国の都市化進展状況

方針を提出し，国務院がこれを承認して施行され，改革開放以降の都市発展の基調が定められた．1983 年，著名な社会学者の費孝通が「農村の余剰労働力問題を解決するには，小城鎮が主役を務め，大・中・小都市が補佐役を務めるべきだ」と提案し[訳注8]，幅広い賛成を得て，その後の時期の主要な都市発展政策となった（図 1-4）．

② 都市化が安定的に進展した段階（1985-91 年）

　この段階は，主として都市体制改革と製造業の急成長による都市化の時期である．1984 年 10 月，共産党第 12 期中央委員会第 3 回全体会議で可決された「経済体制改革に関する中国共産党中央委員会の決定（中共中央关于经济体制改革的决定）」は，中国が都市に重点を置く経済体制改革の段階に入ったことを示した．この段階でも，政府は大都市の拡張を厳しく抑制し，中小都市とりわけ小城鎮の発展を奨励する都市化政策を継続した．その目的は，農村の余剰労働力を吸収し，同時に大都市の過度な膨張がもたらす諸問題を防ぐためだった．

訳注8〕　この費孝通の提案によって，「小城鎮」と，大・中・小の「城市」という 2 つの用語の使い分けが明確に意識されるようになった．

郷鎮工業の急成長に伴い，「小城鎮の建設」は後に「農村経済と社会発展を牽引する一大戦略」へと発展した．1980年代半ば以降，小城鎮はとくに人口密度が高い江南地方（長江下流の南岸）で大きな発展を遂げた．1980年から91年の間に，中国の都市戸籍人口が総人口に占める割合は19.93％から26.94％へと，約7ポイント伸びた．そのうち，小城鎮は相当な数の農村人口を吸収した．1980年代，流通分野の開放によって農産品交易市場が活発になり，企業改革によって労働市場が規制緩和され，各種の所有制の併存で商品市場が拡大され，生産要素市場が規制緩和された．これらすべてのことが，農民の就業機会を増やした[10]．

　しかし，多数の小城鎮の発展によって，一部では問題が顕在化した．たとえば，小城鎮や小都市の配置が分散し，都市としての機能が弱く，都市建設に秩序がなく，管理が混乱し，農村の拡大版にすぎないなどの問題点である．換言すれば，都市建設における「農村病」があらわれたのである．また，小城鎮の集約度が低く，経済効率が悪く，エネルギー消費指標が高いなどの問題も，かなりの「批判」を受けた．

③　都市化が急速に進展した段階（1992年から現在まで）

　1992年から，都市化の進展は新しい段階に入った．1992年の鄧小平による「南巡講話（南方談話）」[訳注9]，および同年10月の中国共産党第14回大会の開催は，中国が社会主義市場経済の全面的確立の時期に入ったことを示した．市場経済改革の発展深化と，対外開放のさらなる深化とともに，新しい工業化と都市化が全国で急速に全面展開された．

　ここ十数年，都市の人口密度は年を追って上昇し，1990年の1平方キロあたり人口は全国平均279人であったが，1995年に322人，2000年に442人，2001年に588人，さらに2002年には754人となり，2005年には1000人を超えた．同時に，大型都市の拡張と発展のスピードにも目を見張るものがあった．1993年に人口50万以上の大都市はわずか68にすぎなかったが，2002年末に

訳注9〕　1992年1月から2月に，鄧小平が深圳など中国南部の都市を視察して行った一連の講話で，改革開放を改めて強調した．

450まで急増し，人口100万以上の大都市は2002年末に171となった．都市人口の割合は，1999年から2008年までの9年間に34.78％から46.2％に上昇した．都市と建制鎮の数は大きな増加を経たあと，徐々に安定してきた．都市の数は1978年の193から1990年に467，2000年に663となり，建制鎮の数は1982年の2664から1990年に9322，2000年に19692となった．また，一部の都市の行政区画も拡大し，1980年代半ばから90年代までの都市人口の増加分のうち，少なからぬものは「撤県建市」や「撤郷併県」[訳注10]によってもたらされた[11]．

この時期の都市発展は主として産業経済の発展と市場化改革の結果であり，全国的な都市の空間配置や都市発展モデルが，市場志向の影響を強く受けた．たとえば，東南沿海地区，工業団地，開発区，物流団地などさまざまな形の産業化集中モデルは，都市の範囲を大きく拡大させ，全国から大量の余剰労働力を吸収した．このような都市発展は，都市と都市人口の東南への移転も速やかに促進した．東部，中部，西部における都市数の比をみると，1978年には東部1：中部2.2：西部0.6であったのに対し，1995年には東部1：中部0.8：西部0.4へと大きく変化した．

地方政府が推進した現行の土地制度，戸籍制度，財政制度，租税制度と，GDP中心の経済発展方式によって，都市の土地利用と都市計画に，無秩序で急速なスプロール化が発生した．中国の都市では，近年，土地の違法利用事件が急増している．また，各級・各種の開発区も大幅に増加し，現在進められている開発区の建設計画面積の合計は，全国の建設可能用地の総量を上回っている．こうして，地方政府主導の都市開発によって引き起こされた「違法な土地利用」と「計画の機能不全」という現象が広くみられるようになった[12]．

市場が主導する都市化過程において，大・中・小都市はいずれも強い発展願望を持つようになった．大都市は国際的大都市をめざす「都市化」を追求し，中・小都市は「大都市」型都市へ昇格しようという願望が非常に強い．1つの典型的な現象としては，多くの都市が相次いで「中心業務地区」（CBD：

訳注10）「県」を上位の行政単位である「市」に変更したり，農村の行政単位である「郷」を「県」に併合したりすることである．

Central Business District）を作ろうとしている．現在40の都市がCBDの建設を検討しているが，この数はアメリカよりも多く，経済発展と企業活動の内的連関から考えれば，明らかに合理的な限度を超えている．国家レベルの権威ある部門が秘密裏に行った「CBDバブル」に関する調査の結果によると，現在中国ではCBDの発展条件を満たすのは13都市にすぎず，また，CBDの建設を打ち出した都市のうち4つが人口20万人に満たない都市である．CBDを建設するには，大量の土地と，少なくとも百億元以上の投資が必要であり，形成するのに20〜30年の時間がかかる．それは長期の発展過程であるため，運営がいったん不振になれば，きわめて深刻な損失が出ることになる．

　都市化のさらなる進展に伴い，その政策もこれに応じた調整を行ってきた．2002年の共産党第16回全国代表大会報告では，「大・中・小都市と小城鎮の協調のとれた発展を堅持し，中国の特色ある都市化の道を歩む」ことが打ち出された．第11次5カ年計画では，「都市群[訳注11]を都市化推進の主要な形態とし，沿海部と京広鉄道（北京－広州）・京哈鉄道（北京－ハルビン）を縦軸に，長江と隴海鉄道（連雲港－蘭州）を横軸に，いくつかの都市群を主体として，その他の都市や小城鎮を点状に分布させ，恒久的耕地と生態機能区を互いに隔てて配置し，効率的，協調的で持続可能な都市化の空間配置にする」ことが打ち出された．現在，「珠江デルタ」・「長江デルタ」・「京津環渤海（北京・天津・環渤海）」という3大都市群と，沿長江都市ベルト地帯・沿隴海鉄道都市ベルト地帯・哈長瀋（ハルビン・長春・瀋陽）大都市ベルト地帯など七大都市ベルト地帯，さらに省都（省会）と優位性や特色のある地級市を主体とする50の大都市圏が，すでにほぼ形成されている．共産党第17回全国代表大会報告の中では，今後の「都市化（城鎮化）」の発展について，「受容能力の増強を重点に，特大都市に依拠しながら，波及効果が大きい都市群を形成し，新しい経済成長の中心を育成する」とさらに一歩進んだ要請が出された．

[訳注11]　原文では「城市群」だが，このころから使われるようになった政策上の固有名詞である．「国家新型都市化計画2014-2020年（国家新型城鎮化規劃2014-2020年）」によって，「両横三縦」という東西2本・南北3本の交通路に沿って，中国全土に都市群が配置されることになった．xvページの図解も参照されたい．

3　中国における都市化進展の現状

新中国成立以降の6回にわたる人口センサスのデータをみると，都市化の水準は急速な上昇傾向を示している．新中国成立初期の13.26％から2010年の49.68％まで，都市化率は36.42ポイント伸びた．とりわけ1990年代以降，中国の都市化率は10年ごとにさらに高い段階へと躍進し，10年ごとに平均10ポイントの伸びを示した．1982年以降，中国の都市化進展のスピードは上昇を続け，1982年から90年までの伸びが年平均0.7ポイント，90年から2000年が1ポイント，2000年から2010年が1.36ポイントと次第に高くなっている（図1-5）．

2000年以降，中国の都市化率は年々上昇し，高速成長期に入った．成長率からみると，2000年の36.09％から2010年の49.68％へと10年間で13ポイント上昇して，毎年1ポイント以上の伸びを示し，少なくとも年間1000万～2000万の人口が都市に流入したことを意味している．これは小さな数字ではなく，そのスピードから規模まで，どれも史上初のことといえよう（図1-6）．

2000年以降は，都市化率の伸びが鈍化する趨勢となり，その加速度は全体的に低下した．図1-7をみれば，2001年の1.61％から2009年の0.90％まで，

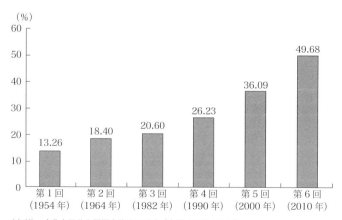

（出所）　中华人民共和国国家统计局历次《全国人口普查公报》．

図1-5　人口センサスにおける都市化率の変化

成長速度は確実に鈍化している．2006年から2008年末にかけて上昇したあと下降し，2008年に底入れして，またある程度持ち直した．これは2008年末に，中央政府がリーマンショックに対処するためのマクロ政策をとり，やむを得ず都市化という手段で大規模な投資と建設を行った結果，都市の拡張が再びあらわれたためである．その結果，都市化率の伸びは2008年の0.8%から2009年の0.9%へと増加した．

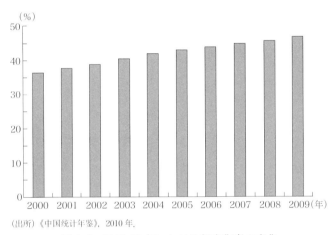

(出所)《中国统计年鉴》，2010年．

図1-6　2000-09年における都市化率の変化

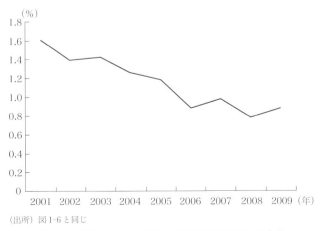

(出所) 図1-6と同じ．

図1-7　2001-09年における都市化率の伸びの変化

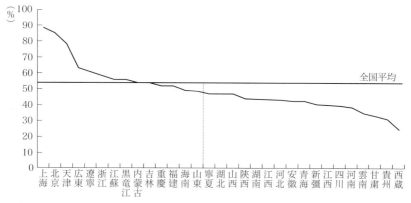

(出所) 図1-6と同じ．

図1-8 2009年の31省・自治区・直轄市（香港・マカオ・台湾を除く）の都市化率

中国各省・市の都市化率の分布状況をみると，各地の都市化率には明らかな相違がみられる（図1-8）．地域別にみれば，東部地区の都市化率が56.96％，中部地区が44.68％，西部地区が38.44％である．

都市化率を省別にみると，4つのグループに分けることができる．都市化率の高い順に並べると，第1グループ（70％以上）は北京（85.01％）・天津（78.01％）・上海（88.60％），第2グループ（50〜70％）は広東・遼寧・浙江・江蘇・黒竜江・内蒙古・吉林・重慶・福建，第3グループ（40〜50％）は海南・山東・寧夏・湖北・山西・陝西・湖南・江西・河北・安徽・青海，第4グループ（40％以下）は新疆・広西・四川・河南・雲南・甘粛・貴州・チベット（西蔵）である．

4　中国における都市化進展の基本的な問題点

中国は，世界で最も人口が多い発展途上国である．多くの外国の研究者が，「中国の都市化」は「アメリカのハイテク産業」と並んで，21世紀における人類の発展のカギとなると考えているように，今後50年間は中国の都市化が世界の発展に重要で深刻な影響を及ぼす．中国の都市化の過程を顧みれば，国家主導の市場経済体制が都市化の進展に大きな作用を及ぼしてきたことがわかる．

それは一面では，国家主導の都市化の進展が経済発展を力強く刺激し，国家のマクロ経済コントロールの重要な手段となり，国家レベルの発展計画が既定の都市化目標の達成を効果的に保障してきた．しかし，もう一面では，市場化過程における権力と市場の相互浸透，土地問題，資源環境問題，都市再開発と住宅撤去，都市の過度な拡張とスプロール化，農村から都市への移動人口の膨張などの社会問題も引き起こしている．

　中国の都市化進展の基本問題を一言でいえば，経済社会の発展を長い間束縛してきた都市と農村の二元的な分割という体制的問題を解決し，都市住民と農民の二元的な身分の隔離の問題を解決することである．そして，最終的には都市と農村を統一的な計画の下に置き，都市と農村の一体化を実現し，中国の特色ある都市化・工業化・農業近代化を相互に促進し，協調して発展する道を作らなければならない．本書はまさに戦略モデルという角度からこの問題を研究，分析するものである．

　以上のさまざまな問題を模索し解決するためには，以下のいくつかの点にとくに注意すべきである．

　第1に，長期にわたって蓄積されてきた，都市と農村の二元的な分割体制の矛盾を解決しなければならない．世界各国の都市化は農村人口の都市への集中を意味し，中国でも人口が都市へ集中してきたが，その両者は相当に異なる状況となっている．中国では都市と農村の戸籍の分割によって，移住した農民は都市住民としての待遇を十分に享受できていない．そのため，改革開放後の30数年来，多くの農民や農民工は，都市と農村の間を往復しながら移動している（循環流動）．中国は，世界でもまれにみる人口圧力を解決しなければならず，構造的な改革が非常に難しい．そのため，都市化と構造改革を積極的に進める必要があり，その一方で，改革を一気に進めずに緩衝地帯を設ける必要も認めざるを得ない．したがって，本書はこの2つの面をともに考慮しながら，中国の特色ある都市化の積極的推進戦略を分析している．たとえば，「開発区」「特区」などの方式をどのように推進し利用するかを研究し，同時に，緩和的・漸進的な手段と方法も研究していく．

　第2に，戸籍制度の改革である．都市と農村の二元体制があらわれる最大の体制的要因は，もちろん戸籍制度で，中国の戸籍制度は特殊な歴史過程の中で

形成されたものである．改革開放以降，各級政府はさまざまな改革措置をとろうとしてきたが，現在でも制度改革の重要な課題として残され，いまだに実験・摸索段階にあるといわざるを得ない．現在，警察省（公安部）は，各地域の実情にあわせた戸籍改革の実験を容認している．そのため，本書の中では，いくつかの地方の戸籍改革の実験についても留意しながら分析した．

第3に，農民，農民工の身分転換という大きな難題である．戸籍制度の最大の特徴は，出生地や戸籍登録地によって，人々を異なる身分のグループに分けていることである．その最も主要なものは，農民と都市住民の身分の区分である．区分のカギは，都市と農村で相違のある公共サービス体系である．一般的に，都市住民は農民より多くの公共サービス資源を享受しており，都市と農村の公共サービス資源には明らかに大きな差異がある．いかにして農民，農民工の身分転換を行うのか，これは早急に解決しなければならない問題である．

第4に，農民，農民工，流動人口の社会統合という問題である．農民，農民工の戸籍の転換に成功しても，彼らが都市社会に溶け込めるとは限らない．そのため本書では，農民が都市に統合される場合のさまざまな状況を数多く研究し，「半統合（半融入）」，「不統合（不融入）」などの問題を提起し，農民工と都市住民の社会的距離の問題，とりわけ「新生代農民工」[訳注12]や農民工の子供が，いかに都市になじんでいくかなどの難題について研究した．

第5に，「多元的都市化」の全体戦略についての認識である．上述のように，これまでは多様な都市化の経路に対する認識が不十分だったため，新中国成立以降の都市化政策は，特大都市や大都市を発展させる段階から，大都市の規模を抑制する段階，さらに「小城鎮」戦略の段階へと転換してきた．長い間，中・小都市の発展をあまり重視しなかったため，大・中・小都市の比率がアンバランスになり，既存の都市が農村人口を吸収する場合の統合効果が小さくなっている．また，旧来の計画モデルやインフラ投資の限界などの諸要因に制約されて，多くの大・中都市では周辺へ延伸するという市域拡張の方法がとられ

訳注12］　初代農民工が改革開放以前の生まれなのに対して，「新生代农民工」（新世代の出稼ぎ農民）は改革開放以降に生まれた世代であり，すでに農民工の半数以上を占めている．2010年1月に共産党中央委と国務院の出した中央1号文件で初めてこの言葉が使われ，その「市民化」が政策課題として指摘された．

てきた．その結果，都市の中心部は全体的に過密になり，住宅が密集し，公共インフラが不足して水準が低く，緑地と屋外の公共活動空間が少なく，交通が混雑して外出が不便で，防災・治安のリスク要因が多いなどの問題があらわれている．また近年，都市の周辺地区では，土地開発利益のインセンティブによって急速で無秩序な都市拡張がみられる．道路に沿って拡張されたり，道路に関係なく四方八方に拡張されたりして造成地が集約されず，付帯施設も揃わないなど多くの問題がもたらされている．このほか一部の大・中都市では，産業発展や都市発展の水準を顧みず，「都市化」を追求してCBDのように高度な区域をむやみに求める現象があらわれ，都市の発展に対する深刻な過ちを犯してしまった．これらは，中国都市化の全体戦略の認識と把握に関わっており，本書ではこのような問題も数多く論じている．

第6に，中・小都市が中国の都市化に占める重要な地位と機能を，いかに位置づけるかということである．現在，小城鎮の建設も非常に困難な局面に遭遇している．いたるところに広く配置された小城鎮・小都市では，都市の配置における有機的な連携や，均衡のとれた結合が欠如している．都市の機能区分が不明確で，都市建設は無秩序であり，管理が混乱し，小都市はたんなる農村の拡大版にすぎず，都市建設における「農村病」にかかるなど多くの問題を生み出している．また，小城鎮の集約度や経済効果は低いのに，エネルギー消費指標は高い．したがって，本書では総合的な発展戦略の中で中等都市の発展に留意しながら，県域経済という概念を強調し，県域経済に基づく中等都市の発展戦略を重視すべきだと考える．

第7に，都市の発展と農村の発展との関係を把握することである．長い間，都市化の発展計画と，在来農業の改造や農業現代化建設が，統一された発展体系になっていなかった．このため，農村の生活様式を都市化することの重要性が無視され，都市発展が加速されるにつれて都市と農村の格差が拡大してしまった．そして，大量の農民が都市に流入することで，都市の雇用，居住，環境などが局地的に悪化している．また，都市の発展は基本的に農村の土地資源の収用に依存している．「中華人民共和国憲法」では，都市の土地と農村の土地は，土地所有制度が異なると規定しているため，都市が農村に向かって拡張していくと多くの社会矛盾や社会問題が起こる．現在，集団抗議運動[訳注13]が頻

発している要因について分析すると，最も主要な原因は農村における土地収用と家屋の撤去・改築だということがわかる．この矛盾，衝突は非常に激しいものである．そのため，農村や農民の土地をいかに取り扱うか，いかにして都市と農村の一体化を実現するかということも，本書の研究テーマの1つである．

総じていえば，中国の30数年来の都市化過程を総合的にみて，都市化進展の現状と都市化率の伸びの鈍化から，現在は都市化が安定的に進展する段階に入ったと判断できる．しかし制度的基礎や政策理念は，旧来の構造と惰性から抜け出すことができず，依然として都市化を一種の経済手段とみなし，都市化によって「三農問題」[訳注14]と農村の余剰労働力の問題を解決することが期待され，当面の経済的利益と発展の必要性から政策が形成されている．

一般的な判断基準として，近代化の指標の1つは都市化率である．今後30年間，中国の都市化率は現在の約50％台から徐々に70％台へと高まる可能性が大きい．このことは，毎年平均1ポイントの都市化率の伸び（すなわち，毎年約1000万の人口が農村から都市へ流入する）があって，初めて現代化の要求を満たすことを意味する．都市化が総合的で系統的な現代化の過程であり，それ自体の論理と発展の方向を持ち，社会進歩と社会構造の転換に重要な意義を持つということを，我々は認識している．都市化が工業化に遅れをとれば，当面の経済成長と構造調整のボトルネックとなるだけでなく，人口，資源，環境などの面で潜在的リスクを高める決定的要因となる[13]．留意すべきなのは，都市と農村の二元構造と農民身分の制度的制約を打ち破ることや，都市化を推進する過程で政策改革と制度建設を行うことが，経済構造の調整，内需拡大，新たな都市社会の形成に，大きな理論的・現実的意義を持つという点である．

これまで述べてきた，新中国成立以降の都市発展の過程をまとめると，以下の4つの問題点が明らかになる．

第1に，中国の都市化進展の前提は，工業化と現代化である．都市化はかな

訳注13〕 原文は「群体事件」．民衆が政府や企業に対して起こす抗議デモや暴動を，中国では「群体（性）事件」と呼び，一般に非合法とされる．

訳注14〕 「三農問題」は農業・農村・農民の3領域の問題を指す言葉で，1996年に経済学者の温鉄軍が初めて使用したとされ，2003年に中共中央の重要政策として位置づけられた．

り長期間にわたって，一種の制約要因としての工業化の進展に従属し，むしろ工業化の方が優先されてきた．このことは国家的蓄積に必要な基礎を提供したが，中国社会の長期にわたる持続可能な発展に必要な経済原動力と社会資源を制約し，都市化の進展が工業化に遅れをとるという基本構造を作り出している．

第2に，中国の都市化進展の構造的枠組みは，新中国成立初期に確立されたものである．これは，都市と農村の隔離制度をもたらす一方で，政府主導の都市化発展モデルを確立した．この構造的枠組みは現在でも重要な作用を及ぼしており，発展の初期には相対的優位性を持っていたが，都市化の深化・推進につれて，都市の不均衡発展と都市化区域の不均衡生成によって否定的な影響をもたらしたことをはっきり認識すべきである．

第3に，中国の都市化の発展段階を総体的にみれば，規制から自由化へ，受動から能動へ，小城鎮から都市群へと向かっている．中国の都市発展がグローバル化，地域的経済統合，インターネット社会と市民社会の台頭など複雑な要因から受ける影響は，日増しに大きくなっている．したがって，都市化がもたらす不可避で複雑な各種の経済・社会問題に対処するため，総体的な観点から，系統的で発展を視野に入れた戦略的全体計画を策定し，各部門が統合連携しながら個々の計画を策定し，責任を明確にしながら協調統一された都市管理機関を設けて，都市化と都市の発展を管理すべきである．

第4に，都市化は改革開放を順調に推進するための核心であり，要点である．都市化が成功するか否かは，改革，安定，発展の大局にかかわっている．都市化の進展につれ，利用可能な土地資源は日々減少し，土地経済に基づく都市拡張モデルは持続不可能になり，同時に，都市的な生活様式や理念と社会構造の転換によってもたらされた問題は日々増加している．いかにして人々の社会参加を進め，都市の成長の中で公平と正義を実現するか，いかにして急速な発展がもたらした社会分化の溝を埋めるか，これらの課題は今後の一定期間において，政策を策定し有効な解決策を考えるときの重要な方向を示すことになるだろう．

第2章
多元的都市化モデルの理論的探求

　中国では，人口が多く，国土が広く，東西間の発展は不均衡で，都市と農村に大きな格差があるなど多くの特徴があるため，単一モデルに沿って都市化を進めることはできない．社会経済が急速に発展する中で，現在50％前後の都市化率は，今後2，30年間でさらに大きく上昇する余地がある．しかし，市場が主導する欧米社会のような発展方式と異なり，中国の都市化進展には政府主導の行政システムがかなり重要な役割を果たしている．したがって，どのような都市化推進モデルを選ぶか，いかにして都市化戦略を推進するかは，深く研究するに値する問題である．

　本章では，まず中国の都市化の基礎とその条件の特殊性を分析する．次に「都市規模」の多元性と「推進方式」の多元性という2つの面から，多元的都市化理論を整理する．さらに，多元的都市化を推進するための基本原則を提起する．最後に都市化推進に関する総合的な戦略計画の進行について分析し，多元的都市化の進展によって形成される多元的都市社会の特徴について論じる．

1　中国における都市化の基礎と条件の特殊性

　中国の都市化の特殊性を探るには，まずその基礎と条件を明らかにしなければならない．本書では，以下の5つの特徴にまとめてみた．
　第1に，中国の人口は世界一である．第6回人口センサス（2010年）によると，中国大陸の総人口は13.4億人だが，都市部に6か月以上居住する外来人口を都市人口[訳注1]に算入したとしても，依然として農村人口は6.74億人を超えている．都市化は，分散していた農村人口が次第に都市に集中することを

意味するが，これほど莫大な人口の都市化は世界に例がない．これは，多様なインフラへの投資と整備を必要とするだけでなく，農村人口を吸収するために大がかりな産業調整も必要であり，さらに数億人に現代都市のライフスタイルを受容させる努力も必要である．

　第2に，長い間に積もり積もった，都市化への圧力がある．中国の都市化は，同じような経済水準の国々と比べて，明らかに遅れをとっている．その原因は，改革開放前に都市化の進展を厳しく抑制する政策がとられ，一時は「反都市化」措置（都市人口の農村への「下郷」）まで行われたためである．改革開放後も，都市化の進展は一貫して工業の発展速度を下回ってきた[1]．そのため，矛盾が長期にわたって蓄積され，都市化の果たすべき役割は非常に重くなっている．近年は，各地の地方政府が都市化の加速に尽力する方針を打ち出し，長期間の矛盾を一気に解決しようとしている．しかし，そのようなやり方は往々にして，さらに大きな社会矛盾と社会問題を引き起こしてしまう．

　第3に，都市と農村の格差の特殊性がある．中国社会では昔から格差が非常に大きく，それはとくに都市と農村の格差としてあらわれてきた．近年，中国経済は世界の注目を集めるような高度成長を遂げているが，都市と農村の格差を完全に縮めることはできなかった．現在でも，都市住民の消費水準は，依然として農民の3倍[訳注2]になっている[2]．東部の大都市は生活水準，ライフスタイル，インフラ，資金投入などの面で，中部・西部の立ち遅れた農村とは大き

訳注1〕　中国の「城市人口（都市人口）」の定義は，市区と郊区（市轄県を除く）の常住人口であり，非農業人口と農業人口を含む．一般に中国の行政単位としての「市」には広大な農村部を含むので，これを除いたものが「市区」と「郊区（近郊区・遠郊区）」にあたり，そこには行政単位としての「区（建成区）」が置かれることが多い．それ以外の農村部には「県（市轄県）」が置かれる．ただし，これらの区分はあいまいな面もある．都市の「常住人口」は，その都市の戸籍を持つか否かに関わりなく，6か月以上そこに居住する人口である．「戸籍人口」は，都市外に滞在している者も含めて，その都市の戸籍を持つ人口である．「流動人口」は，その都市の戸籍を持たず，居住が6か月未満の人口である．「外来人口」は，流動人口と，常住人口のうちでその都市の戸籍を持たない者の合計である．

訳注2〕　2009年に，都市住民の1人当たり消費支出は12265元，農村住民は3993元だった（原書の注だが，本文の内容に関わるので脚注に移した）．

な隔たりがある．都市と農村の巨大な格差という矛盾を，短期間の都市化推進によって一挙に解決しようと考えるのは，全く非現実的だといわざるをえない．

第4に，都市と農村の戸籍制度がある．現在，中国のように厳しい戸籍制度を実施している国はまれである[訳注3]．30年余りの改革を経て，多くの社会保障制度は戸籍と切り離されたが，「大学入試（高考）」に代表される教育資源は依然として戸籍と不可分である．2012年2月，国務院弁公庁が「戸籍管理制度改革の積極的で着実な推進に関する通知（关于积极稳妥推进户籍管理制度改革的通知）」を公布した．この「通知」は，戸籍制度の改革を積極的に推進することと，着実に推進することという，二重の含意を持っている．つまり，改革は積極的に進めるべきだが，同時に十分慎重に進めるべきだということである．換言すると，農村戸籍を単純に都市戸籍に変更すれば，農民の耕作地や住宅用地を奪うことになり，かえって農民の利益を侵害することになる．

第5に，都市化の発展段階が複雑である．欧米先進国の都市化は，段階的という特徴が非常に目立つ．多くの場合，都市への人口集中の段階，郊外への人口分散の段階，下層住宅地の再開発による高級化の段階（gentrification）などをたどってきた．これに対して，中国では地域格差があるため，先進地域と後発地域の都市化が全く異なる段階にある．北京，上海，広州のような先進地域は，すでに都市化の第2段階（分散段階）に入ったのに対し，ほとんどの中部・西部地域はいまだに第1段階（集中段階）にある．また，一部の都市では，下層住宅地の再開発の段階もあらわれている．このように，中国の都市化の特徴は，同じ時期に複数の発展段階が併存する現象がみられることである．このように錯綜した複雑な局面で，政策的に第1段階と第2段階への対策は両立が難しく，常にトレードオフの関係にある[3]．

[訳注3]　中国の戸籍は，日本の戸籍とは異なる制度である．中国の戸籍は戸口とも呼ばれ，『戸口簿』は警察が管理する．戸籍制度は1958年の「戸口登記管理条例」で体系化され，改革開放以前は社会保障・食料配給・教育などあらゆる社会的サービスが戸籍に基づいて給付されていた．その内容から，戸籍は俗にいう「都市戸籍」と「農村戸籍」に分けられ，農村戸籍から都市戸籍への変更はほとんど不可能だったため，農村から都市への人口移動を制限する結果となった．改革開放以降は，実態として人口流動化が進み，それを追認する形で本文にあるような改革が進められている．

2　一元か多元か——中国の都市化モデルに対する思考

　中国における地域発展の不均衡という特徴を考えれば，都市化進展の道は単一のモデルにこだわるのでなく，「異なる物を併せ持つ（兼收并蓄）」という方針の下で，異なる情勢に合わせた都市化戦略を選ぶべきである．したがって，都市化の推進方式は一律ではなく，多様であるべきだ．しかし筆者の調査するかぎり，多くの地方で都市化進展の考え方は単一であり，そのほとんどは地方政府が主導し，推進の基準も「紋切型（一刀切）」である．甚だしい場合，一部の地方政府は短期間で都市化の水準を高めようとして，強引な都市化を推進している．

　現在の，政府主導による都市化進展方式は，一面では中国の伝統的な集権体制と関わっており，政府がすべてを引き受けるという考えが根強いことが背景にある．もう一面では，地方政府が強い発展の原動力を持つことに関わる．一般に経済が発展している地域は，都市化の推進に非常に積極的で，政府の主導力も強い．政府による推進政策は，市場の不完全で不十分な点をある程度は補完できるが，いずれにせよその効果は限定的なことが都市化の直面する問題点である．政府主導だけでは欠陥や問題点を避けることができず，多くの社会矛盾や衝突を引き起こす．中国のように広い国土と複雑な発展状況を持つ国は，必然的に多元的都市化推進モデルをとらなければならない．

　都市化のモデルは多種多様である．先進国の都市化は，まず集中化，のちに分散化という道を歩んできた．発展途上国の都市化の程度や方法も，それぞれ異なっている．欧米諸国の都市化の過程をみると，参与する勢力は多様であり，発展方式もそれぞれ異なり，異なる段階では異なる特徴をみせ，いずれも単一モデルではない．

　もちろん，欧米諸国の多元的都市化による発展方式は，長年の都市化の過程を伴っている．18世紀半ばのイギリス産業革命から数えれば，欧米先進国の都市化が完成するには何百年もの時間がかかった．市場と多様な民間勢力が共同で参与する方式をとり，都市化の進展速度は遅く，断片的であった．とくに，空間計画を決めるときには，民衆の意見がまとまらず，しばしば計画を推進で

きないことがあった．

　したがって，中国の「多元的」都市化は中国の状況に合わせるべきで，欧米諸国の都市化進展モデルをそのまま丸写しにはできない．なぜなら，社会的基盤をみても，欧米諸国では民間社会が発達しているのに対し，中国には民間社会の生まれる土壌が欠けているからである．たとえば，北京市の南池子旧城再開発[訳注4]の過程では，当時の汪光燾副市長が民間参加の方式を拡大しようとしたが，結局，住民自らが組織する原動力に欠けていたため実行できなかった．したがって，われわれは欧米の多元的モデルと中国の伝統的な一元的モデルとの間で，均衡点と調和点を探り，中国の国情に適した多元的都市化モデルを模索しなければならない．

3　多元的都市化モデル

　それでは，多元的都市化モデルとは何であろうか．これについて，学界ではまだ定説がない．さまざまな角度から異なる理解が示されている．たとえば，都市規模の多元性，都市発展形態の多元性，人口移動モデルの多元性，都市化推進原動力の多元性，都市化主導産業の多元性，等々である[4]．ただし，議論はおよそ2つのモデルに集中している．その1つは都市規模に基づく多元的都市化モデルで，もう1つは推進方式に基づく多元的都市化モデルである．

(1)　都市規模に基づく多元的都市化モデル

　都市規模に着目した都市化モデルの研究は，かなり長い歴史がある[訳注5]．最近の研究は，以下のような基本的モデルにまとめることができる．

訳注4]　北京市東城区の南池子大街は，故宮の東南に隣接する地区で，明代の皇史宬や清代の普渡寺などの伝統建築がある．1987年に北京市で初めて歴史文化保護区に指定され，2000年から03年にかけて大規模な保存修復が進められた．

訳注5]　都市規模に関して，中国では公的な定義がある．2014年に国務院が発布した「都市規模の区分基準に関する通知（关于调整城市规模划分标准的通知）」では，超大城市（常住人口1000万以上）・特大城市（500〜1000万）・大城市（100〜500万）・中等城市（50〜100万）・小城市（50万以下）に区分されている．

第1は，小城鎮モデルである．中国は人口が多く膨大な余剰労働力があるが，このような大規模な人口を都市で就業させるのは，たとえ大都市であっても難しい．そこで，解決策となるのは，小城鎮（小都市）を発展させ，多くの農民を近くの小城鎮へ移転させることである．小城鎮建設モデルの根本的な着眼点は，雇用の拡大と，都市と農村の連携強化にある．このモデルは人口密度の高い江南地域に適しており，すでにかなり大きな進展を遂げ，1億人以上の人口を吸収している．また，小城鎮は都市化の進展過程では過渡的な形態なので，合理的な配置で条件さえ整えば，さらに中等都市へと発展することもできる．しかし，小城鎮モデル自体には限界もあり，発展の原動力が足りない場合，完全に花開くことができずに資源の浪費につながる．人口密度の低い北部や中・西部の地域には，小城鎮モデルは適していない．

　第2は，中都市（中等都市）モデルである．単に小城鎮や小都市に頼るだけでは，中国の農村余剰労働力の根本的な解決にはならない．小城鎮や小都市は投資効率が低く，深刻な土地の浪費がみられるが，人口規模が50万人前後の中都市は独特の優位性を持っている．中都市は，工業生産と都市コミュニティの集積効果を発揮する一方で，大都市や超大都市のように人口密度が高いという欠点を回避できる．「小城鎮」発展戦略の投資効果に比べて，限られた資金を適切な数の中都市に投入した方が，人口吸収効果は優れ，中国の不合理な都市階層秩序を大きく改善できる．中心地理論[訳注6]によれば，特大：大：中：小都市の合理的な比率は1：3：9：27であるとされる．しかし，現在の中国の都市体系では，中・小都市の数が非常に少ない．このような不合理な都市間の階層秩序は，それぞれの地域における都市の集積効果を弱めている．中心地理論にしたがえば，中国には1300の中・小都市があるのがふさわしい．つまり，都市とみなされていない1635の県城の，半数以上を中都市にすべきである．県城を基盤としながら中都市を建設すれば，その周辺地域の農村人口の移転にも好都合である．

　第3は，大都市モデルである．大都市は一般に産業基盤や都市インフラが比

訳注6〕　ドイツのW.クリスタラー（Walter Christaller）が1930年代に提唱した理論で，財やサービスの到達範囲に着目して，その中心地となる都市の規模・数・分布を説明した．中心地としての都市は，高次から低次への階層性を持つ．

較的よく整い，教育，医療など公共サービス施設もかなり整備されている．人々は大都市に集住して仕事や生活を営み，規模の経済性や集積効果を生み，大都市を地域の中核へと発展させる．アジアでは，大都市や超大都市の優位性がとくに際立っている．アジア諸国は人口密度が高く，資源が限られているため，多くの国が大都市・超大都市の発展による都市化を選択した．たとえば，日本，韓国，タイなどの国では，超大都市に全国の大部分の人口が集中している．シンガポールや香港は，いうまでもなく超大都市の集積地である．

　第4は，超大都市の延長上にある都市群（城市群）[訳注7]，都市ベルト地帯（城市帯），都市圏（城市圏）である．都市化の過程からみると，都市群や，都市ベルト地帯，都市圏は高次の段階である．大都市群と都市ベルト地帯は，空間的な集積効果があり，資源の効率的な配置に有利で，周辺地域の発展を牽引して経済成長を促進することができる．中国では，さまざまな特徴を持つ都市密集地域があらわれはじめている．たとえば，北京と天津を中心とする京津冀都市群，密集した都市群を特徴とする長江デルタ都市群や珠江デルタ都市群などである[訳注8]．

　第5に，「農村生活の都市化」とでも呼ぶべきモデルもある．基本的に都市化が意味するものは，人口の集中と農業の非農業への転換である．先進国の経験では，この過程に伴って中産層は都市中心部に集中したあと，さらに郊外へと移転していく．その根本的な社会的意義は，彼らのライフスタイルが，もはや伝統的な農村とは異なっているという点である．郊外における中産層のライフスタイルは，中心部と変わらない．つまり現代社会では，都市化が一種のライフスタイルとなり，都市住民が作り出した現代文明のライフスタイルを郊外の農村地域まで広げていくこともできるのである．

　総じていえば，中国社会の最も際立った特徴の1つは，地域的発展の不均衡

訳注7）都市群については，第1章訳注11を参照されたい．
訳注8）京津冀都市群（京津冀城市群）は，北京・天津のほか河北省（一部河南省）の12市を含む．長江デルタ都市群（长江三角洲城市群）は，上海を中心として南京・杭州・合肥など江蘇省・浙江省・安徽省の26市を含む．珠江デルタ都市群（珠江三角洲城市群）は，広州を中心として深圳・東莞・仏山など広東省の14市を含む．

である．地域間の経済社会の不均衡を，都市化の過程に反映させれば，多元的都市化モデルになる．したがって中国の都市化では一元化を強要することはできず，現地の実情を踏まえて，産業・土地・自然資源・人口その他関連する都市化の要素を具体的に分析し，それぞれの地域にふさわしい都市化モデルを選択すべきである．

(2) 推進方式に基づく多元的都市化モデル

都市規模という視角は，主として集中方式による都市化を検討し，目標や結果という観点から都市化の発展方式を研究したものである．しかし，どの方式を採用するかにかかわらず，具体的にどのように都市化を推進するかということが，地域発展の現実に密接に関わる．したがって，都市化の推進方式に関する研究はいっそう重要である．

中国の特殊な国情によって，都市化の推進方式には欧米諸国と異なる特徴がある．中国の経験と国際的な経験との比較を踏まえ，本書では都市化の「推進モデル」という概念を提起する．一言でいえば，中国の都市化の際立った特徴は，政府主導，広範な計画，総合的な推進ということである．本書の第2篇第3章では，これについて理論的に分析する．

中国の都市化推進方式の特殊性を踏まえ，都市化を推進する原動力メカニズムと，都市化する空間の区別によって，中国の都市化推進モデルは7つの類型に分類することができる．すなわち，開発区の建設，新区と新都市の建設，都市拡張，旧市街の再開発，中心業務地区（CBD）の建設，郷鎮産業化，村落産業化である．本書第2篇第4〜10章では，これらの7つのモデルについて詳しく述べる．

この7つの主要な都市化推進モデルのほかに，都市化の推進方式を研究するにあたって，中国の都市化過程における以下の独特な要素に十分留意すべきである．第1に，行政の中心からの放射作用で，中国の政治経済の発展には国家の主導的な役割が強いため，行政の中心は周辺の都市や城鎮の発展に対して強力な放射作用を持つ．第2に，大型プロジェクトの動きで，国家級・省級・部級の大型プロジェクトの建設は，都市の発展に巨大な影響を及ぼす．第3に，外資の牽引で，沿海開放地域では，多くの外資の進出によって都市化が促進さ

れた．第4に，人口密集地区の自発的要素で，手工業と商業の伝統がある長江デルタ地域では，高い人口密度に押されて農村労働力が自発的に都市へ移動してきた．このような様々な要素のはたらきによって，中国の都市化モデルには，いくつかの重要な亜類型が派生する．たとえば，重点プロジェクト牽引型，自発発展型（蘇南モデルと温州モデル[訳注9]が典型），外力推進型（外資牽引型，国境貿易型，観光型など）である．

同時に，上述のような7つの主要な都市化推進手段は，都市規模に基づく多元的都市化モデルと密接な関係を持っている．一般的に，さまざまな都市化戦略モデルは，それぞれ特定の推進方式と手段を持っており，両者の間には一定の対応関係がある．中心からの放射，大型プロジェクトの動き，外資による牽引，人口密集地区における自発的拡散などの都市化の刺激や誘発要因も，おそらく都市化の推進方式に混ざりあって組み込まれるだろう．具体的な対応関係はどのようなものか，実際の都市化過程で派生的な推進手段や亜類型はあらわれるのか，推進手段と推進要素の間にどんな組み合わせがみられるか，どんな方式の組み合わせでより良い整合効果が生まれるのか，などの問題は，推進モデルを具体的に論じる第2篇の各章で触れることにする．ただし，1つ明白なことは，推進手段と都市化モデルの間に深刻なズレが起こってしまったら，はかり知れない損失を招く可能性があるということである．この意味からいえば，推進モデルの選択は，都市化戦略モデル選択の延長である．

(3) 多元的都市化の進展を推進する基本原則

上述の多元的都市化モデルの具体的内容を議論するとき，中国の都市化発展を推進する一般原則にも注目しなければならない．この原則は，以下の5つの関係を，いかに適切に処理するかということに結びついている．

第1に，産業モデルと都市化モデルの関係である．都市化発展の基本的原動力をみると，都市化の発展は経済社会の発展から生まれ，主として次のような特徴を含んでいる．まず産業の空間的集積であり，工業化の加速に伴う生産の

訳注9〕 どちらも郷鎮企業のタイプによる分類だが，詳しくは第3章訳注9を参照されたい．

集中性，連続性，製品の商品性などによって，経済活動が空間的に集中するようになった．さらに産業構造の転換であり，工業化の段階が異なれば，都市化の特徴も異なる．そして，都市・農村間と都市間の相互作用である．産業による牽引は都市発展の基本的原動力であり，さまざまな産業の形式や発展の特徴が，異なる都市化発展モデルを生み出すだろう．集中型の工業化は，往々にして大都市の発展モデルにつながる．たとえば，新中国成立初期には，重工業発展モデルが大都市の迅速な発展をもたらした．また，バリューチェーン型の工業化は，中・小都市の連鎖的な発展につながりやすい．たとえば，珠江デルタ，長江デルタ地域の都市発展モデルである．同様に，その他の産業形式も，異なる都市発展形態を生み出す．したがって，ある具体的な地域で都市化モデルの目標を定める場合，まずその地域の産業発展の形式，特徴，水準をしっかり踏まえてから選択しなければならない．

第2に，都市化過程における政府と市場の関係である．純粋な市場モデルあるいは自由放任方式の都市発展は，しばしば地域間の不均衡発展，都市と農村の格差の加速的拡大，土地資源の利用効率の低下，都市建設の非計画性などを招く．一方，純粋な計画モデルは硬直的で単一的な都市発展を招きやすく，絶えず変化する都市発展の要求に対して敏感に反応できず，都市化の速度を引き下げることになる．

第3に，都市化の過程における都市と農村の関係である．適切な都市化モデルの選択によって，現代都市と現代農業が共に発展するという原則に沿って，労働生産性が絶えず向上している現代農業と農村の同時転換，都市的ライフスタイルによる現代農村社会の転換などの変化が起こり，都市と農村の間に広く存在していた二元構造を根本的に変えてきた．都市と農村が一体となった発展は，「多元的都市化」戦略モデルが堅持する中核理念である．

第4に，人口吸収と合理的な都市配置との関係である．この原則は，第1の関係（産業モデルと都市化）と密接に関わっており，産業推進方式の違いによって，近距離の移動か遠距離の移動かなど，異なる人口移動モデルが生じやすい．人口移動という要素は，都市配置や，さまざまな類型の都市の数量と規模の構成に大きな影響を及ぼす．

第5に，都市発展と資源利用の関係である．これには，主として土地資源，

水資源などが含まれる．中国の1人当たり耕地面積は，世界平均の半分にも満たない．耕地が少なく，生態系が脆弱であるため，「過度な郊外化」「過度な分散配置」の教訓を汲み取って，都市化された土地資源の利用効率を引き上げるべきである．さまざまな都市化モデルの具体的枠組みの下では，資源の集約的利用の主な方式も異なる可能性が高い．世界銀行は，中国の都市化発展に関する報告の中で都市化の影響と効果を総合的に分析し，中国の都市化発展戦略は多方面の問題を総合的に考慮し，エネルギー・資源利用の持続可能な発展を重視して，1つの国家戦略を形成したと主張している[5]．

総じていえば，国内外の都市化発展の歴史的過程と経験や教訓をみれば，ある国や地域にふさわしい都市化の道とモデルは，主としてその国や地域の産業発展の特徴，社会発展のレベルや文化環境，そしてエネルギー・資源の条件などによって決定されるのである．

4　3つの計画の一元化——多元的都市化戦略に基づく総合的戦略計画

(1)　主体機能区計画——国土計画と都市計画の整合

現在，中国で施行されている規範的意義を持つ計画には，第12次五カ年計画の都市群発展戦略，および国家発展改革委員会が編成して国務院が発した「全国主体機能区計画（全国主体功能区規划）」[訳注10]がある．後者はすでに都市群発展戦略に収められた．国務院は「全国主体機能区計画」を国土空間開発の戦略的，基礎的，制約的な計画として位置づけたため，本章ではこれを「計画」と呼ぶ．「計画」と並ぶ法的効力を持つ計画として，建設部門が担当する都市計画，国土部門が担当する国土計画などがある．このほか，発展改革委員会（前身は「計画経済委員会」）が5年ごとに「国民経済発展計画」を策定する．現在，中国で「計画」と同時に施行されている計画は，これら3種類といえるだろう．現在のところ，これらの計画は国務院によって一元的に管理され，各中央官庁・委員会・部門・地方政府によって策定・実施・実施監督が行われ

訳注10〕　主体機能区（主体効能区）は2011年に政策化され，環境・資源・経済などの条件に応じて，それぞれの地域に特色ある機能を分担させるという構想であり，国土空間の配置の基礎とされる．

ている.

　これら4種類の計画は，具体的な実施段階で矛盾を生んでいる．矛盾の背景には，複雑な歴史的要因もあるが，縦割り行政や部門間の利害衝突などの原因もある．まず，都市計画は都市発展の最も重要な分野として，従来から重視されてきた．建設部門は，長いあいだ都市計画に従事するなかで，包括的で系統的な業務体制と人員配置を整備してきた．これに比べて，国土部門の計画策定や人員配置はやや弱体で，多くの場合，その業務の重点は土地境界線（「红线」）の監督と，地目変更の審査・許可に置かれていた．また，国家発展改革委員会が策定する計画は，もっぱら経済発展を重視している．このような現在の基本的状況をみると，経済社会発展計画と都市計画や国土計画を取りまとめ，調整することが望ましい．最近打ち出された「主体機能区計画」は国土空間に関する計画の「トップデザイン（顶层设计）」のレベルで第一歩を踏み出したが[6]，このように総合的で戦略的な計画を確実に実行するためには，明確な責任を持って施行する管理機関が欠如しており，また，その他の計画との整合性を持つ具体的な施行措置も欠けている．

(2)　多元的都市化戦略に基づく総合的な国土空間戦略計画体系の策定

　効率的で調整のとれた，持続可能な国土空間の開発パターンを構築するためには，戦略的意義を持つ総合的な国土空間計画を策定すべきである．いわゆる総合的国土空間計画は，現在実施されている都市計画，国土計画，主体機能区計画をカバーしながら，各地方政府の地域発展計画とも統合・調整を図らなければならない．このような計画体系の樹立にあたって，憲法から一般の法律にいたる法体系のように，計画相互の関係を序列化し整理することが肝要である．「トップデザイン（顶层设计）」から「底辺の計画（底层规划）」にいたるまでの諸計画を統一的に調整することによって，はじめて「多くの計画の羅列（多规并立）」という計画体系を根絶することができる．

　総合的な国土空間計画は，国民経済発展計画とも調整を図り，両計画を同等の重要な位置に置くべきである．総合的国土空間計画は，国民経済の発展を空間的に実現，実行しなければならない．したがって，統合された管理システムを確立し，権限と責任が明確な管理機関が計画の策定，実施，人員養成を担当

する必要がある．既存の建設部門，国土部門，発展改革委員会，地方政府から関係者を選び，国土空間計画と管理部門を再編成すべきである．このようにして，はじめて「主体機能区計画」に対して明確な責任を持つ主体が作られ，さらに権限と責任が明確で，効率的で調整のとれた持続可能な計画が発展できるような構造を作ることが可能になるだろう．

総合的な国土空間計画体系を策定するにあたり，中国の多元的都市化の発展戦略に沿って，さまざまな地域の具体的な発展条件を踏まえ，いくつかの都市化推進の方式を総合的に考慮すべきである．このような発展計画は，総合計画のレベルにとどまらず，生態系保護，国土緑化のような専門的領域の計画でも，管理計画のレベルまで踏み込み，さらに全国的，地域的，都市的な完備された計画指標や統計と動態監視のシステムを確立しなければならない．

たとえば，都市群戦略と主体機能区戦略の実施によって，いくつかの重要な都市圏では，大都市群と大都市ベルト地帯による都市化発展モデルが形成されつつあり，これからも形成されていくだろう．このような都市化発展モデルを推進すれば，必然的にそれぞれの地方，部門，利益主体の間で，利益配分や代価補償などをめぐる多くの要求や主張が出てくる．これらの要求や主張に直面して，全体的な利益調整と分配のメカニズムを有効に確立し，地域レベルで利益主体の調整を図りながら全体の利益を最大化し，最終的にすべての人の共通利益に転化させる方法を考えなければならない．そのためには，現行の総合的な計画体系を，さらに完全で具体的かつ操作可能なものにしなければならない．たとえば，環渤海都市群[訳注11]の実施過程で，環境保護と生態系回復[訳注12]をいかに調整し実行するかということは，深く研究して考えるべき問題である．環境保護と生態系回復は明らかに外部性を持つため，短期間では効果がみられない．各地方政府や各部門が，都市の緑化計画，環境計画，水環境・水資源保護計画を作成しているにもかかわらず，近年，環境問題に起因する集団抗議行動が次第に増加している．発展計画について，一面では計画システムの完全化

[訳注11]　珠江デルタ，長江デルタの都市群と並ぶ3大都市群の1つで，北京・天津のほか，河北省・山東省・遼寧省の都市を包括している．

[訳注12]　原文は「生態建設」，中国の国土計画でよく使われる用語で，人為的に破壊された生態系を回復・再建することを意味する．

と細分化を図り，もう一面では多くの計画を統合して，地域的な対策機関と対策システムを確立し，具体的な管理計画のレベルまで深化させるべきである．

「多くの計画の羅列」状態が「多くの計画の統合」状態になるまでには，まだまだ長い道のりが必要である．健全で完全な計画体系と職能組織の確立にも，長い道のりが必要である．経済・社会・文化の具体的条件と，エネルギー・資源・環境の負担能力を踏まえて，どのようにして適切な都市化発展モデルを選択するかということが，総合的な戦略計画の策定，計画体系と職能組織の確立，都市化発展の統合的で調整的な推進，都市成長の有効管理の基本的前提である．多元的都市化の発展戦略を踏まえて，総合的な国土空間計画を策定し，既存の計画を統合し，多様な利益主体を包容し，発展の矛盾を調整し，ダイナミックな計画メカニズムを作り，都市の発展を法的枠組みに収め，持続可能で長期間のダイナミックな発展メカニズムを形成するべきである．こうしてはじめて，新しい都市社会の形成という，中華民族の近代化への最後の関門を突破できるのである．

5　多元的都市化発展モデルによる多元的都市社会の形成

(1)　社会構造の変化──多元的都市化発展モデルと都市化された中国の形成

著名な社会学者K. デービス[訳注13]は，「人口の多くが都市で生活することによって形成された都市社会は，人類の社会進化の新たな基本的段階をあらわしている」と指摘した．同時に彼は，S字曲線[訳注14]を使って，西洋社会の中世から1960，70年代にいたる都市化現象を描き出し，都市化率が60%前後になると次第にその増加が緩やかになり，都市社会が徐々に形成され確定されるようになると指摘した．

訳注13〕 K. デービス（Kingsley Davis）はアメリカの社会学者で，人口増加や人口移動について研究し，人口爆発や過剰都市化を指摘した．

訳注14〕 ある量が時間の経過とともに変化する様子をあらわし，最初は増加率・成長率が緩やかで，やがて急増・急伸し，そののち再び緩やかになるという動きがみられるため，グラフに書くとS字型になる．自然科学や社会科学の多くの分野で経験的に指摘されるが，共通する理論的根拠があるわけではない．

中国の都市化率の予測については、さまざまな学者が異なる見解を示している。現在の最も速い推計は建設省（建設部）が2004年に予測したもので、これによれば2020年までに中国の都市化率は60％に達し、2013年には50％を超えて理論上は都市化された国家と位置付けられるという。しかし、第6回人口センサスのデータによると、2010年に中国の都市化率はすでに49.68％に達していることから、戸籍制度が原因で都市化率が低く見積もられたとしても、中国の都市化率がすでに50％を超えたことは疑問の余地がない。つまり、中国の都市化率の目標は、予測された2013年より3年前倒しで達成されたのである。したがって、少なくとも理論上では、中国における都市社会（urban society）はすでに形成され、都市化された中国（urban China）が誕生したと断言できる。

近代都市社会は、非常に複雑な社会である。そのような複雑性は、資本主義発展の「合理化」傾向に基づく都市の動きが反映されたものである。M.ウェーバーは、近代都市の本質を、個性と独自性を最大限に許容する社会形式だと指摘した。彼は、都市が歴史を変化させる道具であり、個性と社会革新を促進する一連の社会構造であり、都市によって多種多様なライフスタイルが生まれると主張した[7]。ドイツの社会学者G.ジンメルは都市生活の複雑性を強調し、これに対応するために、人は非感情的、合理的、機能的な社会関係の中で生活することを望むようになると主張した[8]。都市研究（urban study）におけるシカゴ学派[訳注15]は、合理化された都市社会が農村と異なる特有の都市性を育むと述べたが、L.ワースはそのような都市的ライフスタイルをアーバニズムと呼び、それが大規模、高密度で異質性を持つ都市がもたらしたものだと主張した[9]。以上のような都市研究の古典理論を振り返ると、1つの基本的な共通認識が得られる。つまり、都市社会は一種の新しい社会形態であり、合理化と市

訳注15〕M.ウェーバー（Max Weber）もG.ジンメル（Georg Simmel）も黎明期の社会学者で、とくにジンメルの形式社会学はアメリカのシカゴ学派に大きな影響を与えた。シカゴ学派はシカゴ大学を中心とする都市社会学者のグループで、アーバニズムの提唱者L.ワース（Louis Wirth）はその第3世代にあたる。本書では随所でシカゴ学派の業績に触れられているので、それぞれの箇所の脚注も参照されたい。

場化，社会的隔離と社会革新，多様性と複雑性が併存する一連の社会構造であるという認識である．

現代中国の都市化進展からいえる最も重要なことは，都市化と社会構造転換が同時に発生しているということである．都市化が絶え間なく深化しているため，都市社会の形成は社会構造の完全な転換，あるいは将来の転換を意味する．多元的都市化モデルがもたらす新型都市や巨大都市は，社会組織の形態をさらに複雑化，系統化させる．この転換の過程で，人々の思考様式や生活様式には大きな変化が起こる．都市社会がもたらすこのような変化に適応するには，上部構造（法律・政治・社会意識など）も相応に変化せざるを得なくなる．

より大きな歴史的視点から中国の都市化過程をみると，都市化はこのようなスパイラルを上昇してきたのである．つまり都市化は社会構造の変化を促し，上部構造の変革への圧力を強め，制度面の変革は新しい都市文化とそれに依拠する新しい制度や社会構造を形成してきた．

たとえば中国では，前回の大規模な都市化は19世紀末から20世紀初めに起きた．J.エシェリック[訳注16]が論じたように，甲午戦争（日清戦争）以後，地方の郷紳[訳注17]が都市に出て就学したり商工業を起こしたりしたのは，外圧がもたらした結果である[10]．J.フェアバンクは，このような郷紳の都市化の潮流が，農村の先進的な人物が都市に出て就学や蓄財を求めた結果であると指摘した[11]．20世紀への移行期に起こったこの都市化は，新しい社会構造の誕生，家父長制の解体，商業資本主義の台頭，都市の興隆，短期的にはそれに伴う清朝の解体という変化を促した[12]．この都市化の主体は農村エリートや地方商人である．注目に値するのは，これが後の新文化運動[訳注18]の社会的基盤を築き，

訳注16〕 J.エシェリック（Joseph Esherick）も後出のJ.フェアバンク（John Fairbank）も，アメリカの著名な中国近代史研究者で，ハーバード大学における師弟関係でもあった．

訳注17〕 郷紳は，明・清時代の農村における地域支配層で，地主で知識人でもある．多くは科挙に合格して官僚となり，退職後は故郷で引退生活を送った．清末には，団練という武装組織を率いて太平天国の鎮圧や日清戦争に参加したが，日清戦後は政治力・軍事力が衰え，地方名望家となる．

訳注18〕 1910年代に起こった文学や思想の改革運動で，のちの五・四運動や中国共産党結成につながる面がある．

地域主義の発展を促して中央政府の権威を崩壊させ，家父長制社会の末端細胞である宗族を解体したことである．20世紀初頭の大規模な都市化によって，武漢・上海などの巨大都市があらわれ，都市新興階層の文化的自覚によって新文化活動が生まれた．この時期の都市化による社会構造への影響は，長期的で深遠なものだった．

　我々が現在経験しているのは，2度目の都市化である．1990年代初めから，社会主義市場経済の建立に伴い，都市化の進展が加速された．前回の都市化と比べて，今回の都市化の社会構成上の意義は，「郷紳による都市化」に対比すべき「農民による都市化」だといえよう．大量の青年・壮年労働力が農村から都市に入り，農村では労働力が真空状態になり，末端の秩序が乱れている．ここ何年か，「農業」そのものまで危ないと叫ぶ人がいるほどである．都市問題も日増しに目立つようになった．都市では社会統合が難しく，都市と農村の格差や身分の差別が広く存在し，大量の出稼ぎ労働者が都市と農村を往来している．一方，都市の拡張が一層激しくなり，都市の規模や密度が急成長し，都市社会では構造的緊張が生じて，社会全体がいらだちと不安定な状態に陥っている．于建嶸によれば，1995年から2008年までの間に社会紛争は毎年何千件というレベルから8万件まで増え，その多くは土地や立ち退きなどの問題に起因するものであり，また相当な数が労働争議によるものである[13]．

　総じていえば，30年来の改革開放，とりわけここ20年来の市場化改革を経て，都市社会はすでにその基本が形成され，少なくとも出発点には到達している．多元的都市化発展モデルとその多元的推進方式は，どのような都市社会を形成するかを直接に決定する．多元的都市化モデルの下で形成された都市社会は，"郷土中国"から"都市中国"へ向かって，中国社会の長期的発展に深い影響を及ぼすであろう．

(2) 都市社会についての論争——多元的都市社会とその影響

　都市社会への認識は，まず都市に対する認識，次に都市化に対する認識から始まる．これまでの都市あるいは都市化は，都市の社会性・複雑性・多様性という最も基本的な属性を無視しがちだった．都市の社会性を無視すれば，都市発展による社会分化をもたらし，都市計画と都市管理における公平正義が欠如

する．都市の複雑性を無視すれば，都市発展に対する単純な思考と無秩序な都市拡張をもたらし，十分な公共サービスを供給できず，スラムと都市犯罪が次第に増加する．都市の多様性を無視すれば，都市建設はどこでも一律に進められ，外来の出稼ぎ労働者が都市社会に溶け込めず，多元的な文化への包容力がなくなって，さまざまな利益主体による自己利益の追求を調整するメカニズムを失ってしまう．従来みられた都市化の実態や都市化モデルには，あれこれ不十分な点や教訓があるため，中国の国情に合った特色ある都市化発展の道こそ，我々が必然的に選び，歩むべき道なのである．

現代の都市社会は，リスクが高まり，情報が高速で駆けめぐり，社会組織の形態は複雑かつ多元的で，日々グローバル化している．

まず，都市社会は高いリスクを抱えている．都市社会の高度な密集性と流動性は，災害対応の脆弱性をもたらし，災害への挑戦を生みだした．都市は疾病をもたらし，それに対応する公衆衛生運動が生まれた．都市は汚染をもたらし，それに対応する環境保護運動が生まれた．都市は貧困と醜さをもたらし，それに対応する都市美化運動が生まれた．都市のエネルギー需要，空間への需要，速度と効率の追求は，生活コストとリスクの上昇をもたらした．

また，都市社会は「情報社会」あるいは「インターネット社会」である．都市化の進展過程で，デジタル化，情報化，インターネット化に伴って，インターネット社会が形成されつつある．インターネット社会では，人と人との連絡がスピーディーで効率的になった反面，社会システムの複雑性も高まった．この新しい変化は，情報を高速で流通させるだけでなく，社会に制御不可能なリスクと動揺をもたらした．アラブ世界を席巻した「ジャスミン革命」は，その広がり，伝播速度，国境を超えた伝播という基本的な特徴から，インターネット社会の巨大な影響力をはっきりと感じさせた．インターネット社会の依拠する物質的基盤と空間はまさしく都市であり，ジャスミン革命の社会的基盤も中東国家の形成しつつある都市社会であった．

最後に，都市社会は，「グローバル都市社会」または「グローバル化社会」である．世界史における近代化過程自体は，ある民族国家が国内外の市場を確立し，世界経済の姿を形作る過程である[14]．グローバル化の進展によって，「グローバル都市」を紐帯とする経済ネットワークが作られ，国境を超えて，

民族国家の枠を超えたある種の組織形態または経済業態が形成された[15]．これに基づいて，我々は経済のグローバル化がもたらす社会の一体化に直面している．

中国で形成されつつある都市社会を目の当たりにして，我々は，都市社会の形成が次のような5つの面で大きな挑戦になると考えている．

第1に，都市社会の形成はパブリック・ガバナンスの構造への挑戦である．大規模な人口都市化は農村と都市の基層的なガバナンスを変化させ，都市経済の発展をさらに推進した．これは，より大きな社会的ベーシック・ニーズを生み出し，公共サービスや公共行政に対する巨大な挑戦となる．

第2に，都市社会の形成は市場化のさらなる発展への挑戦である．都市社会形成の主なシンボルは，都市中産層の台頭である．中産層の台頭は，社会的分業の細分化を促す．アダム・スミスによれば分業の度合いは市場化の度合いを意味するが，それならば，中国における都市社会の形成は必然的に市場化へのさらなる要求と挑戦をもたらす．

第3に，都市社会の形成は，ライフスタイルと考え方の変化をもたらす．考え方の変化は社会思潮の多様化をもたらし，最終的にインターネット技術や情報化の潮流と一体となって，既存のイデオロギーに衝撃を与える．現在の状況に限っても，「新生代農民工」[訳注19]の権利意識は日々高まり，労働基本権を求める集団行動や社会衝突が多くなり，新たな都市人口は自己利益の表明を求めるようになった．

第4に，都市社会の形成は，環境への圧力とエネルギー不足を強める．都市は環境とエネルギーを消耗する場所であり，また，各種の矛盾が集まって多様な利益主体が競争する空間でもある．資源の分配をめぐり，社会矛盾はさらに激しくなる．同時に，このような個人のライフスタイルがもたらすエネルギーの大きな不足は，中国のエネルギーと資源の持続可能性と開発利用に対する巨大な挑戦となる．

第5に，都市社会の形成は空間の両極化の過程であり，都市社会の流動性と社会資本の構成に対する大きな挑戦となる．大量の人口が都市に集まると，都

訳注19］　第1章訳注12を参照されたい．

市生活や都市空間における最大の特徴となるのは，経済メカニズムによって社会空間が決定されるということである．このことは，すでに多くの欧米の研究者によって指摘されている．R. パークがシカゴの都市社会空間に基づいて提起した都市生態理論[訳注20]と，E. バージェスが提起した「同心円」理論[訳注21]によれば，底辺階層は産業の空間配置に基づいて都市中心部に集積して居住し，中・高所得層による都市の郊外化が不可避となる．新たに形成された下層住宅地区は，社会的流動性を阻み，一種の「貧困文化」を形成する可能性がある．さらに，都市空間の両極化は底辺階層のさらなる社会的隔離をもたらす．この都市空間の両極化は，拒むことのできないグローバル化の潮流によるものなので，この社会的隔離は経済成長の鈍化に伴って日増しに顕著になり，絶えず悪化していくだろう[16]．都市の内部空間が両極化するだけではない．「郡県制都市」に源流を持つ都市体系は，やがて産業間の分業に基づく新しい都市ネットワークへと転換し，巨大都市や大都市ベルト地帯の出現が不可避となり，そこから放射状に覆われる範囲にある2級・3級都市はますます同質的になり，最終的には都市群という特徴を持つ都市体系が形成される．現在，このような趨勢がますます目立つようになっているのである．

訳注20〕 R. パーク（Robert Park）はシカゴ学派の基礎を築いたアメリカの社会学者で，社会過程を競争・闘争・応化・同化の4つに分類し，競争の過程ではコミュニティ，他の3つの過程ではソサエティが形成されると考えた．そして，コミュニティを研究する方法を人間生態学と名付け，都市研究に適用した．

訳注21〕 E. バージェス（Ernest Burgess）はアメリカの社会学者で，シカゴの事例から都市における社会集団の分布をモデル化し，中心にCBDがあり，そこから同心円状に遷移地帯（工場とスラム）・低所得者住宅・中産層住宅・高級住宅が広がると指摘した．

第 2 篇　多元的都市化推進モデル

第3章
中国都市化「推進モデル」の7類型

　1990年代半ばから21世紀にかけて，中国の都市化は急速な進展の時期に入った．都市部への投資と産業の集中，都市インフラの発展などが，中国経済の高度成長をもたらした．さらに人類史上まれにみるほど大規模で高密度な，都市への人口移動と都市・農村間の循環移動をもたらした．「中国の都市化とアメリカのハイテク産業の発展こそ，21世紀の人類発展に深い影響を与える二大課題であろう」と経済学者 J. スティグリッツ（J. Stiglitz）は予言した[1]．しかし，全世界に影響を及ぼすような中国の都市化について，いまだに明確な理論やモデルの分析がなく，中国の都市化進展に関する理論やパラダイムの総括は十分とはいえない．学界では都市化の結果を分類し，小城鎮モデル・中都市モデル・大都市モデル・都市群モデルといったモデルを提起する試みがなされている[2]．しかし，それは規模による分類にすぎず，中国の都市化の独自性に対する分析が不十分なのは明らかである．それでは，中国の都市化進展の特徴はいったい何であろうか．中国の都市化はほかの国と比べて，決定的に違う独自の経路を持っているのであろうか．

　中国の経験と国際比較に基づき，本書では都市化「推進モデル」[訳注1]という概念を提起し，ある特別な視角から，中国の都市化がどのようなメカニズムや方式で実現したかについて論じる．「推進モデル」という概念は，中国の都市化の特徴や都市発展過程の特徴を総括したものである．我々は，中国の都市化の顕著な特徴は，政府主導であり，広範な計画があり，総合的に推進されるこ

　訳注1）　原文は，「城鎮化"推進模式"」である．「城鎮化」と「都市化」については，第1章訳注1を参照されたい．

とだと考えている．本書で「推進」という概念を多く使うのも，それが欧米諸国の都市化の進展課程と大きく異なるためである[3]．

1　中国における都市化推進過程の特殊性

中国における都市化の基礎や条件は，ほかの国と異なるため，その実践の中で異なる道を切り開いてきた．中国の都市化の特殊性は，都市化推進モデル——すなわち都市化がどんなメカニズム，プロセス，方式を通じて実現したか——に顕著にあらわれていると筆者は考えている．以下，都市化の原動力のメカニズム[訳注2]と空間モデルという2つの視点から，推進モデルの特殊性を分析したい．

まず都市化の原動力のメカニズムについて検討してみよう．世界各国の都市化の経験をみると，その原動力は大きく3つに分類できる．すなわち，政府による原動力，市場による原動力，民間社会（公民社会）による原動力という3つである．この論理はJ. ハーバーマス，J. コーエン，A. アラトなどの学者がグラムシ理論を発展させて，社会の三次元的な力の論理[訳注3]を提起したのと一致しているが[4]，紙幅の関係でここでは詳しく述べないことにする．

都市化の3つの原動力について，どのように理解すればよいのだろうか．第1に，政府による都市化の原動力とは，行政手段と政策誘導などの政府行為によって都市発展のあらゆる面をコントロールし，都市化の進展を推進することである．第2に，市場による都市化の原動力とは，都市の発展過程において市場メカニズムが機能し，市場の力によって資源配分や需給調整を行い，産業の発展と高度化を促すことである．第3に，民間社会による都市化の原動力とは，社会の本質に立ちかえり，すべての社会構成員が生活水準の向上，ライフスタ

訳注2〕　原文は「动力机制」で，英訳すれば"dynamic mechanism"だが，本書では「原動力メカニズム」と訳した．他の章でも多用される用語である．

訳注3〕　市民社会・国家・経済という3項の関係である．J. ハーバーマス（Jürgen Habermas）はドイツのフランクフルト学派の哲学者，J. コーエン（Jean Cohen）とA. アラト（Andrew Arato）はアメリカの政治理論学者で，それぞれ公共や市民社会について論じた．

イルの転換，文明社会への憧れ，都市文明の受容などを求めるという原動力である．多くの国では，この原動力はまた公民[訳注4]が非政府組織，社会団体，住民組織などを通して都市計画や都市建設に参与するという形でもあらわれる．当然，この3つの原動力はそれぞれ孤立するものではなく，ある分野において同時に作用するものである．たとえば，都市化の中でみられる社会的な人口流動の基本法則は，労働者（労働力）が常に賃金（労働力価格）の低いところから高いところへ移動するということだが，そこには市場の原動力と民間社会の原動力が同時に働いている．

各国の都市化進展の歴史をみると，市場主導メカニズムと政府主導メカニズムの2つが主導的な地位を占めている．このことから，中国の都市化と欧米の都市化における原動力メカニズムの大きな相違が，はっきりみえてくるのである．

まず，市場主導メカニズムである．欧米諸国の都市化進展過程をみると，人口と産業がまず都市に集中し，その後に分散している．その発展過程はやや複雑であるが，市場環境が強いという共通の背景を持っている．たとえば，イギリスの都市化の原動力は国内の社会的生産力の発展から生まれたが，産業革命が産業構造を変え，小都市を大都市へと急速に発展させ，さらに交通運輸業の発展は都市の拡張や郊外化とメガロポリスの形成を促進した．アメリカは典型的な市場主導型都市化であり，農村人口の都市への集中によってスプロールが起こり，郊外化現象が非常に目立つようになり，さらに大都市圏からなるメガロポリスが形成された．都市化進展モデルに関する従来の研究では，工業化初期段階の中心業務地区（CBD：Central Business District）を中核とするセクターモデル（扇型モデル）も，郊外化段階の多核心モデル（polycentric model）も[訳注5]，いずれも地代理論に基づいた分析であり，市場経済が欧米の都市化進

訳注4〕　中国語の「公民」は，憲法上の用語であり，中国国籍を持ち権利・義務の主体となる自然人を指す．したがって，日本語の「国民」とほぼ同義と考えてよい．

訳注5〕　中心業務地区は，都市の中で官庁・企業・金融機関・大型商業施設などが集積する地区である．セクターモデルは，CBDから道路や鉄道に沿って，住宅や工場などさまざまな機能を持つセクターが扇状に郊外に向かって伸びていくというモデルで，1939年にアメリカの土地経済学者H. ホイト（Homer Hoyt）が提唱した．多核心モデルは必ずしもCBDの存在を前提とせず，共通の要素を持

展の主導的要因だということがわかる．

　政府主導メカニズムは，中国の都市化推進モデルとその原動力メカニズムの最大の特徴であり，中国の都市化と欧米諸国の都市化との決定的な違いでもある．いわゆる政府主導とは，中央から地方に至る各級の党と政府機関の関係部門が，都市の設置，計画，建設立地，土地利用審査，土地機能の変更，計画許可証，工事許可証，インフラ建設，改築・立退きなどに対して，厳しく審査して直接決定できる権力を持っているということである．1990年代以降に中国で都市化が急速に進展した時期に，この特徴が顕著にあらわれた．つまり，大規模な開発区の建設，新都市の設置，大規模な都市改造などが，投資と資金運用を含めて，すべて政府の手で直接運営されてきた．中国の体制改革における市場化志向というのは，国家権力以外に資源配分の中心を設けるという試みだった．しかし，都市化の進展過程では，市場と政府の役割を比べれば，明らかに政府が主導的な地位を占めている．

　それでは，都市化推進の原動力メカニズムとして，民間社会はどのような役割を果たしているのだろうか．長い間，中国の都市化にはトップダウンとボトムアップという2つの力が存在していたが，全体的にみれば，トップダウンが主導的だった．民間の力で都市化を推進した最も典型的な例として，1980年代の温州龍港鎮の農民による「自費都市化」をあげることができる[訳注6]．その

　　　つ産業や関連施設が集まった核が都市の中にいくつも形成されるというモデルで，C. ハリス（Chauncy Harris）と E. ウルマン（Edward Ullman）が1945年に提唱した．

訳注6〕　浙江省温州市蒼南県龍港鎮は，1983年10月に承認を受けて設立された．鎮の設立前から，周辺の工業化がある程度進んでいた．鎮の設立後，建設資金の不足に直面したため，当時の鎮政府はいくつかの措置をとった．すなわち，農民が「公共施設費」を納付すれば住宅用地の使用権が手に入り，「自理」城鎮戸籍も手に入れることができた．この政策によって，豊かになった多くの農民が龍港鎮に移転し，大規模な都市建設が開始された．1987年になると，龍港鎮はある程度の規模になり，当時のメディアは「一晩で生まれた都市」と表現した．1994年には，龍港鎮は人口13万，工業・農業総生産高5億元となった．何回もの産業調整を経て，龍港鎮は「中国初の農民都市」から「産業都市」に発展した．2010年には，GDPが133.1億元に達し，工業総生産高が300.7億元となった．2011年の郷鎮合併を経て，総人口が50万人となった．詳しくは，「龍港政務網」（http://www.cnlg.gov.cn）を参照されたい（原書の注だが，本文の内容

温州の民間社会でも，政府の承認獲得を積極的に進めていた．つまり，政府の承認が相変わらず最も大切な一環だといえるのである．民間社会の原動力も，政府の承認なしでは意味を持たない．

また，中国の都市化推進モデルの特殊性は，原動力のメカニズムだけでなく，空間モデルにもあらわれている．世界各国の都市化の空間発展の方式からみると，主に内部再編，連続発展，跳躍発展，現地発展という4つにまとめることができる．第1に内部再編とは，すでに都市が形成されている地区の内部で，用地の機能転換と空間整理を行い，都市発展の水準を高めることである．第2に連続発展とは，既存の都市に重なり合いながら，市場の作用によって土地が差額地代を形成するのに伴って，都市空間の絶え間ない対外拡張が推進されることである．第3に，跳躍発展とは，都市外部の農村地域で独立して都市化が進むことで，これらの地域は一般的に都市化に必要な基本的要素に欠けるため，外部の推進力に頼ることが必要になる．第4に，現地発展とは，郷鎮や村落[訳注7]が自分自身の発展を通じて産業高度化を促進し，農民の収入を増加させ，農民の生活水準を向上させ，農村部で都市的な生産方法や生活様式を実現することである．

当然，これら4つの空間モデルは互いに孤立しているのではない．横断的にみると，これらのモデルは同時に発生し，互いに連携する可能性がある．たとえば内部再編は常に連続発展，あるいは跳躍発展へとつながる．よくみられるのは，工業地帯が外部へ移転して新区が形成されたり，旧市街地の再開発に伴って郊外に新しい居住区が発展したりするような事例である．また新都市と新区の建設は，一般に基盤を備えた郷・鎮に重なり合いながら進展する．それは跳躍発展と現地発展との結合といえよう．縦断的にみると，都市化の発展段階によって，おそらく空間発展を主導する方式が異なり，たとえば欧米諸国では1950年代以降にはスプロールによる連続発展が主導的だったが，80年代以後になると中心区の復興による内部再編が主導的になった[5]．

　　　　　　　に関わるので脚注に移した)．
　[訳注7]　原文は「乡镇和村庄」，郷と鎮は最小の行政単位で農村部の中心となる小都市，村庄（村落）はそれ以下の農村である．

以上4つの空間モデルは，世界各国の都市化過程で普遍的にみられるが，中国と欧米諸国の主導モデルと推進の特徴には，顕著な違いがみられる．現在中国では都市化の急速な拡張段階にあるが，欧米諸国でそのような時期には連続発展が主導的であった．すなわち，いわゆる都市のスプロールである．これに対して中国では，跳躍発展の方が目立つ．開発区の建設，新区・新都市などの建設がすでに中国の都市化推進の重要な手段となり，また非常に特色ある発展方式でもある．それだけでなく，都市化推進の空間的特徴からみると，欧米諸国では市場が都市化の進展を推進する主導力であり，土地所有者である市民が発展の可否の決定権を持つため，強い自主性を持って都市空間を砕片化してしまう．一方，中国の都市化は政府の強い力によって推進されるため，内部再編にしても跳躍発展にしても，大規模で急速かつ総合的に推進されるという特徴を示している．

原動力メカニズムと空間モデルという2つの視点から，欧米諸国と比較して，筆者は中国の都市化推進モデルの特徴を次の3点にまとめてみた（表3-1）．

中国の第1の特徴は，政府主導による推進である．欧米諸国の都市化は主として経済成長によって推進され，都市システムの発展が人口の集中度と産業の発展水準から影響を受ける．中国の場合はそれと異なり，国家戦略が都市化に決定的な役割を果たす．

新中国の成立以来の都市化の進展には，強力な国家主導という特徴があらわれた．1949年から57年にかけて，「重点建設，穏歩前進（重点的に建設し，着実に前進する）」という都市建設の方針の下で，内陸都市は重点プロジェクトに牽引されて急速な発展を始めた．1966年から76年には，「备战，备荒，为人民（戦争に備え，飢饉に備え，人民のために）」という戦略的計画のもと，「三線」都市[訳注8]の建設ブームが起こった．1977年以降は，改革開放の深化に伴い，経済特区・開放都市と経済開発区を先頭に沿海地区の都市化が急速に進んだ[6]．

訳注8） 全面核戦争の勃発を前提として，攻撃される可能性の高い沿海部と東北を「一線」，危険性の低い内陸部を「三線」，その中間を「二線」として，一線・二線が壊滅しても抗戦力を維持できるように内陸部に工業を移転した政策で，1964年から開始された．

表 3-1 欧米諸国と中国の都市化発展方式の比較

	欧米諸国	中国
主導する力	経済発展が主導する．都市システムの発展は主に人口の集中度と産業の発展水準に影響を受ける．	政府が主導する．都市化が国家戦略の一環であり，都市システムの配置と都市化の発展方式が，強力な行政管理によるという特徴を持っている．
土地制度	土地私有制．都市化の推進が砕片化される．	土地公有制．都市化の推進が総合的で，大規模・急速といった特徴を持っている．
推進方式	ボトムアップを主とする．都市化は，経済発展がある水準に達してから自発的に推進され，社会勢力が比較的十分に参与する．	トップダウンを主とする．社会勢力がまだ十分に育っておらず，自発的に都市化を推進できる条件を備えていない．

　改革開放以降，都市化が国家戦略に盛り込まれてから，政府主導という特徴はいっそう目立つようになった．都市システムを配置するうえで，国家は「市」の大規模な増設を行った．1984年から96年にかけて，「市」が289から666まで増え，建制鎮の数は2786から1万7998となった[7]．また，大・中・小都市の階層的な設置には強い政治的特徴がみられ，経済の中心は往々にして政治の中心と重なっていた[8]．1990年代半ばから中央政府が都市化水準の引上げを発展目標に定めると，都市化を加速するという発展戦略がほぼ全国各地で制定された[9]．中国では多様な都市化モデルが試行されてきたが，都市発展の方針は中央政府が一元的に作成し，実施段階では人口のコントロールや戸籍の管理などさまざまな面まで強力な措置が取られた．農村部における都市化（現地発展）でも，その多くは末端の政府，たとえば蘇南モデルや珠江デルタモデルにおける郷・鎮政府などによって推進された[訳注9]．中央政府が2005年から推進しはじめた社会主義新農村建設[訳注10]も，都市文明を農村へと広げるとい

[訳注9] 郷鎮企業の成功例として，蘇南モデル・珠江デルタモデル・温州モデルがあげられる．蘇南モデルは江蘇省の蘇州・無錫・常州などでみられ，郷鎮政府の主導下で，村有企業ともいうべき集団所有企業の形式で郷鎮企業を発展させた．珠江デルタモデルは，広東省の珠江河口一帯でみられ，外資との合弁企業の形式で輸出志向の郷鎮企業を発展させた．温州モデルは浙江省温州市を中心にみられ，個人企業・私営企業の形式で地元の資源を活用して郷鎮企業を発展させた．

う一種の都市化推進方式である．

　第2の特徴は，土地の国有と集団所有である．欧米諸国の土地はほとんど私有であるため，都市化の進展は土地の市場価格に影響され，その意味で市場が機能している．そのほか，土地所有者である個人や家計の意向も，都市化の推進や抑制に重要な役割を果たす．その結果，欧米諸国の都市化の進展は「砕片化」されたものになった．一方，中国の土地制度は国有と集団所有であるため，都市空間の外部拡張や開発区建設でも，新区や新都市の建設でも，土地公有制に基づいて政府が大規模な土地収用や立退きを行うことができる．また，大型プロジェクトの建設，統一的な計画，国家による投資によって，都市化の推進が総合的であるという特徴を持っている．梁漱溟は中国社会と西洋社会の構造の相違を分析する際，英米など西洋が個人主義社会であるのに対し，中国が集団主義社会だと指摘した[10]．アンリ・ルフェーヴルも空間政治学の研究において，資本主義の私有財産制という特徴から，生産過程において空間は断片化されると指摘した[11]．中国の改革開放以降，深圳の勃興，上海浦東新区の建設，天津浜海新区の発展，広州南沙新城の計画などに伴って，新区や新都市の建設がすでに都市化の最も重要な構成要素となっており，その発展速度と規模は世界でもきわめてまれにみるものである．

　第3の特徴は，社会勢力が十分に育っておらず，都市化を自発的に推進できる条件を備えていないということである．欧米諸国の都市化は，経済がある程度の段階に到達してから自発的に進められたものであり，市民が積極性を持ってボトムアップで行われるという特徴をもっていた．一方，中国の都市化進展の現状をみると，筆者の研究した多くの事例で，民衆は政府主導の都市化をおおむね認めている．しかし，少なからぬ事例では，多くの民衆がこれに同意しない態度を示し，甚だしい場合は衝突事件の頻発にまで至っている．これまでの民間による自発的都市化の実例をみると，成功例はそれほど多くない．民衆が自発的に都市化を推進するには，民衆の主体意識の高まりを必要とするだけ

訳注10］　2005年10月の共産党第16期中央委員会第5回全体会議で打ち出された政策で，都市と農村の格差是正に向けて，農村のインフラ整備や公共サービスの拡充を図るという内容である．

でなく，土地財産権制度の改革，社会団体の設立，市場メカニズムの完備などを含む客観的環境の整備を必要としている．

政治体制，経済構造，発展段階は，ともに都市化モデルにある程度の影響を与えると考えられる．総じていえば，中国の経験を国際的な経験と比較してみると，中国の都市化の顕著な特徴として，政府主導，広範囲にわたる計画，総合的な推進があげられる．それは，欧米諸国の都市化の進展とは大きく異なる．したがって，本書では，中国の都市化の特徴と都市の発展過程の特徴をまとめるために，都市化「推進モデル」という概念を提起する．

2　中国の都市化推進モデルに関する先行研究

中国の都市化推進モデルについて，中国の学界では一定の研究が積み重ねられてきた．ここで，筆者は原動力メカニズムと空間モデルという分析の枠組みによる先行研究について，簡単にコメントしたい．

都市化の原動力メカニズムに対する研究では，多くの学者はトップダウンあるいはボトムアップといった視角からまとめている[12]．トップダウンのモデルに含まれる主な要素は，国家が直接投資して都市を建設する，国有大型企業と重点プロジェクトが連動する，大都市・中都市が絶えず発展して対外拡張する，などである[13]．ボトムアップのモデルに含まれる主な要素は，郷鎮企業の発展，家内工業と専門市場[訳注11]の発展，農村経済の発展などである[14]．その他，外部原動力推進モデルと呼ばれるものもあり，主に外資牽引型，外国貿易誘発型，観光促進型などを含む[15]．このモデルでは外部原動力によって地方経済の発展が促進されているが，しばしば特定の政策と結びついているため，ある程度はトップダウンの色合いを持っている．また，中国の都市化は新たな発展段階において，政府と市場による共同推進という特徴をみせていると提起した学者もいる[16]（表3-2）．

都市化の空間モデルについて，中国の学者は都市化による空間変化の特徴を，

訳注11〕 原文は「专业市場」．特定商品の現金取引を中心とする卸売市場のことだが，改革開放後の市場経済化の中で，郷鎮企業や家内工業の生産する金物類（五金）・電気部品などを扱ってその発展に貢献している市場を指す場合が多い．

表 3-2　中国都市化の原動力メカニズムに関する先行研究

	研究対象	原動力メカニズム
張庭偉（1983）	小城鎮	「トップダウン」：国家投資で工業小都市を建設する 「ボトムアップ」：農村が豊かになった結果，余剰副産物が生産され，その交換で都市の発展が促される
費孝通（1984）	小城鎮	郷鎮企業：蘇南モデル
斉康・夏宗玕（1985）	都市化	国有大型企業，重点プロジェクトの建設 在来都市の経済成長と潜在力拡散の影響 農村経済の発展 外資導入
劉紅星（1987）	温州	家内工業と専門市場 人口が多く，耕地が非常に不足している
薛鳳旋・楊春（1995）	珠江デルタ地域	外資導入
寧越敏（1998）	新しい段階の都市化	政府 企業 個人
劉伝江（1999）	ボトムアップによる都市化	蘇南モデル：コミュニティ政府推進型農村都市化 温州モデル：家内工業と専門市場推進型都市化 珠江デルタモデル：外向型経済推進による都市化 膠東モデル：村落合併再編型農村都市化 六里坪：トップダウンからボトムアップへ発展した農村都市化
陳波翀等（2004）	1996年以後の都市化	政府と市場による共同推進 新型産業の推進 国際貿易による牽引
顧朝林等（2004, 2008）	都市化	「トップダウン」モデル：行政指向型，重点プロジェクト牽引型，大都市拡散牽引型 「ボトムアップ」モデル：蘇南モデル，温州モデル 外力推進モデル：外資牽引型，貿易誘発型，観光促進型

(出所) 関連文献に基づき筆者作成．

外部拡張と内部再編の2類型にまとめているが，より細かい分類についてはまだ意見が一致していない[17]．研究の方向として，多くの学者は原動力メカニズムに注目しながら空間モデルの特徴を解釈している．しかし，外部拡張と内部再編という2類型の都市化空間モデルの原動力メカニズムの区別だけを論じるマクロ的視点か，あるいは一部の地域や特定の空間モデルの原動力メカニズムのみ分析するミクロ的視点の，どちらかに限定される傾向がみられる[18]．総じ

表 3-3 中国都市化の空間モデルに関する先行研究

	研究対象	空間モデル
張庭偉（2001）	1990年代における中国の都市空間構造の変化	都市部の郊外への拡張：郊外化 都市内部空間の再編：CBD，居住区移転，工業の郊外への移転，「単位」の住宅の消失
房国坤等（2009）	急速な都市化の時期における都市形態の変遷	外部拡張：郊外化 内部再編：CBD，旧市街再開発，工業区，都市新区，周辺居住区，城中村，新都市
熊国平（2009）	1990年代以降の中国における都市形態の変遷	外延的成長：漸進式，跳躍式 内包的成長
劉欣葵（2001）	都市機能転換という視点からの都市空間拡張方式	都市機能の回帰とCBDの勃興 都市再開発と旧市街の「新天地」 中心地区の土地置換と郊外の「ベッドタウン」 国家戦略におけるメガイベントと新興発展地域 地域にまたがる資本の集中と開発区の建設 地域的経済統合と都市群の発展 自発的都市化と「城中村」のスプロール 郷鎮工業化と「村の工場」の広がり コンベンション・レジャーと集団所有地における「リゾート村」 経済発展の空間的制約と生態系の脆弱な地域の開発

（出所）関連文献に基づき筆者作成．

ていえば，既存の先行研究は，多元的な都市化の推進方式に対する総合的で系統的な整理に欠けている（表3-3）．

3　中国都市化推進の多元的モデル

　中国の都市化を推進する原動力と推進方法には特殊性がある．そのため，都市化を推進する主導力に注目しながら，都市化がどのような運営メカニズム，運営プロセス，運営方式によって実現したかを研究することは，中国の都市化を全面的に理解するためにきわめて重要である．本書では，都市化推進の原動力メカニズムと空間モデルに基づき，中国の都市化推進モデルを7類型にまとめてみたい．すなわち，開発区の建設，新区と新都市の建設，都市の拡張，旧市街の再開発，CBDの建設，郷鎮産業化，村落産業化である．都市化推進の

主導力からみると，7つのモデルは国家，省，市，区・県，郷鎮・村など，中央から地方に至るあらゆるレベルの行政主体を含むことになる．空間という次元からみても，7つのモデルは都市と農村の空間範囲をほぼカバーしている（図3-1）．

図3-1で，筆者は同心円で都市と農村の空間全体をあらわしたが，その中心が都市であり，周辺が農村である．都市の中心部には旧市街とCBDがあり，都市が周辺に延びて都市拡張区域を形成している．農村部には数多くの郷・鎮と村落があり，多くの開発区と新区・新都市もここに立地し，新区・新都市は郷・鎮の基礎の上に建設されている．本書で提起した7つの推進モデルは，中国の都市化進展の実際の経験からまとめたものである．中国の都市化推進の実践の中で，この7つのモデルが最も目立って頻繁に形成されてきた．実際には，複数の推進方式が互いに結合し関連しており，たとえば旧市街の再開発はしばしばCBDの建設とともに行われる．中国の多くの地域では，都市化推進モデルは単一のモデルではなく，複数の異なるモデルの総合体である．以下，7つのモデルの原動力メカニズム，空間の特徴，現状と問題点について総括的に分析してみよう．

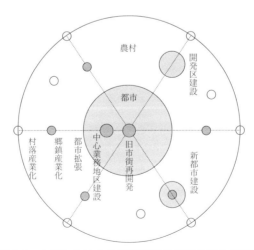

図3-1　中国における多元的都市化推進モデルの空間

(1) 開発区の建設

本書で開発区の建設を中国の都市化推進モデルの第1番目にあげるのは，これが最も代表的なモデルで，政府主導型都市化の最も典型的な事例だからである．開発区の建設は政府に依存し，政策に導かれながら，さまざまな資源を統合するという開発モデルである．このモデルでは，行政資源と政府計画が，経済社会の発展に対する巨大な推進力としてあらわれた．開発区の建設によって，比較的短時間で産業と人口の集中を完了し，都市空間と人口規模の飛躍的成長や，産業構造の転換を実現できる．開発区の分類系統はやや複雑である．行政機関の等級に基づいて分類すれば，国家級開発区と地方級開発区に分けられ，地方級開発区はさらに省と市の2つのレベルに細分できる．機能に基づいて分類すれば，国家級開発区は経済技術開発区，ハイテク産業開発区，保税区，国境経済協力区，輸出加工区などに分けられ，省級開発区は経済開発区，工業団地，産業団地，工業産業団地などに分けられる．

中国最初の開発区は，改革開放の初期に設立された経済特区にさかのぼる．その後，創成期（1985-91年），急速な発展期（1992-98年），安定的な発展期（1999-2002年），科学的な発展期（2003-12年）という4段階をたどってきた．開発区の建設は，中国の都市空間を拡大させる主要な方法の1つである．2005年の統計データによれば，開発区が整理される前に中国全土には各種の開発区が6866あり，計画面積は3.86万平方キロメートルに達し，全国の既存都市区域面積の総計を超えていた[19]．開発済みの規模からみると，天津，北京，深圳，珠海，浦東開発区の規模はすべて20平方キロ以上であり，開発区によって発展した大連新市区，天津浜海新区の規模は中都市に相当し，上海浦東新区の面積は50平方キロを超えて大都市に匹敵する規模である[20]．

開発区モデルには内在的な発展の論理があるが，これは政府によって厳格にコントロールされた一連のプログラムであり，以下の4つの段階を含む．第1段階は運営のスタートで，行政政策，産業計画，模範効果，地域競争などが，内在的な動因となる．第2段階は資源の組織化で，財政資金の充当，企業融資，プロジェクトファイナンス，社会資本がすべてこれに関連する．第3段階は資源の活性化で，土地の集中，労働力の吸収と備蓄，コスト優位と部分的独占などがその重要な一面である．第4段階は成果の還元で，政府，管理委員会，企

業，ディベロッパー，農民や都市住民，コミュニティと社会などがすべて重要な成果の還元の対象となる．開発区がこのような発展過程に従っていれば，良好な運営と協調した発展を実現できるが，そうでなければ運営のバランスが失われ，経済的制約と社会的制約が生まれる．

開発区に対する経済的制約としては，成長モデルが単一なこと，国際的な景気変動から明らかな影響を受けること，土地資源を浪費すること，開発区モデルが収斂して同質化すること，資源配置に空間的な誤りが生じるここことなどが含まれる．それ以上に注目に値するのが開発区に対する社会的制約であり，開発区による都市化が跳躍的で不安定なこと，都市化過程が強制的・人為的・主観的・受動的なこと，在来コミュニティの社会関係・ライフスタイル・ソーシャルサポートシステムが破壊されること，公共政策の策定に際して社会組織と社会勢力の参与を欠くことなどが，すべて尖鋭な社会問題といえるだろう．とくに一部の専門的な工業団地では，大企業や大プロジェクトが農村と工業団地を循環移動する外来労働力に依存し，最も活力のある年齢層を雇用する一方で，一定年齢層以上の農村労働力に対する社会保障の責任は農村に押しつけている．このような工業団地は，都市サービスのシステムを設けるコストや，労働力の福利厚生コストを大幅に削減し，その社会的責任を社会全体に押しつけてしまった．近年では，状況はある程度改善され，一部の工業団地は「産業と都市の相互作用」という概念を出し，工業産業団地の周辺で都市住宅，低所得者向け住宅，都市サービス施設などを建設している．

(2) 新区と新都市の建設

本書で，新区と新都市[訳注12]の建設を都市化推進モデルの2つ目にあげたのは，中国では都市（城市・城鎮）の設立にあたり，非常に厳格な行政審査が必要とされるためである．多くの国で都市を定義する根拠は人口であり，ある地区の人口が一定の数（多くの国では1000～2000人以上）に達したら「都市」とされる．それに対し，中国では都市の設立には複雑な基準があり，民政省（民政部）と国務院の承認を得なければならない．したがって，新区と新都市

訳注12〕 原文は「新城」である．

の建設も典型的な政府主導型になり，人口・土地・産業・交通及びその他インフラの再開発計画を通じて，人口と資源を一定の範囲に集中させようとする．新区と新都市は一般に大都市の周辺に置かれ，ある種の資源的優位を持ち，都市システムの重要な一環として，都市経済の集中を推進したり都市中心部の機能の一部を分担したりする．

　新区と新都市の建設は一般に計画に主導されるが，このような推進モデルは社会にどんな影響を与えるのだろうか．そして，新区と新都市の建設には，どのような条件がふさわしいのだろうか．これを，生態・経済・社会という3つの側面から分析してみよう．

　生態要因は，主に人口や人口密度などである．中国の都市制度では，人口規模に応じて市－県－郷鎮を区分する基準が設けられている．このランク付けは，資源配分や行政権限に直接影響を与えるため，地方政府が市や県を設置しようとする誘因となり，過剰都市化[訳注13]や農地の喪失などの問題を引き起こす．もう1つの重要な生態要因は立地条件であり，新区が都市中心部の影響の及ぶ範囲内にあるか，新区への変更によって地理的な優位を保てるかなどが，その立地を考える際の重要な要因である．

　経済要因は，主として都市における経済の類型と活動である．経済活動の中で，農業と非農業の比率や，農業人口と非農業人口の比率は，中国の都市の設置基準に影響を与える重要な要因である．新区の設置で直面する1つの重要な問題は，どのように農業人口の非農業化あるいは都市住民化を実現するかということである．それは職業の変更だけでなく，土地・戸籍・社会保障など制度面での問題にも関連する．また，もう1つの重要な問題は，いかにして産業高度化と産業構造の転換を実現するかということである．そのためには，インフラ整備だけでなく，より重要なのが集積の経済性の形成である．それは産業計画で実現できることではなく，市場によって実現するしかない．

　社会要因は，主に都市的な生活環境とライフスタイルを指す．これは都市化の程度を考える指標としてよく使われるが，社会的特徴というものは複雑であ

訳注13）原文は「虚假城市化」で，「过度城市化」ともいう．日本語では過剰都市化（over urbanization）と呼び，工業化など経済力の発展を伴わずに都市化が進むことを指す．

る．農村から都市に流入した人々は，農村のライフスタイルと価値観を持っている可能性が高いが，一部の農村ではすでに都市的な社会的特徴を持つようになっているかもしれない．新区の建設は一般に完備された生活関連施設を提供するが，新区と新都市による都市化の核心は，むしろ都市的な日常生活の実践であろう．

(3) 都市の拡張

都市の拡張は最も伝統的な都市化モデルで，都市人口の増加に伴って，絶えず外部へ市域が拡張されるという発展方式である．世界的には，都市化はほとんどこの方式で推進され，最も早く都市化が起こった西洋では，1950-70年代に都市が周辺へと拡大する郊外化（suburbanization）と超郊外化（exurbanization）が発生した．表面的には，中国と西洋の都市化の推進方式は似ているようにみえるが，土地所有制度が異なるため，中国の都市拡張には明らかな特徴がある．中国の土地公有制は急速な都市化を可能にし，現在中国の都市計画プロジェクトの総量は世界最大規模で，人類史上において前例がないものとなっている．

都市拡張は都市化の空間的形式であり，コンパクト化とスプロール化の2つの状況を含む．前者は都市の空間発展が効果的にコントロールされながら利用されることで，全体的に密度が高いため，コンパクト成長と呼ばれている．後者は都市が無計画・無秩序に拡張し，スプロール現象をもたらすことを指す．スプロール地域は空間的には都市的な特徴を示しているが，総合的な計画を欠くため，粗放的な土地利用，産業と公共サービス施設の不足，地区内部の不均衡発展などの問題を招く．そのため，どのようにして都市の無秩序な拡張をコントロールするかは，世界各国が注目している問題であり，多くの国で摸索が続いている．たとえばイギリスのロンドン市における戦後の大ロンドン計画のグリーンベルト（green belt），アメリカのポートランド市における都市成長境界線（UGB, urban growth boundary）などである．当然，どの程度の境界線が相応しいかは，その都市の発展段階，都市化の発展方式などと結びつけて分析しなければならない．

現在，中国の都市拡張過程における際立った問題は，人口都市化よりも土地

都市化の方が早いことである．2000年から2010年にかけて，中国の都市人口は45.90％増加したのに対し，都市部の面積は78.52％も増加した．低密度，分散化の現象が深刻であり，耕地の浪費，エネルギー消費の増加などの問題が目立つようになった[21]．中央政府は第12次五カ年計画の綱要で「都市成長境界線を合理的に制定」し，土地利用の効率を高め，集約的でコンパクトな発展を打ち出した．そのほか，都市拡張の過程には一連の社会問題が伴っている．たとえば"大財産権，小財産権"の区分[訳注14]，土地を失った農民への補償と彼らの再就業，土地の無秩序な開発によって都市発展がコントロールできなくなっていること，都市と農村の結合部の管理が真空状態になっていることなど，すべて現在の中国における都市拡張の過程において早急に解決しなければならない問題である．

(4) 旧市街の再開発

旧市街の再開発（renew）とは，都心部にある経済的価値が高い旧市街を改築・再生することによって，都市環境を向上させ，都市機能を再生させることである．中国の都市では土地が国有なので，旧市街の再開発にあたり，政策の公布・立退き補償・再開発案の制定など，あらゆる段階で政府主導という特徴があらわれる．また，大規模で急速に進められるという特徴もしばしばみられる．これらの特徴は，歴史的に形成された多くの「危険家屋（危改房）」を短期間に解決しなければならないという難問や，地方政府の「都市経営（経営城市）」[訳注15]という理念から生まれたものである．とりわけ，ディベロッパーという市場の力が介入してから，「政府引導，市場運作（政府が導き，市場が運営する）」という開発モデルが徐々に形成されてきた．

訳注14] これは慣習的な用語で，法的規定ではない．小产権（小財産権）は，国家の発行する財産権証書がなく，郷政府や村政府の発行する証書しか持たない不動産の所有権である．農村の集団所有地に建てられた住宅や，土地の払下げ代金が未納の土地などが該当する．これに対して大产権（大財産権）は，国土房管局の発行する「房屋所有権証（家屋所有権証）」や「土地使用権証」を持つ，合法的な不動産所有権である．

訳注15] 地方政府が，市場メカニズムを通じて都市空間や都市機能を整備することを意味しており，経済原理を無視した計画経済時代の都市政策と対比される．

旧市街の再開発過程において，一部の地方政府は「近代化」「イメージ戦略」「経済効果」をむやみに追求し，旧市街で大規模な取壊しと新築を行った結果，最も文化的な特色ある地区を急速に失い，「千城一面（都市の同質化）」を生み出してしまった．また，大規模な取り壊しと新築によって，立退きをめぐる衝突や在来のソーシャル・ネットワークの破壊など，多くの社会問題がもたらされた．

　旧市街の再開発に伴う問題点を解決するために，多様な方法が摸索されてきた．呉良鏞は，1970年代末に北京市什利海区域で計画を進めながら，昔から受け継がれた伝統的様式と文化的価値を持つ旧市街に対する「有機的再開発」理論を提起した．これは，アーバンテクスチャーに応じて，歴史的街区を小規模で漸進的に改造する方法をとりながら，その全体的保護の実現を主張するものだった[22]．

　新中国成立以降に建てられた，質も悪く，周囲と調和せず，文化財としての価値もない建物は，都市全体の風致を維持するという考えに基づいて再開発の対象とされてきた．これによって容積率と人口収容力を増加させたが，あわせて社会的公正という原則には特に注意が払われなければならない．

　ここ数年，文化遺産に恵まれた一部の地域では，「大遺跡」保護[訳注16]によって周辺地域の発展を牽引するモデルがみられ，旧市街再開発の新しい道を示した．たとえば西安大明宮遺跡公園の整備・開発では，350万平方メートルにわたるスラムの取り壊しと立退きによって，その後の遺跡保護・展示がよりよく展開できる条件を整えた．さらに，土地交換[訳注17]と住宅改造を通じて，「大遺跡」保護と土地資源の希少性との矛盾をある程度緩和し，遺跡保護と都市化発展の有機的な結合を実現した．

訳注16〕　中国では，2351か所の全国重点文物保護単位のうち，500か所以上を「大遺跡」に指定し，特別な保護を図っている．
訳注17〕　原文は「土地置換」で，開発対象地の所有者に対して，開発事業者が代替地を提供して交換し，退去後の土地を開発して利用したり転売したりすることだが，ほかにもさまざまなケースがありうる．

(5) 中心業務地区（CBD）の建設

CBD の建設は，中国のやや独特な都市化パターンである．中国の CBD は旧市街の再開発によって生まれたものもあれば，新区や開発区の中核として新たに建設されたものもある．ただし，CBD の建設には特有の特徴がみられ，旧市街再開発，新区建設，開発区建設のいずれか 1 つのモデルで，CBD 建設の特徴をすべて説明することはできない．CBD という概念は，アメリカの社会学者バージェス[訳注18]によって，シカゴの都市構造に関する研究の中で提起された[23]．彼によれば，CBD は同心円構造モデルの 5 つの円の中心にあたり，都市の経済中枢である．CBD は，現代的な都市機能の中枢として流量経済[訳注19]の中心となり，ヒト・モノ・情報・カネなどがそこで離合集散していく．

国際的には，CBD の開発モデルは市場主導と政府主導に分けられるが，基本的には市場から生まれるものである．つまり市場を通じて現代サービス業[訳注20]が集積するという原型が作られなければならず，その後，政府がこれをさらに誘導・推進する．しかし，中国の CBD 建設はその経済体制に起因して，すべて計画が先行するという政府主導の方式をとる．建設省（建設部）の統計によれば，2002 年末の時点で，人口 20 万人以上の 36 都市で CBD を計画したり建設したりしている．そのうち，すでに建設に入ったのは，北京，上海，広州，深圳など 8 都市である[24]．それぞれの CBD の開発運営モデルは同一ではないし，企業による介入と組織作用の影響が強まる傾向もみられるが，それでも依然として政府が決定権を握っている．行政によって CBD が建設されても，その発展の行く末は最終的に市場が決定するのだから，むやみに CBD を建設すれば弊害を招きかねない．

訳注18］　第 2 章訳注 21 を参照されたい．

訳注19］　2000 年代に入って周振華・孫希有らが提唱した中国特有の概念で，生産要素や生産物の流れが経済効率を高めて経済発展をもたらすという点に注目している．最近は，習近平政権の進める「一帯一路（海と陸のシルクロード）」の理論的裏付けにも使われる．

訳注20］　原文は「現代服務業」．中国では特有の意味で使われ，本書の他の箇所でも言及される．商業などの伝統サービス業と区別して，金融・情報通信・ビジネスサービスなど新たなビジネスモデルを持つ産業を指し，政策的育成が強調される．

現在，中国の CBD 建設における主な問題点は以下のとおりである．都市のイメージアップや地方政府の業績づくりのために，既存の発展レベルを超えてむやみに CBD を建設すれば，土地や資金など多様な資源の浪費がもたらされる．CBD の形成過程を考慮せず大量に建設し，その規模もしばしば所在する都市の経済的実力を超えているため，供給過剰となってしまう．建設過程では，開発モデルが単一で，計画の系統性が弱く，実施と計画がかけ離れるなどのさまざまな問題も生じている．したがって，CBD 建設は各地域の実力と実情に応じて行うべきであろう．

(6)　郷鎮産業化

　都市化の推進はすべて集中方式で行われるのではなく，農村における都市化は分散方式をとる．農村における都市化というのは，農村内部に都市的な形態があらわれることを意味する．工業・商業の就業機会や良好な公共サービスと生活環境がもたらされることによって，大量の非農業人口が次第に農村の特定地域に集まるようになり，人口密度，土地の利用，建築様式，建物の配置などの面で都市特有の形態があらわれる．農村の都市化をもたらす原動力は，外部からの技術・資本・産業の流入だが，農村内部の自発的な経済発展もありうる．農村の都市化を，空間的次元の違いによって2つの方式に分類すれば，1つは郷鎮産業化という発展方式であり，もう1つは村落産業化という発展方式である[訳注21]．

　郷鎮産業化モデルは，郷鎮の空間領域の内部で発展する．費孝通は 1980 年代初頭に「小城鎮モデル」を提起した際に，小城鎮（小都市）は人口移動を遮断してそこに人口を蓄積するはたらきがあるため，大都市への過度の人口集中を防ぐ「貯水池」だと指摘した[25]．中国の小城鎮の発展過程は大体 3 つの段階に分けられる．1978-93 年には，「小城鎮を重点的に発展させる」という戦略の指導下で，小城鎮の建設にあたって強力な政府主導という特徴があらわれた．

訳注21〕　日本語では対比がわかりにくいが，農村部の小都市に集約された郷鎮企業による産業化（郷鎮産業化）に伴う都市化か，それとも農村に分散する集団企業による産業化（村落産業化，原文は村庄産業化）に伴う都市化かという違いである．後者は，次の「(7) 村落産業化」で説明される．

1993-99年には，政府は農村の経済・社会を発展させて「三農問題」[訳注22]を解決するために，小城鎮を重要な戦略とみなすようになり，郷鎮企業を代表とする農村工業化が急速な発展を遂げた．珠江デルタと長江デルタがその典型である．2000年以降，特に2005年の「新農村建設」政策の提起によって，新しい段階の農村都市化の発展モデルが導かれた．河北省の農村を例にとると，農村都市化はほとんど農村工業化の成果であり，都市の近代工業が農村に流入するという外向型発展モデルとは本質的に異なるもので，内発的なボトムアップによる発展という特徴を示している．

河北省の農村は，農村空間の中で都市化することによって，大都市への過度な人口集中を防いだが，いくつかの問題がもたらされた．たとえば，農業の発展を犠牲にしたこと，農村社会とその伝統を破壊したこと，資源の過度な消耗と環境汚染をもたらしたことなどである．広東省雲浮市[訳注23]の発展はこれと異なり，内発的な発展から，自覚的で地方性に基づいた農村の自主発展の道へと歩んできた．雲浮市のマスタープランでは，行政による規制を打ち破り，主体機能区[訳注24]を定め，地域の特性に応じた都市化発展戦略を策定した．さらに農村の基層建設では，公共空間・コミュニティサービス・社会管理・インフラなどを包摂して，地域文化に根ざした「完全なコミュニティ」も生まれた．そして，政府のトップダウンによる動員と民衆のボトムアップによる参加で「共に企画し，共に建設し，共に管理し，共に享受する」という方式を通じて，農村における都市化発展の新たなモデルを追求した．総じていえば，郷鎮産業化の発展のためには政府の合理的指導と地方の経済的自主発展を結合させなければならず，村落産業化のためには既存の農業基盤を犠牲にしてはならず，経済発展と同時に農村コミュニティや農村社会の建設も重視すべきだといえる．

訳注22〕 第1章訳注14を参照されたい．
訳注23〕 西江の中流，仏山市の東に位置する．1992年に雲浮県から雲浮市に昇格し，さらに94年に地級市に昇格した．地場産業の石材工業を中核とした工業化を進め，現在は仏山市とも連携しながら機械・金属など複数の工業団地を運営している．本書第9章を参照されたい．
訳注24〕 第2章訳注10を参照されたい．

(7) 村落産業化

　農村内部における都市化過程で，もう1つ注目に値するのが，村の集団経済による村落産業化というモデルである．村落産業化の進展は，必ずしも空間的に都市形態という特徴をもたらすとは限らず，むしろ非農業部門の発展に伴って農村生活が実質的に都市化するという内包的な都市化となってあらわれる．一般的な概念として村落産業化と郷鎮産業化は一部重なる部分があるが，ここで村落産業化を独立したモデルとして分析するのは，村落産業の発展が村落それ自体の基盤の上で起こっているからである．村落は郷鎮に比べて集約化の要素に欠け，都市と農村を通じて発展に必要な資源と機会が最も乏しい地域である．そのため，村落産業化の進展には，常に一定の原動力を必要とする．原動力の源には，農村の内的原動力と外的原動力の2つがある．

　村落産業化の内的原動力は，都市化における民間社会の原動力に似た面がある．その中では，地方エリートが農村の発展を牽引するモデルが比較的に成功している．村落のエリートは一般に強い組織力と声望があり，彼らの村落運営は常に農村の末端行政組織と一体である．彼らの指導によって，農民の活力を引き出すようなメカニズムが作られる．このような内的原動力による村落産業化モデルは，中国全土で多くの成功例がみられる．たとえば，華西村，新郷劉荘などがあり[訳注25]，筆者が実地調査した北京周辺の農村では，都市化建設の目立つ事例として韓村河があげられる．この村では，集団経済の道を歩みながら，建築業主導で多元的な産業の共同推進モデルが形成された．企業が獲得した利益のうち多くの部分は農村の建設と発展に用いられ，「人人住別荘（村民皆別荘）」[訳注26]として高級住宅団地が建てられた．韓建グループ[訳注27]の台頭は韓村河の飛躍的発展をもたらしただけでなく，周辺の村にも影響を与えてい

訳注25〕　華西村は江蘇省江陰市にあり，2001年から周辺20村が共同で郷鎮企業の華西集団を設立し，産業化・都市化を推進した．新郷劉荘は，河南省新郷県にあり，社会主義新農村政策に基づいて，ハイテク産業や住宅団地が出現した．
訳注26〕　「別墅」は日本語でいう別荘だけでなく，一般に西洋風の高級住宅を指す．
訳注27〕　韓建グループ（北京韓建集団）は1978年に設立された韓村河建築隊を前身として，現在は不動産・建築・パイプ製造・金融など多数の系列会社を持つ総資産100億元の大型企業集団になった．詳しくは，本書第10章で論じられる．

る．現在制定中の「韓村河中心鎮計画」では，周辺の村々も都市建設の範囲内に収め，農業から第二次産業・第三次産業へ移行するモデルを実現し，近代的生活・生産発展体系へ移行しようとしている．

韓村河の採用した農村エリートによる推進，企業による村起こしというモデルは，他の農村地域の模範となるものだが，その一方で考慮すべき問題点も存在する．たとえば，リーダーの出現，後継者の選択，制度の完備，民主平等の選挙，企業発展の持続可能性などの問題をきちんと解決できなければ，執行可能な発展計画を打ち出すことができず，他地域の参考になるモデルとするのは難しい．さらに，農村産業化の推進過程で，企業の空間配置が分散してしまうといった問題もみられる．農村の産業構造と空間構造の全面的転換を実現するためには，計画部門の積極的な指導と農村の都市化建設を結びつける必要がある．

村落産業化の外的原動力も多様である．たとえば，華僑が故郷で工場に投資するのは外的原動力の1つである．しかし近年は，各級政府による村落産業化と，農民の住宅用地の土地交換という方式がますます目立つようになった．中央政府の「18億畝耕地紅線[訳注28]」という耕地確保政策によって，利用できる土地資源は限られているが，耕地ではなく農民住宅地を使えば多方面の経済発展をもたらすことができる．このため，多くの地方で農民住宅地との土地交換による都市化発展という発想がみられるようになった．以前は内的原動力による村落産業化が非常に多かったが，近年は各級政府による外的原動力が急速に台頭してきたといえる．その実施にあたって，多くは政府の計画が先行し，村を解体し，農民を転居させ（「上楼」[訳注29]），「新型農村コミュニティ」を建設する．このような都市化推進モデルの中で，農民住宅地の土地交換を，農村産

訳注28〕 2013年12月の中央農村工作会議で「18亿亩耕地红线」が提起され，都市化を推進する一方で，食料供給を確保するために18億ムー（1.2億ヘクタール）の耕地を確保する政策が打ち出された．

訳注29〕 「上楼」「被上楼」とは，本来は階上にのぼることだが，農民を強制的に転居させることを意味する隠語である．平屋の農家から，高層の新築集合住宅に移ることから来たものと思われる．「村改社（村をコミュニティに改める）」，「宅基地換房（農民住宅用地を都市住宅に転換する）」，「土地換社保（土地を社会保障に転換する）」などの名目が使われる．

表 3-4　中国の多元的都

		開発区の建設	新区と新都市の建設	都市拡張
原動力メカニズム	主導力	国務院 省・市級政府	国務院 市級政府	市級政府
	運営方法	政府主導 市場運営 企業参与	政府主導 企業参与	政府主導 市場運営 企業参与
	土地供給	中央政府による指定・譲渡，大規模な農地収用など	大規模な農地収用	農地収用
	推進方式	トップダウン	トップダウン	トップダウンとボトムアップの結合
空間モデル	発生地域	都市近郊，遠い郊外	都市近郊，遠い郊外	都市近郊
	成長方式	跳躍発展，連続発展	跳躍発展，連続発展	連続発展
	規模の特徴	総合的	総合的	総合的 砕片的

業の発展促進，農民就業問題の解決，土地補償などと組み合わせて実施し，完璧な農村計画によって農民に現代的生活をもたらすことができれば，非常に良いモデルになりうるだろう．しかし，これらの政策とうまく結合できなければ，多くの問題を引き起こしてしまう．仮に農民に従来のライフスタイルを変えさせても，村落産業化の発展を推進できなければ，村の居住環境は実質的に改善されないのである．

表3-4は，筆者の集めたデータと実地調査事例に基づいて，原動力メカニズムと空間モデルを7つの側面からまとめ，都市化推進モデルを7類型に整理したものである．

4　中国の都市化推進モデルの利害分析

現在の都市化推進モデルをみると，優位性もあるが，一定の問題点も存在する．

市化推進モデルの比較

旧市街の再開発	中心業務地区の建設	郷鎮産業化	村落産業化
市・区級政府	市級政府	市・県・郷級政府	村民委員会と農村エリートの結合
政府主導 企業参与	政府主導 市場運営 企業参与	政府指導 企業参与	村幹部の牽引 村の集団経済の成長 政府推進 村民参与
都市用地	都市用地，農地収用	農村集団所有地	農村集団所有地
トップダウン	トップダウン	トップダウンとボトムアップの結合	トップダウンとボトムアップの結合
都市内部	都市内部，新区・新都市または開発区内	郷鎮，村	村
内部再編	内部再編，跳躍発展，連続発展	現地発展	現地発展
総合的	総合的	総合的 砕片的	総合的 砕片的

　第1に，中国の都市化推進モデルは，特有の政治・経済体制に基づいて発展したもので，制度的な革新性を持っている．たとえば，開発区の建設，特区の設置といった推進モデルでは，資源・人力・市場など基本的な生産要素のほかに，政府の策定した政策から巨大な発展のチャンスを得ることができる．このような強力な政策という資源は，政府主導モデルの優位性と，強力なリソースマネジメントの優位性を十分に示している．また，中国の都市化推進モデルの革新性は，改革開放以降の中国における制度の柔軟性のあらわれである．中国のような広い国土，多数の人口，大きな地域格差を抱える国で，市場の発展が不十分な現状のもとでは，柔軟な政策と制度こそ多くの地域に都市化進展のチャンスを与え，全国の都市化促進につながるのである．

　第2に，政府主導の都市化推進モデルは，大量のカネ・ヒト・モノを集めて多方面の資源を調達でき，短期間に都市化の発展目標を達成できる．このような構造的な枠組みは発展の初期には相対的優位性を持つが，都市化の進展につれて，持続的発展のための原動力が不足するなどの問題が目立つようになるだ

ろう．そのため，都市化の推進過程においては，基本的な経済法則を尊重し，各地の実情に合った措置を取るべきである．都市化の進展は主として都市と農村の経済社会の発展から生じるものであり，その内在的な運営法則を持っているため，都市化モデルの目標を定める際には産業・土地・天然資源・人口などの都市化要素の発展条件に応じて，現地に適した都市化の発展目標と対策を策定すべきである．「都市化のための都市化」を防ぎ，単に都市化率を追い求めることを防止しなければならない．

第3に，改革開放後の30年余りで，市場経済はかなり発展を遂げたが，都市化の推進にも市場の役割をより効果的に生かすべきである．すなわち，立法，計画，管理，監督はほとんど政府が行うとしても，都市発展のための要素配分は市場に任せるべきである．現在のところ，中国の都市化推進モデルでは，政府が都市経営と都市運営の主力となり，市場の力を十分に発揮できていない．市場を用いるというのは，政府は計画を作成して要求を出すが，実際の運営は多様な経済主体にまかせ，さまざまな経済要素を都市の改造と開発に参与させるということである．政府が運営資金を支出する場合でも，サービスの購入という形で行えばよい．筆者が行った都市化の実地調査の事例でも，政府が直接行う「取壊しと立退きによる改造」では，政治権力が関与するので，「補償金」は多かれ少なかれ引き下げられていた．このため，立退き対象者の利益が侵害され，しばしば衝突と集団抗議行動を引き起こした．これに対して，市場で経営者が行う「立退き補償」の基準は，しばしば政府が直接関与する場合を上回る．このことは，市場による運営には合理性があり，合理的な市場価格が形成されやすく，立退き対象者の利益確保に一層有利であることを証明している．

第4に，都市化の推進には，より多くの社会勢力が参与すべきである．現在の状況をみると，都市化過程に対する社会勢力の参与は不十分である．そのような社会勢力というのは，都市と農村の住民団体，労働団体，従業者団体，社会団体，社会組織，コミュニティ組織，団地住民などである．中国のほとんどの都市化は政府主導，政府計画，政府動員，政府運営であり，都市と農村の住民は，ただ受動的に都市化を受け入れているにすぎない．トップダウンの推進方式は，これまで続いてきた中国の特色であることはいうまでもないが，ボト

ムアップの巨大なエネルギーを決して軽視してはならない．都市と農村の住民に一層多くの力を与え，たとえばコミュニティや住宅団地の住民を計画に参与させるなど多くのルートを作り，自分達の生活需要と居住需要にこたえるための都市化を推進させるべきである．このようにして初めて，都市と農村の住民の利益を侵害する「受動的都市化」を効果的に防止できるのである．

第5に，中国では土地の国有と集団所有によって，大規模で急速な都市化を推進することができたが，それによって発生した遊休地や土地浪費などの問題も目立つ．そのため，都市化において以下の2点に留意すべきである．まず，科学的に計画し，合理的に配置し，生態環境と基本的な農地を保護しなければならない．都市化の急速な推進によって，中国では利用可能な土地資源がますます減少している．現在，1人当たり耕地面積は世界平均の半分以下で，大量の優良農地が占有され，生態環境が深刻な脅威にさらされている．都市化戦略の策定にあたり，国家の主体機能区計画に従い，開発禁止区と開発制限区を確定し，生態環境を保護し，食の安全を保障し，都市の発展と資源利用の関係をうまく処理すべきである．もう1つの留意点は，土地の利用効率を高めることである．高密度の集積の利益は，都市化の基本的特徴の1つである．人口が多く土地が少ない中国では，「過度の郊外化」，「過度の分散配置」からの教訓を汲み取り，粗放的な土地利用方式をやめて，土地資源の利用効率を高めて都市化の持続可能な発展を保障すべきである．

第6に，都市化に伴い，社会構造の大きな変化も起こっている．都市化が推進されるにつれて，土地・住宅・資源・富が，異なる集団や社会階層の間で再分配されるという現象がみられ，これに起因する社会的利益の紛糾や社会的矛盾がますます深刻になっている．表面的には，都市化によって多くの住宅が建てられ，巨大な建築群が蔓延し膨張しているようにみえるが，より深い次元の問題は，人と人，団体と団体の利益関係に変化が起こっていることである．近年の急速な都市化とともに，都市部の住宅価格も高騰してきた．それに伴い，住宅を持つ者と持たざる者の利害関係に，巨大な「社会的距離」が生じているため，都市化の推進にあたっては公平と正義に配慮しなければならない．都市計画の細部まで，すべて異なる利益集団の異なる利益に関わっている．そのため，いかにして民衆参与のメカニズムを作り出し，政府と民衆の良好な相互作

用を促進し，都市成長による公平と正義によって急速な発展がもたらした社会的分裂を埋めるかということが，早急な研究と解決を要する課題である．

　総じていえば，中国の都市化は欧米諸国と大きな違いがある．本章では，都市化推進の原動力メカニズムと空間モデルに基づいて，中国の都市化推進モデルを開発区の建設，新区と新都市の建設，都市拡張，旧市街の再開発，中心業務地区の建設，郷鎮産業化，村落産業化という7類型にまとめ，それぞれの原動力メカニズム，空間的特徴，現状と問題点を分析してきた．我々は，政府主導の都市化推進モデルが，中国の制度的な革新性と柔軟性を十分にあらわしていると考えている．同時に，都市化の発展は基本的な経済法則を尊重すべきであり，各地の実情に応じながら，市場の力をより効果的に生かし，より多くの社会勢力を参与させるべきである．また土地利用の面において，より科学的に計画し，合理的に配置し，土地の利用効率を高め，推進にあたって民衆参与のメカニズムを創新し，政府と民衆の良好な相互作用を促進すべきだと考えている．

第4章
開発区建設モデル

　都市化は，農村にいる農業人口を都市戸籍人口に転換させるという，社会システム工学上の動きとみることができる．それは人間社会の普遍的な発展法則であり，その趨勢ともいえる．1949年に，中国では132の都市しかなく，都市化率はわずか10.6%であった．それから60年余りの間に，都市化の水準は急速に高まり，2009年末には31の省・自治区・直轄市に「市」[訳注1]が655あり，都市化率は46.59%，都市人口は6億2186万人に達した．現在は，まさに都市化が加速的に進展しつつあるという歴史的段階である．『中国都市発展報告（中国城市发展报告）』2009年版によれば，中国はすでに都市化の加速期に突入しており，2020年には50%の人口が都市に住み，2050年には75%の人口が都市に住むと予測されている[1]．

　開発区の建設モデルは，重要な都市化の原動力である．中国の多くの都市では，開発区の建設を通じて比較的短期間で産業集積と人口集中を完了し，都市の地域空間と人口規模を飛躍的に成長させ，産業構造の転換を実現した[2]．農村人口を都市人口に転換する過程には多くの含意があり，戸籍身分が都市化するだけでなく生活様式の都市化も意味するし，現住地で都市化するだけでなく立ち退きや集住による都市化も含まれている．なかでも開発区モデルは，最も中国的な特色を持つ都市化推進モデルの1つである．開発区は，広義の「大きな政府」という観点から実践される支援政策である．それは経済社会の発展と建設に対する政府の参与を鮮やかに描き出し，行政資源の巨大な推進力を示す

　訳注1〕　原文は「设市城市」だが，法制上の定義はない．一般に直轄市・地級市・県級市を指し，この数字も，これら3種の都市を合計したものである．

ものである．本章では，開発区の建設という１つのモデルをテーマとして論じてみたい．

1 開発区という概念の由来とその歴史的沿革

開発区はヨーロッパに起源を持つが，それが最も発展したのは中国だった．1547 年にイタリアのジェノバ湾にリボルノ自由港[訳注2]が設立されてから[3]，世界中でさまざまな形式の開発区として，自由貿易区，保税区，輸出加工区，科学技術工業団地などが次々とあらわれた．開発区は政府に依存して政策に導かれ，さまざまな資源を活用して特定の産業に従事しながら，各方面に利益を分配するという運営方式を担う主体である．

中国特有の都市化推進モデルとしての開発区は，中国の経済社会の発展に重要な貢献を果たしてきた．それは，行政資源と政府計画が，経済社会を発展させる巨大な推進力であることを示し，社会主義制度の効率性と優位性をあらわしている．開発区モデルの本質は，経済社会の発展を推進する人為的な計画，主観的な構想だという点にある．人為性と計画性を備えているということは，多くの利点を持つと同時に，必然的に固有の内在的な欠点を伴い，計画の主観性や政策施行の不確実性が存在する．開発区モデルは，中国の経済社会の発展を大いに推進したが，同時にかなり大きな問題点もあらわにした．たとえば，大量の豊かな農地の占有，生活様式の強引な転換，コミュニティに対する利益還元の不足，資源のソフト面の制約，利益配分モデルの問題などである．これらの問題は，開発区モデルの欠陥を浮き彫りにしたが，同時に今後の改善の方向も示している．

(1) 開発区設立の背景

中国の学界では，一般に開発区モデルの最も早い事例は改革開放の初期にさかのぼり，当時設立された経済特区[訳注3]が，広義の開発区として最初のもの

[訳注2] リボルノは，トスカーナ大公から免税特権や信仰の自由を認められ，各国の商人が集まって地中海の重要な港として発展した．

だと考えられている．その後1981年に，国務院が沿海開放都市における経済技術開発区の設立を承認した．中国の開発区の設立は，複雑で変化に富んだ国内外の情勢の下で行われたが，それは時代の産物であるとともに，歴史の必然的な要請でもあった．

① 国際的背景

開発区設立の国際的背景は，第1に主要な課題の変化である．鄧小平は，世界の主要課題がすでに「戦争と平和」から「平和と発展」へ一変したと考え，中国政府は経済建設と社会発展に力を入れるべきだと判断した．第2に，国際資本の動向である．資本主義世界経済は戦後の長期間の繁栄と発展を経て，豊富な産業資本と金融資本を蓄積してきた．資本は，利潤追求という性質があるので，低コストの"窪地"[訳注4] へと流れ込む．中国の原材料，労働力，発展の将来性は，いずれも資本に対する大きな吸引力を持っていた．第3に，産業移転である．技術革新の進展に伴って先進国は産業構造の調整を経験し，グローバルな産業移転が起こった．ハイテク産業は先進国が維持発展させたが，労働集約的産業は発展途上国へ移転された[4]．以上の3つの要因が，中国が開発区を設立する国際的背景となった．

② 国内的背景

国内的な背景は，第1に思想的な基盤である．当時，「解放思想，実事求是（古い思想の殻を打ち破って，自由に物事を考え，事実に基づいて真実を求める）」と「経済建設为中心（経済建設を中心とする）」という思想が徐々に受入れられ，改革開放は全国民の意志となって，これが開発区設立の思想的基盤となった．第2に，経済特区の制度である．経済特区の成功裏の発展は，開発区が誕生する前提となった．経済特区が成功して，はじめて特区内に開発区を設立することが可能となったのである．第3に，資金不足である．当時の中国は，

訳注3] 1979年に深圳・珠海・汕頭が輸出特区（出口特区）に指定され，80年に厦門が加わって経済特区と改称された．

訳注4] 原文も「洼地」．中国の流行語で，窪地に周囲から水が流れ込むように，資本や労働力などが流れ込むことを示す．

「文化大革命」のために「国民経済が崩壊の瀬戸際にある」という状態から抜け出したばかりで，国内資金が乏しく，外貨準備も少なかった．開発区は，建設資金を調達して経済建設を進める上で，重要な組織形態であり実行の担い手である．第4に，技術の立ち遅れである．1980年代には，中国の技術水準は全般的に大きく立ち遅れ，とくにハイテク産業，重工業，民需工業で遅れが著しかった．開発区は，外国から先進的な技術を吸収し導入するための，有益な試みであり制度的枠組みであった．第5に，労働力の過剰である．農村で生産責任制[訳注5]が実行されると，農村労働力の自由化が進んだ．大幅な生産力の上昇は，同時に労働力の過剰をもたらした．それは必然的に労働力コストを大きく引下げ，就業機会の集中する開発区は，大量の農村労働者を吸収する重要な場となった．労働力の吸収という過程は，都市化の過程そのものである．

(2) 歴史的沿革

中国の開発区の歴史的沿革は改革開放政策の反映であり，その重要な一部でもある．開発区が設立されると，すぐに大きな生産力と牽引力を示し，中国の経済社会の急速な発展を力強く促進してきた．開発区は草創期，高度成長期，安定成長期，科学的成長期という4つの時期をたどってきた．

① 草創期（1985-91年）

1984年から88年の間に，国務院は12の沿海開放都市で14の国家級開発区[訳注6]を設立することを承認した．草創期に，中央政府は開発区に直接の資金援助を行わず，政策と自主権を与えて，地方政府が先行して試行するように要請した．開発区は徒手空拳の状態で出発したため，基盤が脆く，資金も乏しかった．また，外資も中国に進出したばかりで，探りを入れながら様子を眺め

訳注5〕 原文は「家庭联产承包责任制」．1970年代末から80年代初頭に農村改革のために導入され，規定の生産・投資・労働量を超過すれば残りは自分のものになり，不足すれば補填しなければならない．現在は，基本的な制度として普及している．

訳注6〕 国家級経済技術開発区（国家級開発区）は，1984年に初めて設立され，2015年までに全国で219地区が指定されている．後述されるように，国家級経済技術開発区，国家級ハイテク産業開発区，国家級観光レジャー地区，国家級保税区などがある．

ている状態だった．「1991年に，14の開発区を合わせて工業生産額145.94億元，税収7.90億元，輸出額11.4億ドルとなり，契約ベースの外資導入額が8.14億ドル，実施ベースの外資導入額が3.61億ドル，91年末までの外資導入残高が累計13.74億ドルとなった」[5]．この時期に，それぞれの開発区は大胆に革新を試み，インフラ建設の資金援助モデル，管理モデル，法体系を形成した．「三為主，一致力」，すなわち工業発展，外資導入，輸出による外貨獲得を主とし，ハイテク産業の発展に力を入れる，という方針を確立し，将来の発展のために，人材，資金，政策，法制面で堅実な基盤を築いた．

② 高速成長期（1992-98年）

1992年，鄧小平が南巡講話を発表すると，政府は開放戦略をさらに拡大・深化して実施し，沿海開放だけでなく沿江（揚子江，黄河，珠江などの沿岸），沿辺（国境沿い），内陸の省都まで開放すると決定した．全国で開発区ブームが巻き起こった．「1998年に，最初の14の国家級開発区は合計で工業生産額1869.09億元，税収131.16億元，実施ベースの外資導入額32.52億ドルを達成し，1991年と比べて，それぞれ6.2倍，8.9倍（以上，実質価格），8倍増加し，年平均成長率がそれぞれ32.5%，38.8%，36.9%に達した[6]」．開発区で導入されたプロジェクトでは技術の内容や水準が明らかに向上し，工業の近代化を直接に促進した．開発区は外資の最大の投資先となり，都市の経済成長の重要な柱となり，成功した経済発展モデルの1つとみなされるようになった．国内では「開発区ブーム」が何度も沸き起こり，各省・市・県が先を争って開発区を設立した．1993年になると，中央政府は乱造された開発区の整理に着手したため，いったん設置にブレーキがかけられた．しかし，のちに中央政府が中・西部の省・市・自治区に対して，成功した開発区を選んで国家級開発区への昇格を認めるという決定を出すと，また新たな開発区ブームを招いた[7]．この時期に，国家級開発区は14から32まで増えた[8]．

③ 安定成長期（1999-2002年）

過熱した開発区ブームを抑制するため，開発区の淘汰と促進を使い分けるメカニズムの作成が始まった．西部大開発戦略[訳注7]の実施にあたって，中央政

府は中・西部の省都でいくつかの国家級開発区を設立したため，この地域の国家級開発区と，関連する優遇政策を受ける工業団地は53に増加した．開発区は安定成長期に入って機能が徐々に整えられ，初期の簡単で粗放的だったモデルと異なり，居住やサービスなど多くの機能を持つ都市コミュニティへと発展した．開発区と外部との激しい競争によって，従来のモデルの再検討が提唱され，さらなる発展と「2度目の創業」が必要となった．1999年，当時の呉儀・国務院副総理は開発区15周年を祝う座談会で，開発区の「2度目の創業」の方向を以下のように系統的に詳述した．「第1に，産業構造を最適化し，開放型経済の水準を絶えず高めていく．第2に，内包的発展の道をゆるぎなく歩み続ける．第3に，開発区のデモンストレーション効果と波及効果を十分に発揮させ，開発区以外の地区，特に中・西部地区の発展を牽引する．第4に，社会主義市場経済の新体制を確立し，完全なものにする．」[9]

④ 科学的発展期（2003年から現在まで）

　開発区には大きな経済効果があらわれたが，同時に多くの問題も明らかになった．なかでも，土地の違法使用問題が最も深刻である．「2003年に，全国の各種開発区は合計6015となり，その計画面積は3.6万平方キロに達し，既存の都市建設用地の総量を超えた．何千もの開発区のうち，国務院の認可を得たものはわずか6％，省政府の認可を得たものもわずか26.6％なのに対し，市級以下の開発区が67.4％を占めている．同時に，開発区用地の未認可使用，不法占有，違法取引などの現象は非常に深刻であり，大量の土地が放置され，多くの農民が職を失った．統計によると，全国の開発区用地の43％が放置されたままである」[10]．「2003年，国務院は『各種開発区の審査・認可の一時停止に関する緊急通知（关于暂停审批各类开发区的紧急通知）』，『各種開発区の整理整頓と建設用地の管理強化に関する通知（关于清理整顿各类开发区加强建设用地管理的通知）』，『既存の各種開発区を整理整頓する具体的基準と政策制限（清理整顿现有各类开发区的具体标准和政策界限）』などの通知を次々と発令し，

訳注7］　沿岸部に比べて開発の遅れた四川省・雲南省・貴州省などの内陸部を重点的に開発するため，2000年から推進されている政策．

土地市場の秩序を整え，新規開発区設立の審査と認可を停止し，既存開発区の拡張を禁止した．既存の6015の各種開発区のうち，3763が閉鎖された．各地で土地違法行為が17.8万件も発覚し，12.7万件が調査・処分され，そのうち12.4万件が結審したが，罰金は12.2億元となり，5878.4ヘクタールの土地が没収された」[11]．こうして，開発区の膨張で引き起こされた現実的問題は，ある程度緩和された．

開発区の新たな科学的発展の方向は，循環型経済を発展させ，生態文明を建設し，エコ・インダストリーのモデル地区を創設することである．そして，産業集積，科学技術革新，投資環境の優位性を積み重ねていく．さらに，経済発展方式の転換を加速させ，科学技術革新にいっそう力を入れ，以下の4つの分野に重点的に取り組むことによってエコ・インダストリー団地を全面的に建設する．第1に，低炭素産業を発展させる．電子情報，食品飲料，機械製造，バイオ医薬の4つの主導的優位産業と，自動車・自動車部品，新エネルギー・新材料，サービスアウトソーシング・クリエイティブ産業，現代的物流産業という4つの新産業からなる，「四優四新（4つの優位産業と4つの新産業）」の低炭素産業構造を構築する．第2に，エコ・インダストリーを発展させる．縦横に完結したエコ・インダストリーのチェーン・ネットワークを整備し，主要工業・産業間でゼロ・エミッションを構築し，物質や水の代謝，エネルギー流通などがスムーズに行われることを保障する．また，製造業とサービス業の間で情報や技術の転換ルートを構築し，情報と技術の効率的利用を確保する．第3に，インフラを整備し，クリーンエネルギーの利用を拡大する．第4に，低炭素生活の建設を全面的に提唱する．同時に，計画の実施を通じて，全国に先駆けて最も先進的な環境監督・管理と総合的情報プラットフォームを作り，環境保全活動をリードする．

2　開発区の発展類型と空間配置

開発区の分類はやや複雑であり，行政レベル別では国家級開発区と地方開発区に分けられ，地方開発区はさらに省級開発区と市級開発区に分けられる．機能によって分類すれば，経済技術開発区，ハイテク産業開発区，保税区，国境

経済協力区，輸出加工区などに分けられる．

(1) 国家級経済技術開発区
① 概念

経済技術開発区は開発区の主要な形態で，国家級経済技術開発区は中国経済の重要な成長拠点であり，対外開放地区の構成要素である．経済技術開発区は開放都市の中に一定の区域を画定し，政府主導でインフラを整備し，国際基準を満たす投資プラットフォームを構築している．この区域では，なるべく外資を導入して利用し，現代的技術産業に主導された工業モデルを構築し，開発区と周辺地域を対外貿易と産業集積の核心エリアとして発展させる．

② 発展の現状

国家級経済技術開発区は都市のGDPに占める比重が大きく，国家財政と地方財政に大きく貢献し，GDP成長率，契約ベースの外資導入総額などにおいて全国平均を遥かに上回っている．経済技術開発区という形式は中国で急速に拡大し，各地で競って設立されていった．2011年5月までに，国務院の認可を得た経済技術開発区の数は127にのぼった．

(2) 国家級ハイテク産業開発区（国家級高进技術開発区）
① 概念

政府はハイテク産業開発区の設立を通じて，ハイテク産業に良好な環境を作り，税の減免やその他の関連優遇政策を実行し，産業集積の優位を形成し，人材・技術・資本などの資源を集めて，最新の科学的成果による産業化を加速させることをめざしている．

② 発展の現状

ハイテク産業開発区は経済技術開発区と重点の置き方が異なり，前者はハイテクを重視するのに対し，後者は経済発展とGDPの成長を重視する．1988年に，政府が「たいまつ計画（火炬計画）」[訳注8]を承認してから，ハイテク産業開発区は急成長を遂げた．現在，全国のハイテク産業開発区は67を数える．

（3） 国家級保税区

① 概念

　保税区は，国務院の承認を得て設立され，通常は国際貿易と保税業務を管轄する区域であり，ほかの国で自由貿易区と呼ばれるものとほぼ同じである．保税区の中で，外国企業は自由に国際貿易を展開し，加工・輸出などの業務を行うことができる．保税区は貿易のハードパワーを強化すると同時に，周辺地域への影響力，波及力，牽引力も促進する．保税区は，すでに中国経済と世界経済を融合する新たな結節点となった．

② 発展の現状

　現在，天津港，大連港，青島港，張家港，上海外高橋，寧波港，福州港，厦門象嶼，汕頭，深圳（福田・沙頭角・塩田港），広州，珠海，海口など15港の国家級保税区が稼働しており，これらの港湾都市の新たな経済の見せ所であり，都市の顔となっている．

（4） 国家級国境経済協力区（国家級辺境経済合作区）

① 概念

　国境地域の経済協力を発展させることは，中国と隣国の経済発展と友好協力を促進する重要な措置であり，さらに国境地域の経済社会の発展を維持する国家戦略でもある．国境の開放都市では，隣国貿易と世界貿易を発展させ，自国製品の加工輸出を行うために，交易と輸出業務を維持する区域を設立しなければならない．

② 発展の現状

　1992年から現在まで，国務院が認可した14の国境経済協力区は黒河，琿春，満州里，丹東，伊寧，塔城，博楽，憑祥，東興，瑞麗，畹町，河口，二連浩特，綏芬河という都市にある．隣国との関係が友好的な地方における国境経済協力

訳注8〕　たいまつ計画は，中国のハイテク産業を発展させるための指導的計画として，1988年8月国務院が認可し科学技術省（科学技術部）が実施した．

区は，いずれも経済が順調に成長し，隣国との協力と友好の模範となっている．

(5) 国家級輸出加工区（国家級出口加工区）
① 概念

国家級輸出加工区は，企業に対して良好な経営環境を提供して対外貿易業務を強化するために，加工貿易の発展を促進してその管理を規範化し，分散から集中へと仕向けるための措置である．国家級輸出加工区は独立した実体を持たず，既存の開発区の中に設立されて小範囲で試行されている．

② 発展の現状

国務院は2004年4月から，税関が監督・管理する輸出加工区を設立し始めた．最初に実行された輸出加工実験区は合計60である．

(6) その他の国家級開発区
① 国家観光レジャー区（国家旅游度假区）

国家観光レジャー区は一般に想像されるようなものではなく，主に外国人観光客を対象として，地域を限定して観光施設を集中するのに適しており，観光・レジャーの資源が豊富で，観光客数が多く，交通の便が良く，対外開放のための良好な基盤を持つ地域である[12]．1992年以降，中国では，大連金石灘，上海佘山，無錫太湖，蘇州太湖，杭州之江，武夷山，湄州島，青島石老人，広州南湖，北海銀灘，三亜亜龍湾，昆明滇池という12の国家観光レジャー区が設立された．

② 保税物流団地（保税物流園区）

保税物流団地は，特定の業務や商品を対象に，購買，販売，配送，展示，積替えなどの業務を行う区域であり，「国内から保税区に入った貨物には輸出税還付を，外国から保税区に入った貨物には保税を行う」という政策が実行される．現在，設立済みの保税物流団地は，天津，張家港，寧波，厦門象嶼，青島，深圳塩田などである．

③　中露互市貿易区（中俄互市贸易区），海峡両岸科学技術工業団地（海峡両岸科技工业园），台湾企業投資区（台商投资区）など

中露互市貿易区には，満州里中露互市貿易区と東寧‐ポルタフカ互市貿易区が含まれている．海峡両岸科学技術工業団地には，瀋陽海峡両岸技術工業園と南京海峡両岸技術工業園が含まれている．台湾企業投資区には，福州元洪投資区，杏林台商投資区，福州台商投資区，集美台商投資区などが含まれている[訳注9]．

(7)　省級開発区

省級開発区には経済開発区，工業団地，産業団地，工業産業団地が含まれ，通常は各地区で命名する．一般に，経済の発達した地域の開発区の数は，中・西部の立ち遅れた地域を上回っている．上海市，江蘇省などの先進地域と，新疆など中・西部地域を比較すれば，上海市，江蘇省などの沿海・沿江地域の省級開発区の数は他の省をはるかに上回っていることがわかる．江蘇省などの沿海地域では，ほぼすべての県・区まで経済開発区が設立されているのに対し，立ち遅れた地域では平均して1つの市におよそ1つの開発区が設立されているにすぎない[訳注10]．

3　開発区のガバナンスモデル

(1)　開発区のガバナンスモデルの概念と特徴

① 開発区のガバナンスモデルの概念

開発区のガバナンスモデルは，その日常的な運営の中で非常に重要な問題である．ある学者が指摘するように，モデルは客観的事物の内外におけるメカニズムの直観的かつ簡潔な描写であり，理論的に簡略化された形であって，人々に客観的事物の全体像を提供する．開発区のガバナンスは，開発区における政府，市場，社会の力の相互作用と協力のあらわれである[13]．「開発区のガバナ

訳注9〕　「海峡両岸」も「台商」も，台湾との経済連携に関わる．
訳注10〕　省略した原書の表では，江蘇省の省級開発区が98か所あげられているのに対して，新疆ウイグル自治区の省級開発区はわずか7か所にすぎない．

ンスモデルは実際のガバナンスの外的表現であり，同時にその主要な推進力でもある．本質的には，ガバナンスモデルは開発区の持続的な発展過程のなかで形成され，開発区の発展を推進する効果的な制度，体制，運営機構の総和である．このモデルは，政府の力，市場の力，社会の力の共同作用の結果であり，その核心は政府（管理委員会）の力，市場の力，社会の力のそれぞれの役割の位置づけと権限の分担にあり，三者の協力ネットワークの形成という形であらわれる」[14]．

② 開発区のガバナンスモデルの特徴

理想的なガバナンスモデルは「良好なガバナンス」でなければならない．「良好なガバナンス」となりうる理想的なガバナンスモデルは，少なくとも2つの重要な特徴を備えるべきである．第1に，多元的な主体の参加である．開発区のガバナンスとマネジメントは一方的な行為ではなく，政府・企業・コミュニティの多元的な相互作用である．いずれかの主体が欠けたり，その声が無視されたりしたら，きわめて深刻な結果を招くことは必至である．たとえば，土地収用の補償にあたってコニュニティの住民の意思を無視し，企業や農村集体経済組織[訳注11]の責任者との話合いだけで決めれば，必然的に住民の激しい反発を招くだろう．その結果，陳情に行ったり[15]，焼身自殺したり[16]，暴力に訴えたり，政府機関を爆破したり[17]する者があらわれる．これらはすべて大きな社会的コストと経済的損失となり，開発区がもたらす経済社会の発展成果を相当程度に相殺してしまう．第2の備えるべき特徴は，平等で協調的な対話である．多元的な主体が参加すれば，必然的に参加者の地位や参加方法についてさまざまな要求が出される．開発区の理想的なガバナンスモデルでは，平等で協調的な対話によって関係する当事者すべての利益に配慮し，その合意点を見出そうと努力する．硬直的，高圧的，閉鎖的ではなく，柔軟で民主的で開放的なモデルが求められている．

訳注11］ 土地の「集体所有」は日本語に訳せば「集団所有」ともいえるが，概念はあいまいである．たとえば，就業や結婚で村外にいる農民は集体のメンバーか否かなど，明確な定義がない．また，意志決定の手続きも不明確である．このため，土地の売却などは，事実上，村の幹部の独断によって決められることも多い．

(2) 開発区のガバナンスモデルの分類

　開発区のガバナンスモデルについて，多くの学者が価値のある研究を行ってきた．雷霞の『我国の開発区管理体制問題についての研究（《我国開発区管理体制問題研究》）』は，政府と企業の関係を分類の主要な根拠にすべきだと考え，開発区のガバナンスモデルを政府主導型，企業主導型，政府・企業混合型に分類した[18]．このうち政府主導型とは，政府が開発区を直接・間接に管理するもので，開発区管理委員会の権力の大きさによって政府直接管理型と準政府管理型に分けられる．開発区のガバナンスモデルは，主として所在地の地方政府と開発区管理委員会との関係に基づいている．地方政府と管理委員会との関係次第で，ガバナンスモデルにも相応の差異がみられるため，開発区のガバナンスモデルというものは動態的な概念といえるだろう．

　孫洪健の『我国の開発区行政管理体制の革新問題についての研究（《我国開発区行政管理体制創新問題研究》）』は，開発区の管理委員会と地方政府の関係がガバナンスモデルを分類する重要な根拠だと主張した．開発区のガバナンスは変化しており，初期の開発区は地方政府の直接指導と管轄を受けて優遇政策がとられる工業新区だったが，発展につれて開発区の機能が絶えず拡張され，単一的機能から多元的機能へと変わってきた．つまり，独立した行政機能を持つ，政府に準ずる性質を持った開発区管理委員会があらわれた[19]．孫は，開発区のガバナンスモデルを，体制合一型，体制分離型，体制過渡型に分類している．

　筆者は，上述の2人の分類法を有機的に整合すれば，より完全になると考えている．孫の論文は，主として政府主導下の開発区管理委員会と地方政府との関係を論じ，雷の「政府主導型」モデルの範疇に含まれる．したがって，政府主導型という大分類の下に，分離型，合一型，混合型という3つの小分類の項目を置くべきである．企業主導型と政府・企業相互作用型は，政府主導型と並び立つガバナンスモデルである．政府・企業相互作用型は，さらに政府・企業分離型と政府・企業合一型の2つに分類できる．

① 政府主導型

　政府主導型では，開発区の管理委員会を，その機能から準政府とみなしてい

る．このガバナンスモデルでは，管理委員会あるいは地方政府が，開発区の経済，政治，社会，文化などの面で，直接・間接に計画・指導・管理する権限を持っている．管理委員会と地方政府の関係に応じて，開発区のガバナンスモデルをさらに具体的に分離型，合一型，混合型の3つに分類することができる．

(1) 分離型ガバナンスモデルのポイントは，地方政府と開発区管理委員会の分離と隔離にあり，開発区は自治組織のようになって，「国中之国，府中之府（国の中にある国，役所の中にある役所）」のような存在となる．管理委員会は開発区の中では，自らの責任で指導と計画を行う．管理委員会は党務[訳注12]・行政・経済・社会・文化などにおいて独立した行政管理の全権を握っている．このような開発区の「準特区」としての性格は，多くの論争を巻き起こした．利点としては，このような優先的な扱いが，専門的経営，特別な運営[訳注13]，産業の集積などに対してプラスの要因となり，開発区の特色ある産業を活かして影響力と波及力をよりよく発揮できることがあげられる．欠点も明白で，管理委員会の政策や計画が，ある分野では地方政府の政策と調和せず適合しないことがある．開発区の外部環境の重要な部分であるガバナンスの内容，管理権限，表現方式などに，地方政府と相いれない部分があれば，開発区の持続的発展に相反する．たとえば，蘇州工業団地のガバナンスモデルは分離型だが，管理委員会は蘇州市人民政府の出先機関であり，市政府を代表して工業団地の行政管理の権限を独立して行使できる．このような独特の背景によって，「以块为主（地方レベルの指導を主とする）」[訳注14]という管理体制が徹底され，現在のところ最も成功した事例の1つである[20]．

訳注12］ 中国共産党の事務的・業務的活動の総称．具体的に，党の組織活動，人事活動，広報活動，紀律検査活動などが含まれる．

訳注13］ 原文は「特事特办」．もともと沿海部の経済特区で，国内の他地域と異なる優遇政策をとることを意味した言葉である．

訳注14］ 中国の行政管理体制を表す言葉に，"条块結合，以块为主"がある．「条」とは中央から地方に至る上下の命令系統であり，「块（塊）」とは地方の党・政府が管轄地域の機関などを指導する地域内の命令系統である．「条块結合」は上級機関の命令系統と地域内の命令系統の結合を意味し，「以块为主」は地域内の命令系統を主とすることを意味しており，そのどちらも重視しなければならないという言葉である．ただし，ここでは後者が強調されている．

（2）合一型のキーポイントは，管理委員会と地方政府が同じ実体だということである．開発区の管理委員会は実質的に地方政府であり，開発区とその所在地の行政区画が合併されれば，管理委員会は正式に地方政府になる．組織の形式は，いわゆる「一套班子，両块牌子（1つの実体に2つの看板を掲げる）」[21]ということであり，管理委員会主任は同時に地元の行政トップでもある．たとえば，蘇州ハイテク団地（蘇州高新区）[訳注15]が設立された当初は典型的な分離型であり，「小さな政府，大きな社会」という原則に基づき，「地方レベルの指導を主とする」という管理体制が採用された．管理委員会は蘇州市政府の出先機関として権限を委譲され，ハイテク団地と行政区は互いに独立しており，業務・人事・財政を自ら決定しながらそれぞれ独立して運営されていた．管理委員会は1室14局からなり，簡素で効率的であった．2002年9月になって蘇州市で区画調整が行われ，蘇州新区は虎丘区と合併して258平方キロメートルに拡大され，虎丘区政府と蘇州新区管理委員会は「1つの実体に2つの看板を掲げる」パターンになった．蘇州ハイテク団地は，開発区であると同時に行政区でもあり，典型的な合一型となった[22]．

（3）混合型は，開発区の管理委員会と地方政府の関係に分離型と合一型の両方の特徴がみられ，両者の中間にあるようなパターンである．たとえば，昆山開発区[訳注16]はもともと分離型のガバナンスモデルだったが，最近の人事調整で，開発区管理委員会の党書記と管理委員会の主任ポストは，それぞれ昆山市の党書記と市長が兼任することになった．このため，分離型と合一型の混合的な状態となったが，これは一種の過渡的な状態ともいえるだろう[23]．

② 企業主導型

　企業主導型ガバナンスは管理委員会なき管理体制とも呼ばれている．独立した自主的な企業が，開発区のあらゆる事務を統括するわけではないものの，開発区経済貿易総公司を設立して経済活動の全権を握る．経済貿易総公司は地方

訳注15〕　江蘇省蘇州市にあり，正式名称は蘇州高新技術産業開発区で，1992年に創設されてから拡大を続けている．

訳注16〕　江蘇省昆山市にあり，正式名称は昆山経済技術開発区で，1985年に創設され92年に国家級開発区となった．

政府の持っていた経済管理の職能を担当するが，独立した経済法人である．ただし，人事，税収，工商，環境保護，文化などの機能は，依然として政府の該当部門が担当する．たとえば，上海市漕河涇新興技術開発区は企業主導型ガバナンスモデルの典型である．1988年，同開発区は国家級ハイテク産業開発区として認可された．1990年に上海市人民代表大会の認可を経て，同開発区発展総公司は，インフラ建設，資金調達，不動産経営，投資環境，外資誘致，技術導入，企業創立，総合貿易，不動産開発などを含む開発区の経済活動に関する事務を統括的に担当するようになった．

③　政府・企業混合型

　企業主導型と政府主導型の中間的なガバナンスモデルである．ある学者は開発区管理委員会と発展総公司の関係によって，さらに政府・企業分離型と政府・企業合一型の2類型に細分している．

4　開発区モデルの戦略的機能

　一種の国家戦略・国家意志としての開発区は，経済・社会・政治・文化などの面において重要な戦略的機能を持っており，国全体の進歩を力強く推進してきた．開発区の計画性，人為性，外部駆動性という性質は，中国の国情によく符合している．開発区は，重要な都市化推進モデルとして，経済面で社会の潜在力をうまく引き出し，産業高度化を推進してきた．社会面では，都市化を促進し，市民社会を育て，公共サービスを増進してきた．政治面では，特区制度を充実させ，中国モデルを発揚し，海峡両岸の台湾との交流を促進してきた．文化面では，ビジネスとイノベーションの文化を育ててきた．

(1)　経済的機能
① 国民経済

　開発区は，技術と経済を発展させるための特別な制度として，中国の経済発展を強力に促進する重要な成長の要となっている．そのことは，主要な経済指標にもあらわれている．2010年に，国家級経済技術開発区の主要な経済指標は，

いずれも全国平均をはるかに上回っていた．全国の GDP は前年同期比で10.30％増加したのに対して，開発区の成長率は25.67％となった．このうち，東部の成長率は25％，中部は30％，西部は23％で，いずれも全国平均の10％を大幅に超えている．一般に，開発区の経済成長率は周辺地域の平均よりはるかに高く，これが各地で開発区ブームが起こっている要因である．

② 財政収入と租税収入の増加

開発区が国民経済の発展を大きく促進すれば，必然的に多くの国家財政収入と租税収入が生まれる．2010年に，国家財政収入は前年同期比で21.30％増加したのに対して，国家級経済開発区の財政収入は37.58％の増加となった．そのうち，東部の増加率は36％，中部は47％，西部は59％であった．同年，全国租税収入は22.74％増加したが，国家級経済開発区は29.37％増となった．そのうち，東部の増加率は30％，中部は33％，西部は16％であった．開発区は財政収入，とくに租税収入の面で，政策や産業集積の優位性を示している．

③ 国際貿易

開発区の設立によって国際貿易の発展が大きく促進され，開発区モデルは先行者利益と規模の経済性を備えた国際貿易分野の先進地域となっている．輸出面では，2010年に全国の輸出増加率が17.90％だったのに対し，開発区の増加率は28.10％となった．そのうち，東部の増加率は27％，中部は55％，西部は40％であり，開発区の増加率は全国平均をはるかに上回った．輸入面では，同年の全国増加率が25.60％だったのに対して，開発区の増加率は37.65％となった．そのうち，東部の増加率は36％，中部は63％，西部は42％であった．

④ 規模の経済性

産業集積と規模の経済性は，地域全体に対する開発区モデルの影響力，波及力，牽引力を示し，一種の無形資本あるいはソフトパワーとなって，開発区に広報効果や経営効果をもたらす．規模の経済性によって，より多くの企業を開発区に集めることができ，より多くの資本と技術がもたらされて，コストを効果的に分担しながら地域内の競争を促進することができる．たとえば，詹水芳

の『上海開発区の空間集積モデルと世界レベルの産業基地の建設(上海开发区空间聚集模式与世界级产业基地建设)』では,上海開発区の産業集積と規模の経済性について踏み込んで分析し,散乱点モデル,点状モデル,塊状モデル,地域モデルなどの産業集積モデルを検討し,産業集積または規模の経済性が都市の産業構造の調整,産業の配置,空間の再構築,世界的な産業基地の構築に大きな影響を及ぼすと主張している[24].

⑤ 産業の高度化

産業構造の調整は,中国経済の直面する重要かつ緊急の課題である.長いあいだ,中国の開発区は多くのOEM生産(「三来一補[訳注17]」),原料供給,委託生産などの業務に従事して,グローバル・サプライ・チェーンのミドルエンド,ローエンドに位置していたため,利益が少ないうえに対外依存度が高かった.自分自身の知的財産権や核心的技術を持たず,独自のブランドや販売チャネルもなく,独自の標準規格と発言力もない.開発区は,海外からの先進技術導入,独自ブランドの構築,世界的発言権の取得に対して重要な意義を持っている.中国の開発区の中でハイテク産業開発区は非常に重要であり,その主要任務の1つはハイテク産業を発展させてグローバル・サプライ・チェーンのハイエンドの分野を占めることである.

⑥ 戦略的産業

戦略的資源と戦略的産業は国力の核心であり,国家の存立,国防の安全,経済の自立に関わっている.戦略的資源にはレアメタル,鉄鋼,ハイテク素材,新エネルギー,部品製造,三網融合[訳注18],クラウドコンピューティングなど

訳注17〕 中国独特の加工貿易の形態を示す言葉で,来料加工・来様加工・来件装配(三来)と補償貿易(一補)を指す.「三来」はさまざまな形態の委託加工のことである.補償貿易は,外国側が設備を提供して中国側は製品を製造し,設備の輸入代金と製品の輸出代金を相殺するしくみである.OEM生産は,相手先ブランドによる生産のことで,たとえば工場を持たないアップルのiPhoneを,鴻海(Foxconn)の工場で受託生産するような方式である.

訳注18〕 通信・放送・インターネットという三大ネットワークを融合し,音声・データ・画像などマルチメディアのサービスを提供できるようにすることである.

が含まれる．それらに対応する国際開発区を設立し，戦略的資源を開発し，戦略的産業を強化する必要がある．現在，多くの開発区はそれらの戦略的産業を中心に据えている．たとえば，煙台開発区[訳注19]は新材料，光エレクトロニクス材料，レアアース蛍光体材料などの分野で[25]，杭州経済技術開発区[訳注20]は，新エネルギー自動車，IoTなどの分野で，増城開発区[訳注21]はクラウドコンピューティング，クラウドストレージ，IoT，新エネルギー，新素材などの分野で大きな進展を遂げた．このほか，包頭レアアース・ハイテク産業開発区[訳注22]は中国で唯一のレアアース戦略の国家級開発区である．開発区は，戦略的資源の開発と戦略的産業の発展に重要な役割を果たしている．

(2) 社会的機能

開発区の経済的機能は明らかだが，その社会的機能も，次第に学界や政府から注目されるようになった．開発区は中国特有の都市化推進モデルとして，中国の都市化を力強く推進し，都市・農村の発展を統合する重要な一環である．同時に，管理体制の革新，社会建設の強化と市民社会の育成などの面においても，重要で独特の貢献をしてきた．

① 都市化の推進

開発区による都市化の推進は，主として地域の都市化，人口の都市化，生活様式の都市化，思想・意識の都市化という4つの次元にあらわれている．都市化は一般に内発的で多段階の発展過程であって内生型に属するが，中国の都市化は外生型で，外部要因の動きが主要な役割をはたす．したがって，中国の都市化は立地，就業，生活様式，意識形態という順序で進行しながら完全な回路

訳注19〕 山東省煙台市にあり，正式名称は煙台経済技術開発区で，1984年に創設された最初の国家級開発区の1つである．
訳注20〕 浙江省杭州市にある杭州経済技術開発区は1993年に創設され，全国唯一の工業団地・高等教育団地・輸出加工区が一体となった開発区である．
訳注21〕 広東省広州市にあり，正式名称は増城経済技術開発区で，1988年に創設された後，2006年に省級，2010年に国家級に昇級した．
訳注22〕 1992年に創設された内モンゴル自治区最初の国家級開発区で，中国名は包头稀土高新技术产业开发区である．

を形成する．その起点は改革開放で，積極的に外国の開発区の経験を学び，沿海・沿江の都市で特定の地域を定めて開発区が建設された（都市部の地価が高いため，開発区の多くは近郊あるいは農村に作られた）．開発区ができると，周辺の人々を引き付けて就業させ，彼らは収入を得るようになる．開発区に移動した農民は就業を通じてまず経済的に都市に組み込まれるが，そのうち一部の高い技術や高収入の持ち主が家族全員で開発区の付近に引越し，開発区の発展につれてそこの市民になる．その過程で，都市に移住した農民とその家族は，生活様式や思想・意識などの面で徐々に都市文化の影響を受け，市民化する．それは開発区が中国の都市化を推進する内在的論理である．

　筆者は，この４つの段階やその過程に対する開発区の作用の強弱が，同じではないと考えている．地域の都市化に対して，開発区は最も強く作用する．多くの開発区は都市郊外や農村地域で発展し，新しい市街地を形成してきた．就業と人口都市化にも大きな作用を及ぼし，農村から大量の余剰労働力を建築，加工，物流などの分野に吸収した．それらに比べて，生活様式と思想・意識の都市化を推進する力は弱かった．『人民日報』は「都市化は人間の市民化であり，土地の都市化ではない（城市化是人的市民化不是土地的城市化）」，「都市化に"大躍進"があらわれ，土地の都市化は人口の都市化に先行し，都市経営の衝動が経済発展の法則を超えた（城市化出現"大跃进"，土地的城市化快于人口的城市化，经营城市的冲动超越经济发展规律）」などの論説を相次いで掲載し，土地の都市化が人口の都市住民化に先行することが中国の都市化の通弊だと指摘した[26]．つまり，思想・意識や生活様式の都市化に対して，開発区の果たした役割は比較的弱かったのである．

② 都市と農村の発展の統合

　都市化の過程の一方には農村があり，もう一方には都市がある．都市化は，遅れた農村を近代的都市に変える過程であり，都市と農村の発展を統合する重要な制度である．開発区の立地は一般に農村か，かつて農村だった都市近郊である．開発区の各産業の発展によって，地元の住民は，農業収入を上回る安定した賃金を手に入れた．地元政府の財政収入も著しく増加し，橋や道路などのインフラ整備に多くの資金を供給できるようになり，不動産業，金融業，サー

ビス業の発展にもつながった．さらに周辺の農村地域の発展をも促進した．このように，開発区は，都市と農村の発展を統合するうえで，まさに中国の特色ある制度的革新だといえる．

③ 管理体制の革新

中国の社会管理[訳注23]の革新は持続的で動態的なものであり，決して最近始まったものではない．社会主義市場経済体制そのものが大きな社会管理の革新であり，改革開放以降の中国特有のさまざまな制度は，すべて国情を踏まえた制度設計と，社会管理の革新だったといえよう．開発区管理委員会，開発区発展総公司などは，どれも明らかに効果的な管理体制の革新モデルである．開発区の成功は，発展問題をめぐって市場と政府が効果的に分業し連携することが可能であることを裏付けた．もちろん，法的な面で開発区はさらに革新を続ける必要がある．現在のところ国家級開発区に関する法律は公布されておらず，各地域で「開発区の活動に関する暫定的な管理規定（开发区工作暫行管理規定）」が施行されているだけで，開発区に関する立法は今後の課題となっている[27]．

④ 社会建設の促進

都市化の過程は，立ち遅れている農村を先進的な都市に変える過程である．ここでいう「立ち遅れ」と「先進」とは，主にインフラと思想・意識の面を指している．インフラ整備への投資と，文化やイデオロギーの向上によって，農民に対して徐々に近代的な生活様式と思想・意識を身につけさせることができる．しかし，都市化の推進に伴って，すべての農村にいっせいに都市への転換を強制するという方向は，誤りであることに気付くだろう．それは「就地城市化（それぞれの場所に応じた都市化）」によって成し遂げることができるからである．すなわち，インフラを整備して農民が都市住民と同様に生活施設と文

訳注23） 中国では，「社会管理」の英訳に「public administration」をあてているが，内容は普通にいわれる public administration ＝「行政」のことではなく，行政側と社会組織が協調してさまざまな社会政策を遂行していくことを意味している．

化・娯楽施設を使えるようにすること，つまり，いわゆる「公共サービスの平等化」[28] が必要である．開発区は経済効率がよく，財政租税収入も高いため，科学・教育・文化・衛生などの公共サービスに投入できる大量の資源を持っている．

⑤　市民社会の育成

　開発区が社会建設を促進するというのはハード面のことにすぎず，そのソフト面の役割は市民社会を育てることである．都市に移った出稼ぎ農民は，中国社会で最も早く都市文化に接し，ある程度まで都市化された社会集団となった．開発区の経済力と地理的空間が拡大するにつれて，周辺の農民は開発区へ働きに出て，徐々に総合的な都市コミュニティが形成され，最終的には完全な都市となる．この都市化の過程を，出稼ぎ農民は身近に経験し，そして最初の新市民となる．仕事や戸籍のうえで都市住民になっただけでなく，生活様式，行動パターン，考え方などの面でも都市文化の持つ効率，公平，開放，理性などの精神的要素，すなわち市民性も身につけるのである．

(3)　政治的機能

　経済的機能と社会的機能が潜在的であるのに対し，開発区はその設立から現在まで，一貫して中国特有の政治的機能を持ち続けてきた．政治的機能は，中国の特色ある社会主義制度を維持発揚し，国の平和と統一を促進するという面にあらわれている．

①　特区制度の発展

　中国以外の国では，開発区は経済や貿易がある程度発展してから自然に生まれたものである．しかし，中国の開発区モデルは外部から計画的に作られたもので，政府の意図的な産物であり，さらにいえば中国特有の制度的革新だといえよう．この革新の起源は特区制度である．1979年，深圳，厦門，珠海，汕頭の4つの沿海都市が最初の特区に指定され，のちにほかの沿海・沿江都市も指定された．1984年から88年までに，国務院の認可を得て，12の沿海開放都市で14の国家級開発区が設立された．つまり，形態からいえば開発区は「特

区の中の特区」であり，特区制度の自然な発展と延長であり，特区制度の成功と社会主義制度の優位を検証するという客観的機能を持っているといえよう．

② 中国モデルの発揚

　開発区は中国の特色ある経済発展方式の重要な成長の要であり，開発区の総生産と財政租税収入の伸びは全国平均をはるかに超えている．そのため，中国モデルを議論するとき，中国経済特有の発展モデルとしての開発区は，避けて通れないテーマである．「中国モデル」の研究ブームは，中国の特色ある社会主義制度の世界的影響力のあらわれといえよう．したがって，開発区モデルの成功は必然的に中国モデルを構成する重要な一部分となり，また中国が世界という舞台でより大きな影響力と波及力を及ぼす重要な手がかりである．

③ 海峡両岸の交流の促進

　開発区は，台湾との海峡両岸の経済交流において，大きな役割を果たしている．両岸の経済や貿易の往来は，政治上のリスク，体制上の不同意，法制上の不一致など客観的な原因で，しばしば各種の障害に直面してきた．しかし，台湾企業向け開発区を設立すれば，この問題を創造的に解決できる．これまで中国大陸部では，海峡両岸科学技術工業団地（海峡両岸科技工業園）や台湾企業投資区（台商投資区）などの形式で開発区を設立してきた．前者には，瀋陽海峡両岸科技工業園と南京海峡両岸科技工業園があり，後者には福州元洪投資区，杏林台商投資区，福州台商投資区，集美台商投資区などがある．この方式によって両岸の経済貿易は大いに便利になり，政治的な雰囲気も緩和された．

5　開発区モデルによる都市化推進の論理

　開発区は中国特有の都市化推進モデルであり，その推進過程における内在的論理の研究が必要である．開発区モデルの推進過程は，4つの段階に分けることができる．すなわち，①起動，②資源の組織，③持続的運営，④成果の還元という4段階である．成果の還元は前の3つの段階すべてに影響を及ぼし，望ましい利益分配のしくみは必然的に開発区の良好な運営をもたらす．しかし，

いったん利益分配に長期的な歪みがあらわれたら，開発区の発展の障害となり，経済的・社会的な制約があらわれ，開発区の持続的・科学的発展を破壊し阻止するだろう．

(1) 起動する段階

起動（スタートアップ）の段階は開発区の誕生期であり，通常は，政府の方針，産業計画，デモンストレーション効果，地域間競争という四つの要素が開発区の設立を促す内在的要因となり，その設立に影響を及ぼす．つまり，政府の方針，政策による優遇，モデルの提示，競争の態勢が，地方政府による多様な開発区設立を絶えず促しているのである．

① 政府の方針

政府の方針は開発区を設立する最も重要な要因であり，中国の開発区の設立と発展は，政府が強力に推進した結果である．どの開発区の設立も政策と切り離すことができず，開発区自体も特別な政策や優遇策を享受している．それは租税，人事，級別，土地，人材などの面にあらわれており[29]，「資源洼地（資源の集中地）」を形成して，非常に強い競争力と生命力を持つ．

② 産業計画

産業計画も重要な要因である．1980~90年代の開発区は，OEMなど初歩的で下位の「三来一補」を担当し，世界的なサプライチェーンの中でローエンドに位置しており，先進国のローエンド産業の移転先となった．産業構造を調整し，サプライチェーンの中でハイエンドに移行するために，1988年8月，国家ハイテク産業化発展計画である「たいまつ計画」がスタートし，ハイテク産業開発区とハイテク創業サービスセンター（高新技術創業服務中心）の設立が「たいまつ計画」の重要な部分であることが明らかにされた．1991年以来，53の国家級ハイテク産業開発区[30]が国務院の認可を得て設立された．

③ デモンストレーション効果

1990年代から2000年前後にかけて起こった全国的な「開発区ブーム」をみ

れば,成熟した開発区によるデモンストレーション効果も,地方政府が相次いで開発区を設立する重要な要因になったといえるだろう.中国特有の改革開放の過程自体が,先進的モデルを学び,テストケースを作り,模索を続ける過程だった.したがって,成功した典型的な工業団地のデモンストレーション効果は,軽視できない.もちろん,やみくもな開発区ブームで,土地所有の集中や競争の過熱など,多くの問題ももたらされた.

④　地域間競争

経済資源・社会資源・政策資源の総量は一定であるため,1つの開発区が設立されれば,それは周辺地域の経済的地位の相対的低下を意味する(ウィンウィンの可能性もあるが).そのため,政策資源と経済・社会資源を最大限に獲得するために,各地で先を争って開発区が設立され,必然的に地域間の競争がもたらされた.適切な競争は市場の資源をより効率的に配分できるが,開発区モデルがまだ十分に成熟していない時期には,多くの場合,経済的に望ましくない競争が起こり,社会資源と政策資源の非効率を招くことになる.そのため,開発区の秩序ある競争と調和した発展に関する研究が課題となっている[31].

(2) 資源を組織する段階

この段階における主要な任務は,融資の進行と資源面の準備であり,それは融資モデルの問題である.融資の方式について,開発区は数多くの効果的な試行と模索をしてきた.その原資には,財政資金もあれば,企業の産業資金や土地資本もあり,また社会的な資金も開発区の運営に参入する.

① 財政資金

政策的な資金は開発区の重要な原資の1つであり,設立初期には多くの政府支出が必要である.もちろん,政府は唯一の出資者ではなく,初期の段階でより重要なカギにみえるにすぎない.政府による資金配分は,その支持,方向性,重視の度合いを示すものだが,開発区の建設資金の主要な部分を占めるわけではない.よく行われるのは,政府が企業に対して,債務保証という形で資金の保証をする方法である.順調に運営されている開発区では,政府資金の割合は

低く，企業資金と社会的資金の割合が大きい[32]．

② 企業による資金調達

　企業による資金調達は，開発区の主要な資金を提供している．政府融資の目的は開発区全体の持続的運営を確保することだが，企業融資の目的は最小の費用で最大の利潤を獲得することである．企業の資金調達の方法としては，内部留保，リース契約，動産・不動産担保融資，政府債務保証，株式発行，社債発行などがある[33]．

③ プロジェクトファイナンス

　プロジェクトファイナンスとは，プロジェクト自体の将来予想，経営実績，キャッシュフローを返済の保証として資金を調達する方法であり，企業の信用や有形資産に基づく担保を必要としない．プロジェクトファイナンスには主に以下の2種類がある．1つは，コンセッション方式[訳注24]である．これは，公共施設などの所有権を政府に残したまま，運営を民間事業者が行い，その利用料などを事業者が受け取って運営費用を回収する方式である．もう1つはPPP方式（Public-Private-Partnership）である[34]．これは埋没費用（サンクコスト）が高く，投資額が多く，投資回収期間が長いプロジェクトに適用する．政府と民間企業が共同で出資し，政府が関連条件を提供する．道路，橋梁，トンネル，発電用石炭などのインフラ整備分野によく使われる．

④ 社会的な資金

　社会的な資金には，住民個人の資金，各種の公益基金，プライベートファンド，ひいては遊休資金なども含まれる．現在では，様々な社会的資金を導入し，プロジェクトの開発と運営に参入させることが，全国の開発区の一般的な傾向となった．たとえば，2003年に，北京市経済開発区はいち早く社会的資金を

訳注24）　原文は「特許経営」．一般にこの言葉はフランチャイズを意味するが，公共事業に関してはコンセッションの意味でも使われる．たとえば最近の法令として2015年に施行された「基礎設施和公用事業特許経営管理辦法」がある．なお，原文の内容はフランチャイズの説明になっていたので，変更した．

導入し[35]，2006年には連雲港経済技術開発区[訳注25]のインフラ整備にも社会的資金を導入した．2011年，武漢開発区は「資本特区」の創出に取り組んだが，社会的資金を導入し重視する度合いが高い[36]．

(3) 資源を活用する段階

開発区運営の第3段階は持続的な運営，つまり資源を活用する段階である．これは開発区が正常な稼働を維持し，主要な機能を発揮し，経済的・社会的な効果を生み出す段階であり，開発区の日常的な状態でもある．そのうち，政策の優位性，土地の優位性，労働力の吸収と予備労働力の存在，独占による利益が，開発区の持続的な運営と資源の活用の決定的な要因である．

① 土地の集積

一定の規模を持つ比較的安価な土地は，開発区の持続的運営を保障する重要な要素である．開発区の初期段階では，不安定な経済環境，不明確な将来予想，不確定な政策などが原因となって，非常に魅力的な要素がない限り参入を試みる企業は少ない．このため，比較的安価な土地があれば，企業を引きつける魅力的な要素となる．まとまった土地を安価に提供できるのは，開発区用地がもともと収益の少ない土地だったからで，理屈の上では地価を低く抑えることができる．土地を集積して地価を安く抑えることは，多くの学者に非難されるだろうが，開発区の競争優位と持続的発展を維持する上で重要な役割を果たしていることは否定できない．

② 労働力の吸収と蓄積

前項では土地の優位性について述べたが，労働力の優位性も，開発区の競争優位と持続的発展を維持するもう1つの重要な要素である．労働力の吸収と蓄積は，開発区が周辺住民（その多くは農民）に対する労働力需要を生み，給与面の魅力を持つことを意味する．一般に，開発区や都市部の賃金は農業所得を

訳注25〕 江蘇省連雲港市にあり，1984年に国務院の承認を受けた最初の国家級開発区の1つである．全国的な交通体系の要ともなる重要な貿易港を持つ．

上回るため，農村の余剰労働力は絶えず工場労働に流れ込む．この段階では，農村の予備労働力があまりにも巨大であるため，賃金は農業所得をやや上回る程度にとどまる．やがて予備労働力が減少するにしたがって，農業の重要性が際立って農産物価格も上昇し，都市の労働力需給は均衡する．さらに開発区や都市部の限界収入が農業所得を下回るようになると，今度は「民工荒（農民出稼ぎ労働者不足）」が起きる[訳注26]．

③　コスト面の優位性

労働力コストも，開発区の重要な優位性である．都市における就業と農村における就農とを問わず，農民または出稼ぎ労働者の限界収入は逓減する．都市における限界収入が農業の限界収入を上回れば，農民は都市や開発区へ出稼ぎに行く．多くの農民が都市へ流れ込むにつれ，農産物の供給が減少し，肉，家禽類，卵，牛乳など農産物の価格が上昇し，農業生産の限界収入は都市部での賃金所得を上回るようになる．この転換点を越えると，出稼ぎ労働者不足が起きる．この転換点までが開発区にとっての最適領域であり，この領域では開発区が賃金やコストの優位性を持ち，それに支えられて持続的に発展していく．そのほか，開発区のコスト面での優位性には，政策，銀行融資，立地，広報の優位などが含まれており，企業の取引コストを引き下げることができる．

④　地域的独占

開発区は，地元政府にとって大きな税源，財政の主たる担い手，産業集積地，人材の供給源，政府の看板である．このため，表面化するか否かにかかわらず，良質な資源と独占による優位性を享受している．つまり開発区には，その地方の資金，物資，人材等の資源が集まり，地方政府が重点的に開発・保護すべき対象になっている．一般に，1つの地域には1つの開発区しか設立されないため，周辺の資源はすべて開発区の発展のために使われ，客観的には開発区による地域的独占が生じる．具体的には，行政，政策，産業，市場を独占する．行政の独占とは，地方政府が，法規の範囲内で開発区に対して大きな支援を与え

訳注26〕　以上の説明は，次項を含めて，ルイスの転換点のことである．

ることである．政策の独占とは，政策を通じて開発区に融資，投資，インフラ整備などの面で優位性がもたらされることである．産業の独占と市場の独占とは，戦略的新興産業がすべて開発区に置かれるため，この分野で実質的な独占が生じることである．

(4) 成果を還元する段階

開発区が成果を還元する段階で最も重要な問題は，利益の分配である．この段階は極めて重要で，前の3段階に大きな影響を及ぼす．もし開発区の利益分配に問題が生じ，分配が不平等になれば，良好な運営と持続可能な発展を妨げてしまう．事実をみれば明らかなように，開発区における利益分配は，地方政府，企業，住民，コミュニティの利益をすべて配慮しなければならない．いったん不平等が生じれば，それが弱点となって，大きな経済的制約と社会的制約が生み出されてしまう．利益分配の段階では，具体的に以下の4つの面をしっかりと処理しなければならない．

① 地方政府と管理委員会

開発区の運営が良好で経済的に成功すれば，地方政府と開発区管理委員会にとって極めて有利な状況が生み出される．その成功がもたらす財政・租税収入，政策ボーナス，デモンストレーション効果，政治的展望，都市イメージの向上などの効果は非常に大きい．政府は開発区の運営を通して，地域の経済力というハードパワーと，投資環境の魅力というソフトパワーの両方を向上させる．管理委員会は，管理収入とサービス収入の両方を増加させ，都市建設と市政への投資を有利に進めることができる．政府と管理委員会は，ともに開発区の発展過程であらわれる問題に対して完全な監視と管理を行い，持続的に発展させながら絶えず問題を解決していかなければならない．

② 企業とディベロッパー

継続的に活動するディベロッパーは，商工業の繁栄に伴って，必然的に豊かで持続的な利潤を得ることができる．ディベロッパーは不動産取引とインフラ整備に従事し，コストを回収して利益を得ることができる．企業は開発区の主

要な参加者であり，持続的な利潤と良質な公共サービスを獲得し，政府による重点的な開放地域として良質な商業環境，優遇政策，優れたインフラ，無料のブランド広告と広報効果を享受することができる．良好に運営された開発区は，域内の企業に外部経済効果を提供しなければならない．

③ 農民と住民

開発区は，域内と周辺の農民に対しても，強い外部経済効果を及ぼす．第1に，開発区は地元住民に雇用機会を直接提供して賃金を支払う．第2に，開発区内の企業は，農民に対して長期的または短期的な保障と福祉を提供する．第3に，開発区の繁栄と成長は周辺の住民に雇用機会を直接提供するだけでなく，サービス産業の連鎖の形成も促す．運輸，ホテル，アパート，観光，飲食，アパレルなど，各種の産業が開発区の周辺で発展を遂げてきた．第4に，開発区の存在は，柔軟な思考と一定の知識を持つ農民の思考を革新し，彼らが自営業や付帯事業で創業することを促す．第5に，開発区は農民が都市住民となるための直接の訓練の場である．総じて，開発区は農民に対して現金収入，資産収入，社会関係，生活様式，思想素質などの面で進歩を促進したのである．

④ コミュニティと社会

運営が順調な開発区は，ひたすら資源を収奪するのではなく，地元のコミュニティに利益を還元しなければならない．開発区は，その所在地のコミュニティと良好な相互作用の関係を築くべきである．これまで，開発区は経済成長に力を入れてきたが，周辺のコミュニティや，ひいては社会全体との関係をあまり重視してこなかった．これは企業の社会的責任（CSR）に関わる．企業は納税で社会へ貢献したので，それ以上地元に貢献する必要がないと思いがちだが，これは大きな誤りである．開発区自体の発展を求めると同時に，周辺地域の繁栄も促進しなければならない．インフラ整備でコミュニティへの投資を増やすべきで，たとえば，道路，公園，学校，運動施設などへの投資に取り組まなければならない．産業としては，周辺地域で開発区の企業に関連サービスを提供するサービス業，たとえばホテル，アパート，飲食店などの発展を促し，地域全体に成長をもたらさなければならない．同時に，コミュニティの文化的な雰

囲気づくりに力を入れ，安全と融和を築かなければならない．

　成果を還元する段階では，開発区の利益分配のあり方が重要であり，その核心は開発区が外部経済効果を発揮して，地元のコミュニティや住民とともに発展することである．成果の還元段階は決定的な意義をもつ段階であり，処理を誤れば開発区の持続可能な発展に障害をもたらす．開発区は地方政府から歓迎されるだけでなく，地元住民とコミュニティからも歓迎されなければならない．経済的に貢献するだけでなく，社会的にも貢献しなければならないのである．

6　開発区モデルの経済的制約と社会的制約

　開発区設立の起源は外国にあるが，完成された開発区モデルは中国特有のものである．なぜなら，中国の開発区は経済的機能のほかに，それ自体が都市化の重要なモデルとなっているからである．開発区モデルを推進する論理は①起動，②資源の組織，③持続的運営，④成果の還元という4つの段階を含む閉じられた回路を形成している．繁栄と持続的発展を続ける開発区モデルは，必ずこの4つの段階を統合して推進するというのが暗黙の前提である．しかし実際の運営では，経済成長を重視して社会還元を怠ったり，効率を重視して社会的公正を軽視したりするなど，しばしばこの論理に従えない場合がある．開発区を推進する論理のこのような歪みは，必ず経済的制約と社会的制約という2つの面で問題を引き起こす．経済的制約と社会的制約は中国の開発区モデルが直面する難問であり，その根本的な原因は進行中の4段階の推進論理，とくに成果の還元段階であらわれる．経済的制約と社会的制約は各開発区の持続的発展を大きく妨げるので，以下，それに焦点を当てて論及していきたい．

(1)　経済的制約
①　単一の経済成長モデルになっている

　開発区を設立する本来の目的は，先進的な生産要素を集め，新たな経済成長の拠点と産業新戦略[37]を育成することである．そのために，各開発区はそれぞれの目標と成長モデルを持っている．通常，開発区はその主要な資源をOEM生産，貿易，新素材，新エネルギーなどの分野に配置するが，これらは

総じて第二次産業であり，とくにハイテク，機器製造などの分野である．したがって開発区の経済成長モデルは単一であり，サポーティング・インダストリーの成長も十分ではなく，リスク回避能力も低い．このため，開発区の第三次産業，たとえば観光，商業貿易，金融，ホテル，飲食，文化などの関連産業に力を入れ，開発区の産業多角化を図ることが差し迫った課題となっている．

② 国際的リスクの回避能力が弱い

冒頭に述べたように，中国で開発区を設立する2つの要因は，海外から先進的技術と資金を導入することである．前者は間違っていないが，後者はその長所と短所をみなければならない．経済成長期には，外資が中国国内の投資と消費を通じてGDPの成長に大きく貢献したが，同時に開発区の対外依存度はますます高くなっていった．2つの開発区が同じ海外資金を奪い合って，条件の競争をするような事態があらわれたほどである．海外資金への過度の崇拝と依存は，開発区の資金連鎖の安全と安定に影響を及ぼす．万一，国際的な金融危機が起きれば，開発区に影響と衝撃を与えるだろう．

③ 現代の「囲い込み運動」が土地資源の浪費と将来の発展への制約をもたらす

1980年代半ば以降，各級の地方政府は政治的評価を得るために，開発区による経済成長とGDPを追求し，各地で開発区の設立ブームの盛り上がりが続いた．開発区は，利益集団や個人が土地を囲い込む時の重要な手段となった．2003年には各種の開発区が全国で6015あり，計画面積は3.6万平方キロメートルに達し，全国の都市建設用地の総量を超えた．そのうち，中央政府の承認を得たのはわずか6％で，市級以下の開発区が67.4％を占める．統計によれば，全国の開発区用地の43％が遊休地となった[38]．2003年に，国務院による立件調査を受けた事例は12.7万件，結審したものが12.4万件で，罰金・没収金が12.2億元，回収された土地面積が5878.4ヘクタール[39]にのぼった．2011年になって，このような問題がまた台頭し始めた[40]．土地問題は，将来発展すべき空間を制約している．

④ 開発区モデルの同質化による競争によって困難な状況が生まれる

開発区どうしの競争は，一定の程度と範囲なら積極的な役割を果たし，資源の配置と利用効率を高め，価値の最大化を実現できる．しかし，中国の開発区の競争はしばしば必要な限度を超えて困難な状況を生み[41]，競争すればするほど発展が不可能になる．このような競争は底なしで同じ土俵すら持たず，その結果，参加者全員が傷つくのは当然である．現在，このような惨めな競争の実例が少なくない．各開発区は外資導入のために互いに条件を競い合い，国家の土地や税収などの政策を曲げて地価や税金をますます低下させて，はなはだしい場合には「十免十減半」[訳注27]という政策まで打ち出されたほどである[42]．

⑤ 開発区の資源配置における「空間の倒錯現象」

一定の資源を効果的に配置できれば，より多くの利益を出せる．しかし，実際に開発区に資源を配置する過程では，計画や政策などが原因となって，多くの資源が効果的に配置されていない．これは「空間の倒錯現象」[43]である．たとえば，南京国家級開発区では，資源配置の分断が常態となっている．第1に，開発区のさまざまな機能の配置に分断が生じている．就業，居住，公共サービスという3者の機能にズレが生じてしまい，開発区で就業している人は開発区の中で買物，通院，通学をしない．第2は開発区と大学の機能のミスマッチである．新しい学園都市と開発区の発展には明らかな分断がみられ，互いに閉鎖的になっている．開発区の計画は必ず地域全体の計画を踏まえ，より大きな背景と環境のもとで考えなければならない．

(2) 社会的制約

開発区の経済的制約は顕在化した問題であり，データ分析と実地調査によって客観的に描き出して研究することができる．これに対して，開発区の社会的制約は潜在的なものであり，より深く掘り下げて研究する必要がある．この意味で，開発区の社会的制約は，より深刻で根本的な問題である．経済的制約さ

訳注27〕 外資企業の税金を最初の10年は免税にし，次の10年は半減するという優遇策である．

え克服すれば，開発区は順調に発展できると甘く考えてはいけない．より深刻で根本的な社会的矛盾と制約を解決できなければ，開発区は持続的に発展できない．具体的に，中国の開発区モデルには，以下の社会的制約がある．

① 都市化過程の飛躍性と不安定性

都市化推進モデルの1つとして，中国ではある地域を開発区に指定すると，その地域の住民は戸籍上の都市人口に転換される．このような都市化の過程は飛躍的であるとともに[44]，不安定でもある．1994年，楓橋鎮が蘇州高新区に合併され，蘇州高新区の面積は16平方キロメートルから52平方キロメートルとなり，人口も2.14万から7.39万へと急増した[45]．都市化過程の飛躍と不安定性は，一連の深刻な社会的影響をもたらした．まず，社会的資産が変化し，市民の養老医療保障の水準が引き上げられ，一部の人々は立退きの補償金をもらった．次に，社会関係が変化し，周辺地域の住民はもともとすべて農民だったのに，現在は都市人口と農村人口の区別が生じている．最後に，社会的心理の変化であり，一部の人々には一種の不公平感が漂っている．

② 都市化過程の強制性，人為性，主観性，外部駆動性

開発区で推進される都市化は強制的なもので，開発区設立の背後では数多くの立退きをめぐる問題が爆発しており，「立退きをめぐる問題は中国社会の最も主要な矛盾となった」[46]と強調する論者があるほどである．この表現には検討の余地があるとはいえ，立退きをめぐる問題の深刻さをあらわしている．中国の都市化は，わずか20年で，欧米諸国の産業革命以来の都市化の全過程を一気に進めてしまった．つまり，欧米諸国の都市化が自然な発展過程だとすれば，中国の都市化は明らかに人為的な計画性を持っており，外部の力で動かされる中国特有の都市化であることは疑いがない．外部の力として最も主要なものは，中央と地方の各級政府による意志決定，計画，執行である．このような主観性，外部駆動性，強制性は，中国の都市化の急速な進展を促すとともに，立退きをめぐる矛盾，政府と民間，警察と民間，住民と企業の間の衝突や矛盾，さらに住民相互の紛争など，多くの社会問題を集中的に勃発させることになった．

③ コミュニティの持つ社会関係,生活様式,相互扶助の破壊

中国の農村コミュニティは「熟人社会(顔見知りばかりの社会)」[訳注28]である.人と人の付き合いは,見知らぬ都市における1回限りの交渉ではなく,何度も積み重ねて作られたもので,互いに明白または暗黙のルールに基づく長期的な交友のなかで,社会関係や情感が深められる.コミュニティの中で,彼らは長年の交友によって親戚のように親しくなり,気に入らないことがあっても家族同士のような解決法や慰めを得られ,また日常の細々したことも隣近所の人々から助けてもらえる.これは極めて強力な相互扶助システムであり,「金では買えない」もの,つまり経済価値で測れないものである.

従来のコミュニティが開発区に変わると,それまでの住民同士の関係は分裂し,一部の人は立退きとなり,一部の人は高層住宅に引っ越し,一部の人は金銭に汲々とするようになり,それまでのような交流を維持することが非常に困難で高くつくものになってしまう.こうして,従来の社会関係と相互扶助は崩壊していく.人々の生活は,他人行儀で,合理的で,緊張して,忙しく,不安なものになってしまう.このような巨大な社会的コストや心理的コストは,いうまでもなく開発区による都市化推進が招いた損失であり,しかも,その苦痛は当事者にしかわからないので損失の測りようがなく,補償する方法もない.

④ 公共政策の策定における社会組織と社会勢力による参加の欠如

現在の状況をみると,中国の社会組織はまだ低水準で発達が不十分であり,社会勢力の参加を可能にする仕組みや方法を持たないが[47],これは開発区の管理と運営体制にも影響している.中国の開発区は一般に行政主導のガバナンスシステムを持ち,政府管理の色彩が非常に強く,開発区の管理機関は「開発区管理委員会」であって,社会組織の力量や参加は非常に少ない.現行の中国の開発区の意思決定メカニズムをみると,中国共産党開発区工作委員会(中共開発区工委)が,開発区管理委員会の領導機関あるいは業務指導機関である.中

訳注28]「熟人社会」という概念は,費孝通が1947年に『乡土中国』において中国の農村社会を定義して用いたもので,「郷土社会は地方性の制限の下で,ここで生まれ死ぬという社会になっていた.…これは1つの熟人社会であり,見知らぬ人がいない社会である」と述べられている.

共開発区工委は管理委員会を通じて開発区の具体的事務を決定遂行し，開発区の党務，人事，プロパガンダについては工委が直接遂行する．ここに，大きな問題が存在する．つまり，意思決定メカニズムに公民の参加もなければ，社会組織や社会勢力の参加もない．開発区が具体的な政策を決定するときに，公聴会や大衆評議の方法が採用されることはほとんどない[48]．このような政策決定のメカニズムは，一般の人々への配慮が少ないため，一部の意思決定に科学性や大衆的な理解・支援を欠き，開発区の持続可能な成長環境と発展基盤に必然的に悪影響を及ぼすだろう．

⑤ 公共財供給の独占と公共サービス供給の不足

単一の公共政策決定メカニズムは，必然的に公共財供給の独占をもたらす．公共サービスの理想的な供給のあり方は，多元的な主体が平等に参加し，限られた公共資源の合理的な配置を，競争によって実現することである．現在の供給メカニズムは，地方政府と管理委員会の主導の下で，財政収入や租税収入から特定の資金を拠出し，公共財を購入して供給することになっている．単一の公共財供給モデルは，政府の官僚主義，腐敗，非効率をもたらす可能性が極めて大きい．なぜなら，独占的供給を監督するメカニズムが脆弱なため，巨大な既得権益が存在しているからである．

公共財について，外国ではすでに非常に成熟した運営メカニズムがある．すなわち，政府が資金を出してサービスを購入することによって，コスト・ベネフィットに敏感な民間企業のしくみを生かしている．競争を通じて公共サービスの供給権を手に入れた企業は，最小のコストで最大の満足を得られるサービスを提供している．つまり，「公共サービスの市場化」である．

供給の独占は供給不足を招くため，開発区で一般的に存在する問題は，公共サービスが薄弱なことである．開発区は経済的利益を第一に考え，雇用する従業員の大半が若者だが，本来彼らが享受すべき公共サービスは社会全体に押しつけられている．しかし，都市コミュニティも同じように若年労働者に対してやや排他的なため，最終的に彼らの享受すべき公共サービスは出身地の農村コミュニティの負担になっている．

⑥　開発区の業績評価システムの重大な欠陥

　長期にわたる改革開放政策の下で，地方政府の政治的実績はすべて GDP 中心に測られていた．21 世紀に入って，ようやく「グリーン GDP」などの概念が提起された．現在でも，開発区管理委員会の業績評価システムは依然として「GDP 至上主義」であり，経済成長の指標を過度に重視し，社会の発展指標と民生の指標を長いあいだ無視してきたことは否定できない[49]．筆者は，社会に対しても，開発区の建設に対しても，「総合的な GDP」という概念を提唱するべきだと考えている．「総合的な GDP」とは，GDP から経済的制約，社会的制約，環境コストを差し引いたものである．経済的制約とは経済過程における損失のことであり，社会的制約とは社会発展のために投入しなければならない資金つまり社会的コストのことであり，環境コストとは環境汚染でもたらされた補償金額のことである．「総合的な GDP」を開発区の業績評価システムの核心指標にするべきである．

⑦　資源配置の不均等による深刻な社会的不公平の問題

　開発区を推進する論理のうち，成果の還元つまり利益配分の段階で，利益調整と資源配置をうまく進めなければ，経済的制約と社会的制約を引き起こす．社会的制約は，社会的不公平の問題としてあらわれる．現在の開発区モデルには，利益配分と資源配置の面で「両重両軽」の問題が存在している．「両重（2つの重視）」とは，政府と管理委員会，企業とディベロッパーを重視することで，財政収入，租税収入，利潤という形で実現される．「両軽（2つの軽視）」とは，農民と都市住民，コミュニティと社会を軽視することで，開発区は大きな経済的利益を得ているのに，農民，コミュニティ，社会への還元がないことである．こうして，深刻な社会的不公平がもたらされ，開発区の持続的な繁栄や成長と，周辺コミュニティの資源純流出とのあいだに大きな格差が生じる．このことが，農民と都市住民に強い社会的不公平感を生み，利益抗争をめぐる大衆抗議運動や個人自傷事件が頻発して止まなくなる[50]．これらの抗争は賃金，労働権益の保障，土地収用，立退きなどをめぐってあらわれ，必然的に開発区の成長に社会的制約をもたらす．

⑧ 理性の困惑：人類は万能か，人間性は弱小か

　ウェーバーやジンメルなどの社会学者は，近代化とは合理化の過程であり，合理化によって効率と産出が増進された代わりに，個人の自由と闘争の可能性や手段が犠牲になり，他に譲渡されたと主張する．個人は，ますます理性という巨大な機械の規格化された部品と化し，摩耗すれば同規格の別な部品に取って代わられるため，個人は理性の前できわめて弱小になってしまう．これに関して，理性の困惑をめぐる論争がある．つまり，近代化は人間を万能にしたのか，それとも人間性をいっそう弱小にしたのかという論争である．

　開発区も理性が作り出したものとして，おなじく理性の困惑にさらされている．前者の賛同者は，近代化が人間の衣食住を大きく変え，とりわけ近代的な交通，通信，インターネットなどの手段によって「存在」と「不在」の間を往来し，もはや不可能なことはなく，近代化は人類を万能にしたと主張する．しかし，人間が万能になったようにみえる一方で，我々はなお人間性の弱さを感じることができる．我々は，集団的に造られた人工物に絶えず束縛され，本来の自然から徐々に離れていく．我々は作られた理性，礼儀，文化，制度，規則，都市，インターネットに囲まれており，それらを参照しながら使用しているうちに，すでにそれらのものが映し出す影となってしまったのである．

　総じていえば，開発区モデルは中国の改革開放の先駆けであり，中国経済の有力な成長の要となり，中国経済の離陸の重要なカギとなり，中国モデルを発揚する重要な制度的革新である．開発区はその成立以来，大きな経済的創造力を示し，GDPへの貢献が大きく，中国の都市化を非常に大きく推進してきた．開発区は経済，社会，政治に関して大きな戦略的機能をもち，その歴史的成果と現在の活力に匹敵する制度はない．弁証法的にみると，開発区は経済面で輝かしい成果を遂げたが，同時に経済的制約と社会的制約も持っており，それが開発区の今後の発展を妨げる．社会の管理者は開発区の経済的・社会的機能を発揮させるとともに，経済的制約と社会的制約の解決を重視し，開発区モデルの持続的で科学的な発展を促進していかなければならない．

第5章
新都市建設モデル

　新都市建設モデルは，政府のマクロ目標による誘導と，都市計画によるコントロールの下で，トップダウンによって意識的に都市化を推進するモデルである．1990年代以降，中国は大都市の成長に伴う人口，環境などの圧力に直面したため，都市計画においても新都市建設という考え方が重視されるようになった．最初は広州，上海，北京などで，新都市建設の計画が相次いで審査され認可された．その後，全国の多くの大都市でも，次々と新都市の建設が始まった．

　中国の新都市建設の経緯には，主に2つのモデルがみられる．1つは市場主導型で，民間ディベロッパーが開発を主導し，政府が補助的な役割を果たす．このタイプの新都市は住宅地になり，もっぱら大都市の人口圧力を解決するだけで，公共施設や公共サービスの不足が多くの問題を生み，都市のレベルアップや都市機能の拡張を実現できていない．もう1つは政府主導型で，政府資金を投入し，民間企業が新都市の建設に参加する．この形式は有力な産業基盤を欠き，不動産の過剰開発や土地資源の浪費を生み，さらに環境破壊まで招いている．

　それでは，都市間の分業に適応し，大都市としての機能や資源の集中と公平な配置にも合致する新都市を，どのように建設すればいいのだろうか．本章では，新都市計画という視点から具体的な事例を取り上げ，新都市の建設を順調に進めるためには，どのような条件を備えればいいのかを分析していきたい．

1　新都市の建設と都市化

新都市の建設は，政府主導の下で，人口，土地，産業，交通，その他社会インフラの更新計画を策定し，人口と資源の集中を推進することによって，都市化を実現する過程である．新都市は一般に既存の大都市の勢力圏に位置し，ある種の資源優位を備えて都市発展体系の重要な一環となり，集積の経済効果を推進しながら地域の都市体系の中で一定の機能を分担する．このような計画主導による新都市建設は，都市化推進の有効なモデルになりうるのだろうか．そして，どのような社会的影響と結果をもたらすのだろうか．さらに，どのような条件があれば，新都市建設という方法で都市化を推進できるのだろうか．このような問題に対しては，都市の基本的要素の検討から出発することによって，比較と分析を行うことができる．

都市には，生態的要素，経済的要素，社会的要素という3つの基本的要素が含まれる．

(1)　生態的要素

生態的要素とは人口の規模，密度などである[1]．人口の集中と分散は一定の経済的条件と社会的条件に基づく．L. ワース[訳注1]は都市人口の規模，密度，異質性によって都市の生活様式が決まると主張した[2]．それでは，人口はどのように都市へ集中するのか．R. マッケンジー[訳注2]はアメリカの人口移動の動向を分析し，経済，交通が人口移動の主な誘因だと主張した[3]．経済的要素は人口移動の原動力であり，交通事情が移動の可能性をもたらす．二重経済モデル[訳注3]の論者も，都市の工業部門の拡張で農業労働力が吸収され，たとえ都

[訳注1]　L. ワース（Louis Wirth）はシカゴ学派の都市社会学者で，アーバニズムの概念を提唱し，大規模・高密度の都市ではコミュニティが衰退し，人々が疎外感や不安感を抱くので，都市計画によって都市規模などをコントロールすべきだと主張した．第2章39ページも参照されたい．

[訳注2]　R. マッケンジー（Roderick McKenzie）はシカゴ学派の都市社会学者で，人間生態学に基づく都市社会学を体系化した．

[訳注3]　ルイス・モデルのことだが，第4章102ページを参照されたい．

市の失業率が相対的に高くても,都市における所得への期待によって農村から都市への人口移動が続くと主張する[4].人口の都市への集中については,経済的要素のほか,都市の生活様式,都市文化の魅力,多くの個人的要素なども考慮すべきである.

① 人口移動の条件と特徴

人口移動に影響する経済的変数には,相対的収入,労働市場における就業条件,その他のプッシュ・プル要因が含まれる[5].自発的な人口移動では,移動後の収入は相対的に高くなり,移動者数は収入の差に非常に敏感に反応する.それは転入地と転出地の収入の差だけでなく,移動する場合としない場合の収入の差でもあり,なかでも転入地の収入が移動者数にもっと大きな影響を与える[6].就業条件とは,就職率や失業率,賃金や期待賃金など,労働市場の状況のことである.その他の要素は,主に転出地の土地所有と人的資本の状況である.

先進国でも発展途上国でも,すでに形成された都市間の階層秩序の中でステップ・マイグレーションがみられ,人口は農村から小都市へ,小都市から大都市へと段階的に移動する[7].また,都市の成長は農村から都市への人口移動がすべてではなく,都市人口の増大につれて,人口の自然増が次第に大きくなる[8].

② 新都市への人口移動の条件と特徴

新都市建設による人口集中の過程は,どの国でも同じプッシュ・プル要因の影響を受けているのだろうか.中国の新都市建設は,もともと農業人口が居住していた地区を,計画に基づいて都市の行政区画に組み入れ,行政的な手段で人口を集中させるものである.経済,交通や,その他の個人的な要素は,人口移動の主要因ではない.したがって,人口の行政的集中化の過程で,移動人口の示す態度,意識,行為の差異を考える必要がある.地域内の人口移動が完了したあと,新都市計画の実施が移動人口の内部と外部に及ぼす影響については,その他の要因も分析する必要がある.

新都市建設は土地の集中を伴い,一般に農民の所有する農地と宅地を収用し

て，これを新都市のプロジェクトに使う．土地収用に対する補償は，相対的な収入の変化をもたらす．その過程で収入がどのように分配されるか，そして分配の結果がどうなるのかということが，人口集中の実現可能性やその方法を解明する重要な要素である．

都市の生態的要素には，空間的位置も重要な要素として含まれる．新都市が大都市の勢力圏に含まれるか否か，あるいはどんな変更によって新都市の立地の優位性を作り出すことができるかという問題は，その空間的位置を考察する重要なポイントである．都市間の階層秩序における新都市の位置づけを確立できれば，都市間の資源と情報の流れに適応した経済計画と産業計画を策定できる．特定の経済計画と産業計画は居住者に対しても一定の条件を求めるため，新都市にどのような人々が集中・分散するかということが，計画の求める条件を満たせるかどうかに直接的に関わってくる．

新都市建設は，計画に基づいて短期間に人口を集中させるので，都市の特定の地域に同じような社会経済的条件を持つ人々を集めてしまう．彼らは職業，技術，趣味などの面で差異がみられず，異質性という都市人口の特徴を満たすことができない．人々の異質性は都市的な生活様式を形成する重要な要素である．社会経済的条件の似ている人々の間に異質で小さな生活圏を作るのは困難で，都市文化の多様性が形成されにくく，外来文化の受容にも悪影響が出る．

理想的なモデルでは，都市経済の発展に伴って資源と要素が一定の集中度に達したあと，都市機能自体が分化して資源が絶えず外部へと移転し，都市自身の勢力圏も絶えず拡大し，成長して都市圏を形成することすら起こる．この過程で，政府と市場はともに大きな役割を果たす．行政の力によれば，資源を短期間で急速に集中させ，経済の急速な発展を促進することができる．しかし，この発展過程は経済自体の活力に支えられる必要があり，市場の参加主体である企業が利潤を獲得し，個人の所得が伸び，社会全体の福祉水準も向上しなければならない．しかし，実際には完全に理想的な状態になるとは限らない．中国で都市を設置するときには，人口規模を基準として市・県・郷鎮というランクが設けられる．この基準によって定められた市と鎮のランクの違いは，資源配分や行政機構の上下関係に影響するため，地方政府に対して，郷鎮ではなく市や県を設置させるというインセンティブを生じる．とくに土地の所有関係は，

そこから生まれる大きな利益やその再分配に関わるため，実体のない都市化や農地の喪失などの現象がもたらされた．

(2) 経済的要素

経済的要素は，主として都市経済の類型と活動を指す[9]．

都市化の水準と経済発展の水準には，密接な関係がある．一つの国や地域がある発展段階にあるとき，潜在的な資源と人口が，多様化したさまざまな規模の都市を支えている．ある都市で生産された主な商品やサービスの組合せと，それらが構成する主要な経済活動が，都市化の水準に影響を及ぼす．したがって，それぞれの国や地域が異なる発展段階にある中で，ある種の都市はもっと速く発展できるかもしれない[10]．もちろん，都市化と人口集中と経済活動の関係も，非常に複雑に絡んでいる．

① 都市化の過程と経済活動

工業化の初期段階では，天然資源の生産は分散する必要があるが，その他の生産活動は一般に大都市に立地する．大都市だけが，さまざまな技術水準の熟練労働力，一定規模の市場，新しい技術へのアプローチを可能にして，経済の多様化と集積を形成することができる[11]．また，初期の公共政策の対象も中心都市に偏り，多くの資源が国の工業化や近代化の実現のために投入される．発展途上国にとって，これは発展の初期段階における重要な戦略的選択となり，現在でもいくつかのメガシティが建設されている．資源はますます少数の大都市に集中し，大都市の人口は膨張してさまざまな社会問題が発生している．

やがて都市化が次第に資源面の制約を受けなくなると，複数の要因によって，中等都市[訳注4]や二級都市[訳注5]が発展を開始する．中心都市をサービス業で支える他の都市が発展しはじめ，都市における生産活動は模倣しやすいため外部

訳注4] 原文は「中等城市」．国務院が2014年に示した基準では，人口50万人以上100万人以下の都市を，中等城市としている．第2章訳注5も参照されたい．

訳注5] 原文は「二級城市」，「二线城市」ともいう．北京・上海・広州・深圳のような全国レベルの一級都市に次ぐ，沿岸部の大都市や各省の中心都市を指すが，厳密な定義はないようである．

へと拡散していく．都市における集積の経済効果にも変化があらわれ，都市規模との相関より特定の地域経済との相関が強まる[12]．これが，現在の都市経済の発展にしばしばみられる，企業や商業の集積現象である．

都市における集積の経済効果[訳注6]というのは，異業種の企業が1つの地域に集中することによって，外部経済効果が生まれることである．集積の経済効果によって大量の人口が吸引されて人口密度が高まり，人口の集中は集積の経済効果をさらに促進する．都市内部のさまざまな場所で集積の経済効果が高まるにつれて，各地区の機能は分化し，それに対応して職場と住居が分化するなど人口の分散が始まり，都市の拡張をさらに推進することになる．

中心都市の発展と人口密度の上昇につれて，地価や地代が高騰しはじめ，労働力供給の減少と社会政治要因の影響で賃金コストも上昇する．一部の企業は高い利益率を維持できずに都市周辺部や二級都市へと移転し，次第に中心都市が郊外へ拡張されたり，二級都市の発展が促されたりする．この過程で，労働者の教育水準と技能水準の変化も，人口の集中と分散に影響を及ぼす．

労働者が現代技術を使いこなすための能力や教育水準も，都市への集中に影響する．経済成長の初期段階では，教育の改善が進んだ中心都市に人口が集中する．やがて教育機会が持続的に拡大すると，都市の分散モデルの影響が目立つようになる[13]．こうした特徴を考えると，中国における都市への人口集中はまだ経済成長の初期段階にあることを示し，教育水準の問題が人口集中を促すことが多い．

都市化と都市への人口集中の関係は，かなり複雑である．これまでの研究によれば，豊かで人口の多い国では人口が均等に分布し，経済活動が少数のメガシティに集中する可能性は小さい[14]．発展途上国の都市化は異なる特徴を示しているようであり，経済活動は一部のメガシティに集中し，今後も集中を続ける国があるだろう．中国もこれに似た特徴を示していたが，最近は新しい趨勢もみせている．

訳注6〕 Economies of agglomeration のことで，集積の経済とも呼ばれ，都市経済学では都市の成立要因の1つとして指摘される．異業種の企業が集積することによって，取引コストが節約できたり，技術交流が生まれたりするメリットがある．

広州は中国でも比較的早く都市化が進んだが，近年の産業高度化に伴い，労働集約型の製造業や加工業は広州から内陸都市へ移転しはじめた．これは，全国の流動人口の分布にもあらわれている．近年，一部の中心都市では，産業構造を調整して労働集約型，資源集約型企業の一部を周辺へ移転させている．都市化の過程からいえば，これは資源の拡散によって中心都市の影響力が絶えず外部へ広がり，都市圏が形成されたり市域が拡張されたりする過程である．この過程で，ある程度の人口は外部の中小都市へ移動する．しかし北京の場合は，多くの人々が，生活費を切り詰め生活の質を下げてでも大都市北京にとどまり，社会的上昇の機会やその可能性を期待している．特殊な資源や政策が保障されているため，北京は農村や他の都市からの外来人口にとって，魅力を持ち続けているのである．

② 新都市建設の経済的条件

計画の設計に従えば，新都市は，都市間の経済システムにおける特定の経済活動の機能を担当しなければならない．新都市本来の経済活動である財やサービスの生産が，都市間の階層システムに組み込まれるための基盤となる．たとえば，新都市が広域のサービス機能，農業生産，インフラ，農業政策の改善などを担当することによって，新都市内部の財やサービスに対する新たな需要が生まれ，その基礎の上にさらに財の生産やサービス供給の範囲が拡大されて多くの雇用が生まれる．総じていえば，新都市建設の重要な内容の1つは，産業の高度化，移転，代替を実現し，農業，工業，サービス業その他産業の形態転換を実現することである．産業の形態転換は，関連するインフラによる支援を必要とするばかりでなく，より重要なのは「集積の経済効果」の形成である．この過程は，産業計画だけで実現できるものではなく，市場メカニズムの中で実現しなければならず，またこれに応じた政策や公共投資の改善も必要とする．

(3) 社会的要素

社会的要素つまり都市の社会的特徴は，主に都市の生活環境と生活様式を指し，都市化の程度を評価するのによく用いられる指標である[15]．社会的特徴はかなり複雑であり，都市の流動人口（転入した人口）は従来の農村の生活様式

や価値観を保持している可能性が高く，一方で多くの農村ではすでに都市の社会的特徴を備えている可能性もある．

新都市建設は一般に都市の社会環境，たとえば，教育機関，医療機関，公園，映画館などを提供し，道路や施設面でもかなり大きな改善がみられる．しかし，問題の核心は都市の日常生活の実践である．中国の都市建設では，改善されたインフラを基礎としながら，雇用や社会保障など人口の集中後の重要な問題を解決しなければならない．当面の新都市計画では，土地を基礎とする空間的，物質的計画に社会的計画も加え，雇用，社会保障，経済発展などの社会的要素を統合すべきである．

2　新都市建設の事例——PG区の新都市建設プロジェクト

全国の新都市建設の事例は数多いうえ，その具体的な推進過程で政府，企業，公衆の果たす役割も大きく異なる．政府主導で企業が参加したり，企業主導で政府が協力したり，公衆が主要な推進力になったり，さらには政府・企業・公衆の三者が対等に参加する場合もある．どの組合せが，新都市建設をよりよく推進できるのだろうか．それに答えるには，都市自体の分析と，都市の置かれた環境の分析から出発しなければならない．PG区の新都市建設は計画段階から各参加者の力関係に配慮し，実施の過程である程度の大衆参加を実現した．このように多くの主体が参加した新都市建設計画の実際の動向を分析するのは，意義のあることだと思われる．

(1)　新都市建設の契機，参加主体，問題点

現在，中国の都市は一般に発展の圧力に直面している．一面では都市の公共施設と社会保障の問題を解決する必要があり，もう一面では周辺都市との競争の圧力にさらされている．都市の発展を通じて，公衆は個人と世帯の生活水準や生活の質が高まることを期待し，都市の管理者は自分のキャリア上昇への圧力を感じている．PG区は，以上のような諸問題を背景として，とくに周辺地域との競争で不利な立場に置かれているという状況の下で，特色のある新都市建設プロジェクトを推進することの重要性が増していたのである．

第 5 章　新都市建設モデル

① ある都市の理想主義的な発展目標

　PG 区[訳注7]は中心都市 B 市の北東に位置し，総面積 1075 平方キロメートルで，山地が 3 分の 2 を占める．総人口は 42 万人で，農業人口が 75％を占めており，比較的典型的な農村コミュニティである．中心都市の B 市が「撤県設区」[訳注8]を行ったとき，PG 区はさまざまな努力を経て 2002 年に県から区になり，行政級別が「地市級」[訳注9]に昇格して，指導幹部の地位もそれに応じて上昇した．しかし，PG 区の経済状況は 2010 年になっても大して変化がなかった．設立後の PG 区は，周辺の似たような「区」と比べて，都市化に対する圧力がより大きかった．また，各レベルの行政幹部や公衆からの圧力にも直面していた．

　PG 区の発展の状況は，農業がやや立ち遅れており，区の財政収入がやや低額で，地域のインフラ整備，社会保障，住民の所得水準にも悪影響を及ぼしていた．PG 区では，上から下まですべての人々が発展と建設を望んでいた．このような発展への期待は，実は中国各地で一般的なものである．

　2006 年，B 市は「郊外新都市マスタープラン（郊区新城総体規劃）」の作成を開始した．PG 区の計画担当の幹部は空間計画のまとめを何度も報告し，また計画の作成を専門機関に依頼したが，計画の構成，規模，構想の出所は地方政府のある官僚だった．この計画の構想は，ある外国での調査活動から始まった．外国の山地の小都市を見学したあと，担当の官僚は計画の編成にあたって，PG 区と中心都市を結ぶ高速道路の途中にある里山[訳注10]の郷鎮を選び，「首个浅山新城（最初の里山新都市）」の建設試行地区とすることを提案した．

　この構想は，都市間の階層システムにおける PG 区の位置づけや資源の優位性などに基づくものではなく，理想主義的な発展目標，すなわち「今まで B 市になかった現代的新郊外モデルを作成し，かつてない新しいタイプの都市景

訳注7〕　PG 区は，北京市平谷区の事例と思われる．その場合，B 市は北京市である．
訳注8〕　農村部の中心地である「県」を，大都市の行政区画である「区」に置き換える政策である．
訳注9〕　中国の地方公務員は，大まかに省級－副省・地市級－県級にランク付けされる．一般に北京市内の区書記・区長は地市級にあたる．
訳注10〕　原文は「浅山」．

観を生んで，地域内を通過する高速道路を通じてPG区の知名度を高め，この地域で率先して建設することを模索する」[16]，という発想から生まれたものである．この目標には多くの美しい願望を伴っているが，具体的に実現する過程では，やはり幾重にも重なった利益再分配の問題を引き起こした．

② 新都市の建設過程における地方政府・企業・個人

地方政府は，地方経済と社会環境の状況を改善しなければならないという圧力に直面しており，地方官僚も将来の昇進のために一定の業績をあげて高い評価を獲得する必要がある．地方政府は各種の優遇政策を実施し，様々なプロジェクトを推進し，とくに近年は「土地財政」[訳注11]によって地方経済の成長を促している．企業や投資の誘致であれ，さまざまなプロジェクトの展開であれ，その核心となる問題は土地である．現在の土地制度の下では，地方官僚が土地の所有権と使用目的を変更することができるが，もちろん，それは合法的な枠組みで実現しなければならない．

PG区政府の官僚が構想したのは，理想主義的な色彩を帯びた都市建設プロジェクトだった．このプロジェクトを推進するための主な仕事は，各級政府機関の合意を形成するとともに，上級政府の認可と批准を獲得し，土地備蓄基金（土地儲備基金）[訳注12]の支援を受けることだった．各級政府機関はそれぞれ所管業務と立場が異なるため，新都市プロジェクトへの認識のあいまいさと相まって，何度も公式，非公式の会談を重ねてようやく合意に達することができた．このプロジェクトを進めるために，PG区政府は専門の研究・計画機関にも研

訳注11〕 地方政府が土地の使用権を民間に譲渡して得た収入で，財政支出をまかなうことを指す．予算外収入なので，「第2の財政」とも呼ばれ，その獲得のために地方政府が土地収用や廉価買収を強行する誘因となる．

訳注12〕 土地備蓄（土地儲備）は英語のLand Bankingにあたり，類似のものは世界各国でみられ，将来の開発が見込まれる土地を大規模に買収して利用に備える手法である．中国では，地方政府が農村などの土地使用権を大規模に収用・集中し，その使用権を民間業者に払い下げる一次市場（土地一級市場）と，土地使用権を取得したディベロッパーがそこを開発して個人や企業に販売する二次市場（土地二級市場）を通じて行われる．「土地儲備基金（土地備蓄基金）」は，政府，銀行，企業の三者が共同で，必要な資金を調達・融資する仕組みである．

究報告を依頼したため，プロジェクト自体の技術面における合理性は確保することができた．

　PG区政府は，プロジェクトの対象となるそれぞれの鎮に，具体的な遂行を任せた．鎮政府は人員を組織し，「鎮マスタープラン（鎮域総体規劃）」と「土地区画規制詳細計画（地塊控制性詳細規劃）」を作成し，都市建設用地の目安をプロジェクト区域内の村のレベルまで具体的に配分したうえで，村の土地及び土地関連利益の調整に直接関与した．鎮政府が鎮人民代表大会でPG区政府の新都市プロジェクトに関する決定を紹介すると，広範な議論が巻き起こった．その後，鎮政府はさまざまな方法で新都市建設の「精神」を伝え，同時に地域で影響力のある人物，たとえば，退職した幹部，地元で成功した企業経営者，その他の影響力のある人物などと積極的に意見交換し，住民のプロジェクトへの理解を得ようとした．

　鎮政府は土地収用，立ち退き，補償，管理などの具体的な事柄に責任を負わなければならない．このため，計画案の選択にあたって，計画案自体の合理性よりも，多くの案の中でどれが地域の理解を得やすいか，どれが効率的に実施できるかを選択の基準とした．たとえ立地上の優位があっても，住民を組織する力が弱かったり，意見対立が多かったりする村は，最終案からはずされた．

　新都市建設の実現のためには，各級政府間の協調が必要なだけでなく，さらに一定の形式で地域の承認も得る必要がある．地方政府が新都市建設を推進するという目標は，素晴らしいもので理想にあふれているが，よい願望が所期の成果をもたらすかどうかは，具体的なやり方次第である．

　一方，企業の目標は利潤の追求である．企業の利潤追求という目標と，住民個人の利益のための目標は異なる．政府主導による都市の建設と発展における，政府と企業の関係は非常に微妙で複雑である．企業はある活動を通じて，たとえばロビイングを通じて地方政府に影響を与えて利益を追求しようとする．地方政府は，優遇政策で企業の投資を誘致しようとする．政府，企業，一部の個人が「成長連合」まで形成して，共同で都市の成長を促進することもある[17]．

　PG区は新都市建設の設計段階から，一部の企業との対話を開始した．たとえば，住宅，道路，各種サービス施設を設計する過程ですでに企業が参加し，権益を得るための合理的な計画案について議論した．新都市が建設されたあと

の土地の活用と開発には，さらに多くの企業が参加した．もちろん，この土地集中は地方政府の土地備蓄計画に属し，企業は土地の収用・開発の過程には参加できないので，この段階では「企業」の役割は住民の利益に反するものではない．むしろ，企業は積極的に新都市建設に参加することによって，もっぱらサービスを提供する側となった．

また，個人は発展の過程でさまざまな矛盾した選択を迫られる．発展というものは常にパレート最適[訳注13]になるものではなく，ほとんどの場合，大きな利益を得るのは一部の人にすぎず，残りの多くの人は発展のコストを負担させられるうえ利益も得られない．個人の社会的・経済的状況は同じではないので，直面する発展のチャンスとリスクも異なる．良好な発展への願望と，実際の発展過程や結果とは必ずしも一致しない．しかし1つだけ明確なのは，個人が発展の過程で自分の利益を守り，利益配分に参加したいと望んでいるということである．

PG区の新都市建設が議論され計画される段階では，ほとんどの人が自分の利益を考えてプロジェクトへの関心を示した．一部の人は，一定の方法で政府と直接対話し，新都市建設への意見や期待を表明した．PG区政府と鎮政府も，プロジェクトの計画段階で一部の村の幹部と村民を熱心に実地調査に誘い，彼らの意見を聞いた．さらに鎮政府は専門的なアンケート調査を行い，新都市建設への要望と意見を取りまとめた．いうまでもなく，それは限られた参加の過程であり，公衆は新都市建設の一部の内容について意見を表明できただけで，全面的な参加と意志決定が実現されたわけではない．

政府の公式の表現によれば，個人は新都市の建設過程でもっぱら利益を獲得する側になる．都市計画の立案にあたって，政府は個人と各世帯が現在所有している土地や住居の状況を精査した．土地収用と立退きのあと，各世帯は新都市の分譲型住宅を2戸分配されたので，以前と比べて資産が増加した．各世帯は1戸の住宅に住み，他の1戸を賃貸に出すことによって家計収入が保障された．多くの世帯はそれ以前から出稼ぎに出ていて，彼らの家屋と宅地は使われ

訳注13〕厚生経済学の概念で，現在の与件の下で資源の最適配分が実現され，社会の経済的厚生が最大になる状態を指す．ただし分配の公平性は基準とならないので，以下の本文のような事例の対立概念ではない．

ていなかったため，プロジェクトの実施でこれらの世帯に実際の利益がもたらされただけでなく，遊休地の問題も解決できた．さらに，関係規定によれば，立ち退き後は都市の年金制度に加入することができる[18]．このような利益獲得の機会を，いったい誰が無視できるだろうか．

　新都市建設の計画と議論の段階で，一部の村民，主として村で権威を持つ人（たとえば，退職した老幹部や党員）は，鎮政府の主要幹部に対して自分の村を新都市の立地範囲に組み込んでほしいと頼みに行った．鎮政府も多くの農村委員会の委員と話し合い，彼らから新都市に対する希望や新都市建設への要望などを聞き取った．発展は致富を意味し，発展がなければ貧困と立ち遅れを意味するという文脈のなかで，人々は発展の枠組みに組み込まれることを望んだ．田園の生活様式やこれに関連する価値観の追求などは，もはや上から下まで全員が認める発展の枠組みから除外されたのである．

③　新都市の建設過程における土地問題

　土地問題は，新都市建設のカギである．土地を集中して再開発し，得られた利益をいかに分配するかは，異なる集団間の利害に関わる．現在，全国で起きている土地収用をめぐる紛争の重要な原因の1つは，利益再分配の段階における不公平である．PG区の新都市建設のための土地収用は土地備蓄計画に属し，土地収用の補償金もここから拠出される．政府主導の土地備蓄計画は，ディベロッパーに主導された土地収用と大きな違いがある．政府主導の土地収用はイデオロギー的に合理性を持ち，国家，都市，あるいは全体の利益という目標の下で，大衆に受け入れられやすい．政府の役割の目的は，公共の利益である．しかしディベロッパー主導の土地収用の過程で，政府の立場を位置づけるのは難しい．とくに地方政府は資金調達のためにさまざまな優遇政策を打ち出すことができるため，ディベロッパーの味方だとみられ，政府自身の利益で動いているとみられることすらある．政府も直接に土地収用の過程に参加するので，中立の立場で行動することが難しいからである．

　しかしPG区の土地収用の過程では，政府は完全にイデオロギー的な合理性を持ち，トップダウンまたはボトムアップの「発展主義」というコンテキストの下で，土地収用は比較的順調に完了した．もちろん土地収用の順調な完了に

は，各級政府と地域社会の効果的な協調，地域社会の積極的な参加など多くの要因があるが，1つ重要な原因は土地収用の補償金が比較的高く，その支払い方法も地域社会に受け入れられたことである．しかし順調に完了したといっても，土地を失った農民の就業問題や社会保障など多くの問題が残された．

(2) 都市体系における新都市の位置と機能
① 地理的位置と交通

新都市はPG区の中心から約4キロ離れ，PG区と中心都市B市を結ぶ高速道路と地元の山脈に囲まれた「盆地」のような緩やかな丘陵地域に位置している．地勢は高低まちまちで，高山を背にして森林が鬱蒼と茂っており，自然環境に恵まれている．さらに，高速道路に隣接して交通の便もよく，将来はこの地域を通過する鉄道の乗換駅になる見込みで，旅客と貨物の輸送量が増加する可能性が高い．

② 経済の現状

新都市の計画地は伝統的な農業コミュニティであり，農業人口が総人口の約半分を占めている．建設計画によれば，新都市はPG区の複合都市圏の一部として，中心都市B市の東部の観光集散センター[訳注14]になる．ここ数年，PG区の農業は観光業や加工業と結びついていて，地域の自然環境と人文景観もかなり魅力的であり，「小北戴河」[訳注15]とも呼ばれている．

(3) 新都市住民の特徴と人々の要望

新都市の所在地であるX村には約6千人の農業人口が登録され，実際に居住しているのは約1万人である．新都市を建設する前に，住民の基本的状況や新都市建設に対する要望や態度を知るために，全世帯を対象とするアンケート調査を行った．調査対象は2314世帯で，データの整理にあたって不完全なサ

訳注14〕 原文は「旅游集散中心」．一般に中国の大都市郊外に設けられ，観光バス駐車場，観光案内所，チケット販売，宿泊紹介，買物など，観光客向けの複合的な機能を持った大規模施設である．
訳注15〕 北戴河は中国河北省に位置する有名な観光地である．

ンプルを取り除いたほか，具体的分析では回答の状況に応じて有効となるサンプル数を調整した[訳注16]．

① 住民の職業と技能

調査対象のうち，89.5%（2070世帯：以下「世帯」を省略）がこの地区で暮しており，わずか5.6%（129）が地区の外に出ている．この地区で暮らす世帯のうち36.3%（834）が農業に従事しており，4.0%（93）が失業状態で，さらに労働市場に入っていない世帯や退出した世帯は約13.0%（301）である．

移動人口[訳注17]の大部分は農業人口で，将来は非農業人口に転換して都市生活に適応しなければならないが，従事できる職業は現在の教育水準と技能水準に強く結びついている．調査対象の教育水準は，中卒が44.9%（1038），小学校卒及びそれ以下が26.9%（621），高卒以上が24.2%（562）である．中卒以下が71.8%を占めているため，新都市の生活環境に適応して生活手段を得るためには，一定の職業訓練や教育を受けてその水準を高めなければならない．

調査対象のうち53.9%（1248）の世帯には，農業以外の仕事に従事している者がいる．農業以外の仕事の収入の中央値は1万元以上に達している．大まかにいえば，農業，畜産・養殖業と非農業の中央値を比べると，非農業収入が一番高い．一般に，世帯の中に非農業労働者がいれば，その世帯全体の適応能力を大きく引きあげることができるといえる．

② 就職への要望

新都市の完成後，74.4%（1721）の人が新都市で農業以外の仕事に従事することを希望し，44.6%（1032）の人が新都市の企業に勤務したいと考えており，コミュニティの清掃業務や自営業を選ぶ人の割合は低い．政府による無料の職業訓練を望む人は，73.8%（1708）にのぼる．一般に，人口移動の過程では，

訳注16〕 以下，百分率の分母が不明な場合も多いが，百分率・サンプル数とも原文の数字のままとする．

訳注17〕 原文は「迁移人口」で，農村から都市に移動する人口のことだが，この場合は新都市建設のあともこの地域に住み続ける世帯であって他地域に移転するわけではない．しかし，他に適当な表現がないので移動人口と訳した．

移動人口は非公式部門から公式部門への転職[訳注18]を求める．しかし，公式部門に就職して高収入を得たいと希望しても，ほとんどの人にとってそれは難しく，非公式部門で一定期間就業して職歴と技能を積み，職業訓練を受けることによって，ようやく部門の転換を実現することができる．さもなければ，ずっと非公式部門に留まる可能性も高い．政府主導の都市化と人口移動の過程では，人々は「政府による配属」に期待しているので，このような部門の転換に自ら適応するのは困難である．

③ 新都市建設に対する賛否

多くの調査対象者は，新都市建設による農村経済の発展に賛成し（77.6％），また土地収用にも賛成している（76.8％）．移動したあとは生活の場が農村から都市へと変化し，農地が経済生活や社会生活の中心ではなくなり，従来の社会関係や経済関係も大きく変えなければならない．移動人口がこの過程をどのようにみるかということが，彼らの考え方や態度，将来の生活に大きな影響を与える．

1) 教育水準と新都市建設への賛否の関係

教育水準は，個人の意見に影響を与える重要な要因である．教育水準と新都市建設に対する賛否の相互作用をχ^2検定（カイ2乗検定）[訳注19]によって分析すると，教育水準に応じて賛否が異なることは明らかである（表5-1）．

さらにロジスティック回帰分析[訳注20]によって，教育水準の異なる集団の間で，新都市建設に対する要望がどのように異なるのか確認できる．非識字グループを比較グループとして，5％の有意水準[訳注21]で，高卒グループと短大卒

訳注18〕 非公式部門（informal sector）または都市非公式部門（urban informal sector）は，公式の統計にあらわれない雑業層のことで，発展途上国の都市に多くみられ，公式の職業統計に分類できる公式部門（formal sector）と対比される．
訳注19〕 2つの変数（この場合には教育水準の違い）と，2つの観察結果（賛成か反対か）が互いに独立かどうかを検定する方法である．
訳注20〕 統計分析の手法で，ある事柄の発生確率を予測する手法だが，従属変数が賛成・反対のように2値をとる場合に適している．
訳注21〕 誤りを犯す危険率が5％あるという前提で，統計的な仮説検定を行うことを示

以上グループの回帰係数が明らかになる．土地収用への賛成に関して，オッズ[訳注22]をみると高卒グループは非識字グループの1.749倍であり，短大卒以上グループは非識字グループの2.677倍である（表5-2）．つまり，非識字グループは土地収用に賛成しない傾向があるのに対し，高卒と短大卒以上のグループは土地収用に賛成する傾向をみせている．

教育水準が異なると，なぜ土地収用に対する賛否が異なるのだろうか．短大卒以上グループの生活状況（生活状況とは，地元で暮らしているのか，あるいは他の土地で出稼ぎや商売をしているかということを指す）と職業の類型を具体的に分析してみると，29%の人は地元以外で暮らしており，地元で暮らして農業に携わっている人はわずか0.6%しかない．短大卒以上の生活状況は，すでに農地に縛られず都会の生活に近づいているので，新都市建設に賛成する傾向がみられる．非識字グループは，ほとんど（99.1%）が地元で暮らしており，そのうち31%は農業に従事し，59.3%は労働市場から退出している（退職，失業，家事）．

表 5-1 教育水準と新都市建設への賛否との相互作用に関する分析

		新都市建設のための土地収用への賛否		合計
		反対	賛成	
教育水準	非識字	44	166	210
	小卒（小学）	59	323	382
	中卒（初級中学）	178	813	991
	高卒（高級中学・中等専業学校）	55	363	418
	短大卒（大学専科）以上	10	101	111
合計		346	1766	2112

χ^2検定（カイ2乗検定）

	統計値	自由度	
有意水準（両側検定）	12.829	4	0.012
	2112		

す．5%というのは通常使われる前提である．
訳注22〕発生確率÷（1－発生確率），で計算される値．

表 5-2 教育水準と新都市建設への賛否とのロジスティック回帰検証

回帰モデルの概要			
回帰ステップ 1	－2log 最尤推定量 1870.263	Cox-Snell 決定係数 0.06	Nagelkerke 決定係数 0.11

		ロジスティック回帰式における変数					
		回帰係数	標準誤差	Wald 統計量	自由度	有意水準	オッズ比
回帰ステップ 1	教育水準			12.540	4	0.014	
	小卒	0.372	0.221	2.841	1	0.092	1.451
	中卒	0.191	0.189	1.026	1	0.311	1.211
	高卒	0.559	0.223	6.295	1	0.012	1.749
	短大卒以上	0.985	0.372	6.994	1	0.008	2.677
	定数	1.328	0.170	61.320	1	0.000	3.773

教育水準と新都市建設への賛否の相関関係は，移動人口に関する従来の研究の結論とも一致している．つまり，転出元（農村）で高い教育水準や技術水準を持っていたグループの移住率が高いほど，移動人口は転入先（都市）でより高い収入を得られるのである．

2) 職業と新都市建設への賛否の関係

職業は，個人の社会経済的状況や変化への適応力を総合的に反映する．表5-3から，カイ2乗検定によって，職業が異なれば新都市建設に対する賛否も異なることが明らかである．

もし職業を基準として社会階層を分類するなら，それぞれの職業の経済的資源，組織的資源，人的資源という3つの側面をみなければならない．この3つの資源をすべて有する人は，社会の上層にいて生活が保障されており，社会変化に適応できる．しかし，もし農地に依存して収入源が1つしかなければ，社会変化に振り回されてしまう．ロジスティック回帰分析によって，企業家・管理職・技術者を比較グループとし，5％の有意水準で検定すると，労働市場から退出した人・農業労働者・自営業主の回帰係数が明らかになり，すべて負である（表5-4）．つまり，この3種の人は新都市建設のための土地収用に賛成しない．

第 5 章　新都市建設モデル

表 5-3　職業と新都市建設への賛否との相互作用に関する分析

		新都市建設のための土地収用への賛否		合　計
		反対	賛成	
職業	非労働力（退職・失業・家事）	97	493	590
	農業	159	633	792
	自営業	23	115	138
	製造業・商業・サービス業従業員	26	203	229
	企業家・管理職・技術者	14	151	165
	合　計	319	1595	1914

表 5-4　職業と新都市建設への賛否とのロジスティック回帰検証

回帰モデルの概要			
回帰ステップ 1	−2log 最尤推定量 1703.914	Cox-Snell 決定係数 0.011	Nagelkerke 決定係数 0.018

ロジスティック回帰式における変数							
		回帰係数	標準誤差	Wald 統計量	自由度	有意水準	オッズ比
回帰ステップ 1	職種			18.556	2	0.001	
	非労働力	−0.752	0.301	6.263	1	0.012	0.471
	農業	−0.997	0.293	11.561	1	0.001	0.369
	自営業	−0.769	0.361	4.539	1	0.033	0.464
	製造業・商業・サービス業	−0.323	0.348	0.860	1	0.354	0.724
	定数	2.378	0.279	72.465	1	0.000	10.786

3）収入源と新都市建設への賛否の関係

　家計の主要な収入源は，農地からの収入（農業），畜産・養殖からの収入，非農業労働による収入の 3 つである．土地収用は，主として農地からの収入と畜産・養殖業の発展に影響を及ぼすが，非農業労働力を含む世帯では収入源が多様なので土地使用状況の変化から受ける影響は少ない．

　調査対象のうち，92.7％（2145 世帯）が宅地を所有し，宅地面積の中央値は 0.4 ムー（260 平方メートル）である．農地の配分状況をみると，62.5％（1448 世帯）は「口粮田」（自給用食料を作る農地）を持ち，1 世帯あたり「口粮田」面積の中央値は 1.4 ムー（0.09 ヘクタール）であり，2007 年に「口粮

表 5-5　耕作請負の有無と新都市建設への賛否とのロジスティック回帰検証

回帰モデルの概要			
回帰ステップ 1	−2log 最尤推定量 1894.046	Cox-Snell 決定係数 0.003	Nagelkerke 決定係数 0.004

ロジスティック回帰式における変数							
		回帰係数	標準誤差	Wald 統計量	自由度	有意水準	オッズ比
回帰ステップ 1	耕作請負の有無	0.375	0.155	5.847	1	0.016	1.455
	定数	1.305	0.141	85.735	1	0.000	3.687

田」からの平均収入の中間値は666元，2008年は657元だった．集団所有地の耕作請負（承包）をする人は13.6％（315）で相対的に少なく，請負う土地面積の中間値は9.8ムー（0.65ヘクタール）である．2007年に耕作請負による平均収入の中間値は857元，2008年は727元だった．農地の賃借（承租）や転借（转租）をしている世帯は1％未満で，かなり少ない．

この地域で畜産・養殖に従事する世帯は少なく，調査対象の6.3％（146世帯）にすぎない．畜産・養殖からの収入は比較的多く，2007年に収入の中間値は7000元であり，2008年には1万元となった．畜産・養殖による収入が世帯収入に占める割合は比較的大きいが，新都市が建設されれば，畜産業・養殖業を継続することは非常に難しくなるだろう．

調査対象の53.9％（1248世帯）には非農業従事者がおり，非農業労働による収入の中間値は1万元以上に達する．以上の大まかな比較からわかるように，各種の収入の中間値からいえば，非農業労働収入が最も多い．

耕作請負（承包）の有無が，住民の新都市建設への賛否に影響を与えるかどうかをロジスティック分析してみた．新都市建設のための土地収用に賛成するオッズ比をみると，耕作請負をしない世帯が，請負をする世帯に比べて1.455倍である（表5-5）．さらに，請け負った土地面積と要望の強さとの関係については，請負面積が1ムー増加するごとに分析しても，賛否に目立った影響がないことがわかった．耕作請負をしている世帯を四等分してグループ分けし，クロス集計しても，新都市建設への賛否との間に相関関係はみられない．つまり，賛否の違いは，請負面積の大小ではなく，耕作請負をしているか否かに関わるといえるだろう．また，「口粮田」の有無が要望に与える影響も，似たよ

うな関係を示している．

　クロス集計によれば，畜産・養殖への従事と新都市建設への賛否との相関性も明らかである．さらにロジスティック分析をすると，畜産・養殖に従事しない世帯のほうが，新都市建設のための土地収用に賛成するオッズ比が，畜産・養殖業世帯の1.673倍であることがわかった（表5-6）．つまり，畜産・養殖世帯の方が新都市建設のための土地収用に賛成しないという傾向が強い．

　世帯の成員が非農業労働に従事することは，世帯収入を補う重要な手段であり，非農業労働からの収入の中間値は他の収入を上回っている．非農業労働に従事する成員の有無は，賛否の違いにあらわれるのだろうか．クロス集計によれば，両者に相関関係があることが裏付けられ，さらにロジスティック分析では，非農業労働に従事する成員のいる世帯のほうが，いない世帯に比べて，土地収用に賛成するオッズ比が1.443倍である（表5-7）．

表5-6 畜産・養殖への従事と新都市建設への賛否とのロジスティック回帰検証

回帰モデルの概要			
回帰ステップ	−2log 最尤推定量	Cox-Snell 決定係数	Nagelkerke 決定係数
1	1894.210	0.003	0.005

ロジスティック回帰式における変数							
		回帰係数	標準誤差	Wald統計量	自由度	有意水準	オッズ比
回帰ステップ1	従事の有無	0.515	0.206	6.232	1	0.013	1.673
	定数	1.146	0.197	33.913	1	0.000	3.147

表5-7 世帯成員の非農業労働への従事と新都市建設への賛否とのロジスティック回帰検証

回帰モデルの概要			
回帰ステップ	−2log 最尤推定量	Cox&Snell 決定係数	Nagelkerke 決定係数
1	1857.611	0.005	0.008

ロジスティック回帰式における変数							
		回帰係数	標準偏差	Wald統計量	自由度	有意水準	オッズ比
回帰ステップ1	従事の有無	0.366	0.118	9.571	1	0.002	1.443
	定数	1.429	0.085	281.805	1	0.000	4.175

4）収入総額と新都市建設への賛否の関係

以上，世帯ごとの収入源の構造が賛否に与える影響を分析したが，総収入の状況を分析すると，どんな結果になるだろうか．世帯の総収入には農地からの収入，畜産・養殖による収入，非農業労働による収入が含まれるが，それぞれの世帯によって収入の構造は異なる．収入の構造にかかわらず，総収入は最終的に貯蓄に反映される．年間貯蓄額でグルーピングしたうえでクロス分析すると，貯蓄額は新都市建設への賛否に影響を与えていることが分かる（表5-8）．既存の人口移動に関する研究でも，貧困であればあるほど，移転する意思が低いことが示されている．

以上の考察をまとめれば，今回の調査によって，大多数の人が新都市建設のための土地収用に賛成し，また新都市建設に大いに期待をよせていることが分かった．これを大前提としながらも，次のような事実にも留意しなければならない．我々の調査によれば，相対的に弱い立場の世帯や個人は，新都市建設で損失を被ったり，利益を獲得できなかったりするグループである．彼ら自身は

表5-8 家計貯蓄額と新都市建設への賛否との相互作用分析

単位：世帯・%

		新都市建設のための土地収用への賛否		合計
		反対	賛成	
家計貯蓄額	3000元以下	224 17.3	1073 82.7	1297 100.0
	3000～5000元	10 9.2	99 90.8	109 100.0
	5000～10000元	14 10.0	126 90.0	140 100.0
	10000元以上	14 9.7	131 90.3	145 100.0
	合計	262 15.5	1429 84.5	1691 100.0

χ^2検定（カイ2乗検定）

	統計値	自由度	有意水準
ピアソンのカイ2乗検定	13.454	3	0.004
有効標本数	1691		

教育水準，収入構造，生活様式などの面で新都市建設のもたらす大きな変化に適応できず，またリスクに対応する能力にも欠けるため，新都市建設の過程で，この弱者グループに特別な注意を払わなければならない．

　将来の新都市における生活は，すばらしいものである．調査対象者はみな，新都市が建設されればインフラが大きく変わり，所得水準，雇用機会，社会保障などの社会生活条件も向上すると考えている．しかし，それをどのように実現するのだろうか．アンケートでは，職業への希望という項目しか設けなかったが，94.8％の人が新都市で非農業労働に従事したいと回答した．しかし，新都市で実際にどんな仕事に従事できるのだろう．この地域で暮らす人の69.7％は，新都市の企業で仕事を探すと答える一方で，コミュニティサービス（清掃など）に従事すると答えた人は18.9％であり，商業自営を選んだのは17.9％である．この地域を出て暮らしている調査対象による職業選択も，似たような状況である．これは新都市建設の過程で避けることができない課題である．土地収用と移転のあと，直接に補償金を支払うだけでなく，いかにして移動人口の生活水準を維持・向上させていくかという問題にも配慮しなければならない．つまり，どのように仕事を配分するかという問題である．直接的な補償金だけでは，新都市への移動によって起こりうる貧困その他の社会問題を解決できないので，発展のための投資やセーフティネットを準備しなければならない．

　前述の分析のように，世帯収入の構造が多様であるほど，あるいは農地に対する依存度が低いほど，新都市建設に賛成する傾向がみられる．人々の現在の生活は，事実上すでに都市化に向かって着々と進んでおり，部分的に都市生活を体験している者もいる．これは，新都市建設を推進する現実的な基盤である．しかし同時に留意すべきなのは，人々が新都市建設に賛成する重要な前提が，それによってさまざまな面で生活の向上がもたらされるという期待であり，個人にも各世帯にも利益があると考えられていることである．このことは職業選択に対する希望にもあらわれ，新都市の企業で仕事を見つけられることを期待している．はたして，新都市の建設が終わったあとも，このような期待が実現できるのだろうか．それとも，移動人口の期待との間に落差を生むのだろうか．移動人口の期待は，実際の移動の過程と結果に影響を及ぼすだろう．

(4) 新都市の社会的要素

新都市建設が直面する重要な課題は，農業人口をいかにして非農業人口に転換するか，あるいは都市住民化するか，ということである．それは職業の転換だけでは不十分で，土地，戸籍，社会保障など制度上の問題にも関わっている．

① 戸籍の問題

調査対象を戸籍別にみると，都市戸籍が11.8％（272）であり，農村戸籍が82.5％（1910）を占めている．戸籍の違いは，土地収用への賛否に影響を及ぼす．クロス集計では，ファイ係数が明らかである．さらにロジスティック分析では，土地収用に賛成するオッズ比は，非農村戸籍が農村戸籍の1.772倍であることがわかる（表5-9）．

戸籍は都市化の進展に影響を及ぼす制度的な要素である．戸籍は土地所有や社会保障と直接に関連している．戸籍によって，移動人口は都市生活における客観的な資源や主観的な認識を制約される．新都市建設のために住民のすべての農地が収用され，宅地も移転・集中される．このため，土地補償関係の法律法規と政策的規定に基づき，住民の戸籍を変更し，それに対応した都市の社会保障体系も構築しなければならない．これは土地収用の補償金を給付する際に直面する重要な問題でもあり，いかにして補償金を年金基金[訳注23]に転換させ，効率的に管理するかということである．

表5-9 戸籍の類型と新都市建設への賛否とのロジスティック回帰検証

回帰モデルの概要			
回帰ステップ 1	－2log 最尤推定量 1837.291	Cox-Snell 決定係数 0.004	Nagelkerke 決定係数 0.007

ロジスティック回帰式における変数							
		回帰係数	標準偏差	Wald 統計量	自由度	有意水準	オッズ比
回帰ステップ 1	戸籍の類型	0.572	0.213	7.238	1	0.007	1.772
	定数	1.579	0.062	642.620	1	0.000	4.849

訳注23〕 中国では，年金保険を養老保険と呼ぶ．

第5章 新都市建設モデル　　137

　さらに，戸籍の変化が人の都市化を意味するわけではない．A. ロッシ[訳注24]は，都市化について次のように指摘している[19]．人口移動と都市景観の形成は都市化の第一段階にすぎず，より重要なのは都市の文化である．人口の集中だけで，価値観や文化の変化を伴わなければ，それは偽りの都市化にすぎないというのである．これは，近年の中国都市化研究の中でも注目すべき重要な課題として提起された，生活様式の都市化ということである．

② 社会保障

　社会保険は基本的なセーフティネットであり，人口移動の過程で各人に基本的な生活保障を提供することができる．調査対象の状況をみると，農村戸籍の人は基本的に農村合作医療[訳注25]に加入しており（94.3%），そのうちの23.8%が年金保険（養老保険）にも加入している．しかし，失業保険や生育保険[訳注26]などに加入している人は非常に少ない．新都市が建設されたあと，社会保険に対してさらに多額の財政支出が必要となる．

　農地を手放したら，人々は生計手段を農業から非農業に転換しなければならないうえ，土地所有に基づく社会関係や社会保障を部分的に，あるいはすべて失うリスクに直面する．農村では，農地は老後の生活を支える重要な手段である．土地使用権の譲渡を通じて子供が老人を扶養する責任を引き受け，農地における共同労働によって家族の社会関係が形成される．農地が収用されれば，家族の共同活動が減り，それに伴って家族が老人を扶養するというやり方も変化する可能性がある．地域コミュニティや社会は，このような現実に直面しなければならない．既存の研究では，土地収用と高層集合住宅への転居によって，家族による扶養が不可能になる一方で，コミュニティによる扶養のしくみも未整備であるという困難な状況が明らかにされている．

訳注24〕　A. ロッシ（Aldo Rossi）はイタリアの建築家で，都市と建築について論じた．
訳注25〕　この調査のあと創設された現行の制度は新型農村合作医療と呼ばれ，個人の保険料負担で集体（村）が運営し，政府が補助する医療保険である．
訳注26〕　出産に関わる医療や休業，所得などを保障する社会保険である．

③ インフラの整備と実践

　新都市建設にあたって，インフラに関しても十分な計画が進められた．住民も期待に満ちており，70%以上の人が新都市で所得水準，雇用機会，居住条件，水道・電気・ガスなどのインフラ，交通，医療，娯楽施設，子供の就学，地域環境，社会保障，近隣関係などがさらに向上すると考えている．85%以上の人は，道路，病院，映画館，図書館，体育館，活動センターなど新都市のインフラ整備に賛成している．新都市の建設によってインフラは確実な改善が見込まれるが，所得水準，雇用機会，社会保障には個人やグループによって大きな格差が生まれるだろう．新都市の建設中や完成後に，どれほどの新規雇用が生まれるか，どんな職種なのか，どんな投資が行われるか，収入がどれほど増加するか，などはまだ不明である．

　ただし調査対象の現状をみると，公共空間におけるレジャーや娯楽活動は少なく，87%以上の人が映画館，カラオケ，居酒屋，レジャーセンターにほとんど行ったことがない．トランプや将棋などのような活動も少なく（76.6%の人がほとんどしたことがない），読書やスポーツに熱心な人もあまり多くない（それぞれ26.2%と18.7%）．余暇時間のほとんどは家庭内で過ごし，テレビやラジオを視聴している（77.5%）．新都市建設の完了後，公共空間での活動が増加するかどうか，実際の状況に注目する必要がある．

　PG区の新都市建設に関しては，地方政府から個人に至るまで，都市の発展を積極的に推進するモチベーションを持ち，多くの人的資源，物的資源，期待，さらには愛情まで注がれてきた．しかし，伝統的な農業コミュニティに1つの新都市を建設する際に直面する困難は，決してインフラ整備だけで解決できるものではない．より重要なのは，活力にあふれた都市を作ることである．都市的な製造業やサービス業を呼び込み，それを持続的に運営してより多くの雇用機会を創出し，土地収用後の就職問題を解決しなければならない．同時に，生活様式の改造と適応にも留意しなければならない．

　現在まで，新都市プロジェクトの建設と立退き事業は比較的順調に完了した．次の課題は新都市を建設したあと，元の農村住民が計画に従って選択した住宅に入居し，都市生活を始めることである．これは新たな出発点である．今は住宅の形式が変わっただけで，まだ就業やそれに応じた都市生活は始まっていな

い．農民は，高層集合住宅に引っ越すことによって，都市生活への転換という問題に直面する．現状では，人々は都市のように集住するようになったが，まだ農村の生活様式を維持しており，都市的な環境，衛生，サービスなどを整備するという圧力に対応しなければならない．このような農村から都市への直接的な移行によって，人々の社会関係の断絶という問題も起きている．断絶はとくに家族の世代間であらわれ，家庭内での高齢者扶養，介護の面で困難な状況が生まれている．新都市建設はまだ進行中であり，より多くの研究を必要としており，制度や具体的政策などの設計を通じて，農村から都市への本格的移行を実現しなければならない．

3　新都市建設の問題点と対策

どのような条件の下で，新都市建設モデルを採用するのが適切なのかは，まだ明らかではない．以上の議論では，都市構造の基本的要素を対比しながら分析し，新都市建設の実現可能性をとらえてみた．都市化の過程には，多くの要素が複雑に絡んでおり，それぞれの要素は特定の社会経済的条件や技術的条件の下で影響力を発揮する．現在の中国の都市化推進過程では，資源の調達，政策の調整などで，政府が主導的な役割を果たしている．しかし，真に活力に満ちた都市になるためには，市場あるいは経済のサポートが不可欠であり，さもなければ都市は衰退するか，あるいはたんに人口が集中した農村になってしまうだろう．新都市建設の過程で最も重要な問題は，政府主導による推進と都市自身の発展法則が整合しているかどうかであり，同時に都市化の過程で見逃すことができない貧困や不平等の問題にも対応しなければならない．

(1)　政府と市場

中央政府も各級地方政府も，発展へのモチベーションを持っている．しかし，分税制財政管理体制[訳注27]によって地方と中央の税収の配分方法と比率が固定

訳注27〕　中央政府と各級地方政府の権限の担当に応じた税源の配分，税収の再分配などの体系である．

されたため，地方政府が予算制度の枠内で増収を図る余地はほぼ失われた．これは中央政府と地方政府の関係を変え，同時に地方政府の行動パターンを決めた[20]．地方政府は，より多くの財政収入を獲得するため，一般的に「土地財政」を行うようになった．大きな建設工事は，地方政府がより多くの予算外収入を得るための，効果的で直接的な方法である．したがって，すべての地方政府は，都市化を推進する利益面での原動力を持っている．

　地方政府どうしも，競争して優位を奪い合っている．地方政府は土地を収用したあと，企業を誘致して開発と建設を進めれば，より多くの企業税と，賃金上昇後の個人税を徴収できる．そのため，優遇政策を通じてさらに多くの投資資源を獲得するために，他の都市と争っている．欧米の都市発展をみれば，都市間競争で役割を果たすのは市場である．しかし中国では土地制度などの影響によって，市場よりも地方政府が重要な役割を果たしている．地方政府が獲得を競う優位性は，優遇政策による企業投資の誘致だけではない．一層重要なのは，上級の地方政府や中央政府からの財政支援を獲得することである．それは直接的な資金援助のほか，その他の優遇条件も伴っている．

　地方政府の推進する都市化は，都市発展の論理と市場発展の論理に背くことはできない．政府の推進力は，既存の都市間の階層秩序の中で実現しなければならない．政府が大規模な工事を行えば，インフラや開発建設の基盤が供給される．しかし，その基盤の上に都市空間体系における広範な物的・人的な流れを作り，さらに都市間の階層秩序の中で一定の地位を築くためには，都市自身が資源を持ち，主導的な商業やサービス業など経済活動の支援を受ける必要がある．

　政府と市場の力によって新都市建設を推進する際に，無視できない重要な手続き上の要素は，農村から都市への昇格（市鎮建制）が行政の審査と認可を経てはじめて実現できるということである．したがって，新都市建設を推進する過程で市場の力はやや受け身の立場に立たされ，政府に認可された範囲内で役割を果たすだけで，市場が完全に独立しているわけではない．それは都市の発展にとって，下からの発展の原動力を抑制する結果となる．たとえば1980年代半ばに，温州市の龍港はすでに都市的な要素を備えていたが，行政の認可が得られなかったため発展が制約されてしまった．また，一部の都市では条件が

整っていないのに，行政レベルを引き上げる目的で行政区画を調整して土地と人口を集中させたため，都市の資源を浪費し，さらに環境破壊まで招いている．現行の行政審査・認可に関する規定の下で，政府と市場の力の協調をいかに実現するのか．公衆の意志と利益も尊重しながら，都市の低密度な拡張やスプロールを防げるように，制度と政策の調整を図らなければならない．

(2) 都市発展における不平等と貧困

異なる社会集団が都市化に巻き込まれるとき，リスク回避や利益獲得の確率は同一ではない．同じ発展の機会を前にしても，社会集団自体の地位や特性に制約されて（たとえば教育水準が低い，技能訓練に欠ける，資金が足りない），結果的には発展機会の不平等にも直面せざるを得ない．

政府が都市化に関与する過程では，政府と市場が連携して成長連合[訳注28]を結び，都市の発展を推進することができる．この過程で，弱者グループが都市発展による「難民」となり，貧困に陥る可能性がある．とくに地方政府は土地売買の過程で差額地代を得るために，代替住宅[訳注29]を地価が安く中心から離れた場所や，発展の機会が少ない地域に設置しがちである．その結果，立退きとなった元の住民は発展の機会を失うだけでなく，生活費が上昇し，優位性を持つ資源から引き離されてしまう．

このような問題は，PG区のプロジェクトの設計にもみられた．代替住宅は新都市の特定地域に集められ，代替住宅区，商品住宅区，低密度住宅区がそれぞれ設置される計画だった．この3つの住宅区には，それぞれ異なる社会集団の人々が住むことになる．代替住宅区には元の農村住民が入居するが，前述の調査では，農民の一部はすでに他の場所に移転しており，空き部屋に外来の移住者を入居させることになっていた．商品住宅区の価格は代替住宅区より高く，低密度住宅区の価格はさらに高くなる．単純な区分によって，相互に分断された異なるタイプの住宅区ができてしまい，多様な類型や階層の人々が混住する

訳注28〕 第6章157ページを参照されたい．
訳注29〕 原文は「保障性住房或者回遷房屋」．本来，保障性住房は低所得層のために供給される低廉な公営住宅のことであり，回遷房屋はディベロッパーが再開発後の集合住宅に販売用の部屋とは別に用意する低級の代替住宅のことである．

形態にはなりにくい．

　アメリカのコロンビアにおける新都市建設プロジェクトでは，住宅商品の設計は多種多様で，同じ地域に同じタイプの住宅を設けることを許さず，異なる階層や所得の人々が新都市のさまざまな場所に適切な住宅を購入できるようにしていた．このように多様化された住宅区で，住民は同じ公共施設や公共サービスを利用し，その運営を支えながら豊かな公共空間を作ることができる．そして，不衛生で乱雑で公共サービスの水準も低いスラムが形成されることを，防ぐことができたのである．これに対して，中国の新都市建設の計画と設計の過程では，事業を支障なく進めて利益を最大化するために，代替住宅区はすべて一つの地域に集められ，地元民と外来者，貧困層と富裕層が空間的に分離されることになってしまった．

(3)　土地収用，住民移転，利益再分配

　新都市建設で避けることのできない重要な問題は，土地収用と住民移転であり，それに起因する矛盾と衝突である．農村の土地をいかにして新都市建設用地に変えるか，どのように補償や住民の移転と再配置を進めるかについて，中央と地方の政府は関連法規や政策を整備し，学者も繰り返し議論しているが，現実には衝突事件が頻繁に起きている．

　PG 区では前後 2 回の土地収用が行われ，1 回目は 2006 年に始まった道路用地の収用，2 回目は 2009 年に始まった新都市建設用地の収用だった．1 回目の土地収用では大規模な集団抗議行動が起き，村民が道路を封鎖したり，土地収用関係者を監禁したり，集団で陳情に行ったりしながら 4 か月間も続いた．これに対して，2 回目の新都市建設用地の収用は比較的順調に進み，村や村民から積極的に支持された．同じ地域なのに，なぜ前後 2 回の土地収用が，これほど異なる結果を招いたのか．それには多くの理由があり，たとえば地方政府は土地収用や立退きの進め方を変更し，一部の項目では住民参加を取り入れ，地域やそのエリートと協力し，情報発表の方式やタイミングもうまくコントロールした．しかし，一番重要なのはやはり土地利益の再分配である．

　農村の集団所有地を都市建設用地に変えれば，値上がりする余地は大きい．地価の上昇分をどのように再分配するかという問題は，現在，各地で起きてい

る土地収用と立退きをめぐる紛争の核心的で根本的な原因ともいえる．中華人民共和国土地管理法によれば，農村の土地が収用されれば農業生産額の何倍かにあたる補償を行い，建物は見積もりのうえ補償金を支払うことになっており，住民の再配置についても具体的な規定がある．経済水準の向上に伴い，地域によっては市場原理に基づいて土地収用の補償基準を絶えず調整しながら引き上げている．

しかし，土地が開発されれば大きな利益を得る余地が生まれ，とくに都市化の急速な進展で都市建設用地が不足している中で，いかに利益の再配分を行うかが問題のカギとなる．また，土地が開発されたあと，地域全体で発展による利益をどのように分配するか，つまり，誰のための発展で，誰が利益を獲得できるかという問題も非常に重要である．土地を失った移動人口は自分自身の教育水準と技術水準の制約によって，土地収用後の発展過程に参加することが困難なため，発展の利益を享受しにくい．これも様々な問題を引き起こす原因である．土地収用と立退きのあと，移転した住民の就業と再配置の問題を解決しなければならない．

近年，地方政府は土地収用と住民移転について改革と摸索を進め，良い成果も少なくないが，最も重要なのは土地とその関連利益を明確にしたことである．重慶市で行われた「地票制度」[訳注30]は，農民の土地に対する権利を明確にし，一定の地域内で土地の流通を認めながら農民の利益も保障し，柔軟な方法で土地問題と就業問題に対応した．広州市の城中村[訳注31]再開発は，農民の土地処分権を明確にして確実に執行されたため，農民は土地収用における利益を保障され，一部の世帯や個人は土地成金になった．似たような事例は，ほかにもたくさんある．PG区の土地収用と補償金給付の過程では，土地の権利は確定されなかったが，補償基準が高かったので農民も地価上昇分の一部を受け取るこ

訳注30〕地方政府が農村の宅地や郷鎮企業用地などを収用・集中し，その価値の指標として「地票」を定め，農村土地交易所で民間ディベロッパーにその「地票」を販売する．販売価格の中から農村（農民）への補償金が支払われるなど農村の利益に配慮されているが，運用上の問題点もみられるようである．なお，原文では成都市になっているが，この制度は重慶市で始まったので訳文で訂正した．
訳注31〕都市の行政区画に含まれる農村的な部分である．

とができた．また，新都市の建設自体とその計画立案は，現地の人々の利益への期待に符合しており，住民自身が発展の利益の享受者になるという期待が新都市建設プロジェクトを順調に進める重要な基盤となった．

　新都市建設の過程で直面せざるを得ない問題はほかにもたくさんあり，たとえば，比較的重要なのは，人々が都市に賛同する気持ちを持てるか否かという問題である．新都市を誰のために作るのか，誰によって建設されるか，住民は参加できるかということは，住民が新都市発展の主体となって利益を享受し，賛同の気持ちを持てるかどうかに関わる．PG 区のプロジェクトの計画と設計の過程では，一部の項目，たとえば住宅のタイプの選択，公共サービス施設の建設などで住民の建議を求めた．しかし総合的な計画，たとえば新都市の将来的位置づけ，どのような発展集団を作るか，主に何を建設するかなどの議論に住民が参加することは難しい．これらの発展の予想や目標は，すべて地方政府が計画し設計したものである．ただし，非常に重要な点は，現地の人々が新都市建設によって経済と社会の発展が促進されることを期待しているということである．

　起こり得る多様な問題にどのように対応するのか，どのように公正を実現するのか．都市化はすべてを巻き込む過程であり，その過程では，集団の中の弱者により多くの制度的な保障を与えなければならない．したがって，どんな都市化をどのように推進するにせよ，カギとなるのはやはり人々の生活を保障し，すべての人が発展し豊かになるという結果を実現することである．

第6章
都市拡張モデル

　都市の拡張は最も伝統的な都市化の方法で，都市人口の増加に伴い，都市用地の範囲を絶えず外部へ拡大していくことを指す．世界的には，ほとんどの都市化がこの方法によって進められてきた．欧米では，まず都市化（urbanization）の現象があらわれ，そのあと 1950-70 年代に郊外化（suburbanization）と超郊外化（exurbanization）の現象が起きたが，両方とも都市の周辺への拡張を指している．

　中国でも，都市の拡張は最も一般的な都市化の推進方式である．北京市の「単一中心拡張モデル（単中心扩展模式）」は中国の都市化を典型的に代表するものであり，旧市街地を中心としながら環状線と放射線を拡げるという計画の発想は，多くの大都市で定番の発展モデルとなっている．表面的には，この推進方式は欧米と同じようにみえるが，実は大きく異なり，土地所有制度の違いによって中国の都市拡張は独自の特色を持っている．中国では土地の公有という性質によって迅速な都市化が可能になり，現在，中国の都市計画プロジェクトの総規模は世界最大で，人類史上に前例がないほどである．欧米諸国の都市化過程と比較すると，中国の都市拡張は政府主導のモデルとみなすことができる．それでは，中国の都市拡張をどのように解釈すればよいのか．政府主導の都市拡張モデルがどのようにして可能となったのか．また，どんな基本的な特徴をもっているのか．本章では，以上の問題をめぐって議論していく．

　都市拡張は都市化の空間的なあらわれだが，それはコンパクト化とスプロール化という2つの状況が含まれる．前者は，都市空間の拡大が効果的にコントロールされながら利用され，総合密度が比較的高いため，「コンパクトな発展」（緊湊発展）となる．後者は，都市が無秩序でやみくもに拡張され，都市

のスプロール化を招く．スプロール化された地域はたとえ空間的に都市の特徴を表したとしても，そもそも総合計画がないため，粗放的な土地利用，産業と公共サービス施設の供給不足，区域内部の発展不均衡などの問題がつきまとう．したがって，都市の無秩序な拡張をいかにコントロールするかは，世界各国の注目する課題であり，多くの国でその解決方法が模索されてきた．たとえば，イギリスのロンドンにおける第二次世界大戦後の「大ロンドン」計画によるグリーンベルト，アメリカのポートランドにおける都市成長境界線（UGB：Urban Growth Boundary）などである．中国では都市の無秩序な開発を制限するにあたり，計画，政策，立法の面で大きな進歩を遂げたが，都市のやみくもな拡張現象は依然として広くみられ，有効にコントロールできていない．

さらに，現在の中国における都市拡張には，2つの面で目立つ問題が存在する．1つは，土地の都市化が人口の都市化より速いということである．統計年鑑によると，2000年から2009年にかけて都市人口は26％増えたのに対し，市街地面積[訳注1]は41％も増えている．低密度，分散化という現象が深刻であり，耕地資源の浪費，高いエネルギー消費などの問題が際立っている．中央政府による「第12次五カ年計画要綱」では「都市成長境界線を合理的に確定する」ことが打ち出され，土地の利用効率を高め，集約されたコンパクトな発展を図ろうとしている．もう1つの問題は，都市拡張の過程で，空間分化と階層分化という一連の社会問題があらわれたことである．都市化の推進と都市住宅改革の深化に伴って，都市空間における不均等発展が際立つようになった．注目に値するのは長期的にみて，少なくとも今後20～30年間において，都市内部の空間分化と階層分化が都市と農村の格差や地域間格差を上回る都市発展の主要な問題点となるだろうということである．

本章では，関連研究を踏まえながら，都市拡張の関連理論を回顧し，政府主導による都市発展における都市レジーム（urban regime）[訳注2]を分析し，中国

訳注1〕 原文は「城市建成区面積」．本書でもたびたび触れられているように，中国では「市」の行政区画の中に広範な農村を含んでいる．そのため，「市」の中で都市的な建設が完了した部分の面積を城市建成区面積と呼ぶが，本書では「市街地面積」と訳す．

訳注2〕 都市レジームはC.ストーン（Clarence Stone）の提唱した概念で，都市にお

の都市拡張における政府主導モデルの特徴と問題点を指摘する．

1　政府主導による都市拡張モデル

　中国では経済発展につれて都市化が加速し，政府主導の都市拡張モデルが徐々に形成されてきた．それは上述の都市拡張の政治経済レジームに基づいて，都市成長の促進，社会分配の調整，都市計画の制定，スプロール化の抑制などさまざまな面において，政府が主導的な役割を果たすというモデルである．もちろん，このモデルは千篇一律ではなく多様であり，経済地理（沿海部と内陸部），資源賦存，政治経済レジーム（企業と政府の相互作用），ガバナンス能力などの面で相違があらわれている．政府主導による多様な発展モデルから，以下のような現象が明らかである．

(1)　市街地拡張は大規模で急速だが，地域格差がみられる

　改革開放以降の30年間，市街地面積は急速に増加し，大規模になった．全国の市街地面積は，1981年の7438平方キロメートルから，2009年の3万8107.3平方キロメートルへと，5.12倍に拡大した（図6-1）．このように市街地面積は急速に増加したが，その速度は都市によって大きく異なる．1973年から2007年まで，海口市の市街地面積は23.42倍に拡大し，100万平方キロメートル増えた．防城港，鄭州，寧波などの都市は5倍以上に拡大した．変化が最も小さいのはチチハル市で，2008年の市街地面積は1989年のわずか1.21倍にすぎない．北京，上海，深圳，南京，広州，鄭州，成都の7都市では，拡張面積が年平均10平方キロメートルを超え，最も大きい北京では，ここ30年来の拡張面積は年平均26.69平方キロメートルにのぼる．一方，シガツェ，カラマイ，武威，宜昌，チチハル，南充，ラサ，麗江，湘潭，西寧，蚌埠の11都市では，年平均拡張面積は1平方キロメートル未満で，そのうちシガツェ市の年平均の拡張面積は0.25平方キロメートルにすぎない[1]．

　　　　　ける複雑で多様な利害関係を調整するために，さまざまなアクターがインフォーマルな関係によって協力する構造のことである．本章157ページを参照されたい．

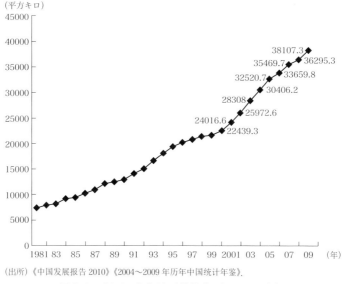

図6-1 全国の市街地面積推移（1981-09年）

(2) 住宅用地・工業用地が大きく増加し，その比重が高い

国家統計局の公表データで都市建設用地の内訳をみると，住宅用地と工業用地の割合が大きく，2004年にそれぞれ31.0％と26.5％を占めていたが，2009年には住宅用地の割合が28.4％に低下したのに対し，工業用地の割合は30.0％へと上昇した（図6-2）．

全体をみても，住宅用地と工業用地の占める割合が大きく，工業用地の増加は住宅用地より速いことがわかる．2009年に，全国で供給された土地のうち住宅用地の面積の割合は45.8％で，工業用地は42.3％だったが，2010年には住宅用地が44.8％まで低下したのに対し，工業用地は42.7％まで上昇した．2011年にも，住宅用地の割合は引き続き減少して35.4％となったが，工業用地は52.1％となり，工業用地の供給面積が初めて住宅用地を上回った[2]．

以上のように，政府主導による都市拡張モデルの下では，不動産業の急成長と外資誘致政策による工業の急成長という2つの要因が，都市建設用地拡張に反映されている．そのため，政府が不動産業の過熱を抑えるために政策調整を実施したあと，住宅用地の割合の低下と工業用地の割合の相対的な上昇を招い

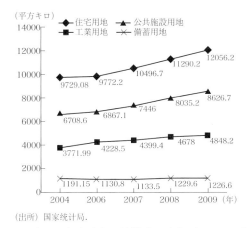

図 6-2　全国の都市建設用地構成の変化（2004-09 年）

たのは当然だろう．

(3) インフラ整備と低所得者向け住宅整備による地方政府の債務発生

国家監査局（国家審計署）の 2010 年の活動報告書によれば，「我国では，1979 年に初めて地方政府の債務が発生し，96 年までに全国の省級政府（計画単列市[訳注3]を含む）すべてと，市級政府の 90.05％，県級政府の 86.54％が債務を負うようになった．2010 年末に，54 の県級政府を除き，全国の省，市，県の各級地方政府の公的債務の残高は 10 兆 7174.91 億元となった．そのうち，政府が償還の責任を負う債務は 6 兆 7109.51 億元で 62.62％を占め，担保責任を負う債務は 2 兆 3369.74 億元で 21.8％を占めている．一定の救済責任のある債務は 1 兆 6695.66 億元で，15.58％を占めている」[3]．

また，先行研究によれば，地方政府の債務は全国 GDP の 20～30％を占めており，インフラ建設と低所得者向け分譲住宅（保障性住房）建設のための資金調達が，地方政府の債務拡大の原因となっている[4]．注目すべきなのは，近年，とくに 2003 年から 2009 年にかけて，中央財政からの移転支出と税収還

[訳注3]　正式名称は「国家社会与経済发展計画単列市」で，同計画の中で省と同等の独立した権限を与えられた大連・青島・寧波・厦門・深圳の 5 都市を指す．

付^{訳注4]}の占める割合が一貫して上昇し，地方財政の収支差額やその繰越残高が総支出に占める割合も上昇する傾向がみられることである（図6-3）⁵⁾．「現行の財政制度の下では，都市政府が負担する公共サービスとインフラ施設に対して，安定した財源を欠いている．租税制度の規定により，土地の譲渡収入，土地からの直接税収，不動産・建築業などからの土地関連税収が都市政府の下に置かれるため，都市化推進という名目で，都市政府が必要以上に多くの土地を占用する誘因となってきた．近年盛んに行われている地方政府の融資平台^{訳注5]}も，その基盤と融資規模は市街地の占有面積や規模によって決まる」⁶⁾．

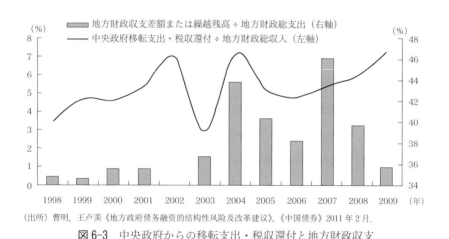

(出所) 曹明，王卢美《地方政府債務融資的结构性風険及改革建議》，《中国債券》2011年2月．

図6-3 中央政府からの移転支出・税収還付と地方財政収支

訳注4〕 どちらも中央財政から地方財政への補助にあたる．

訳注5〕 地方融資平台は，地方政府傘下の投資会社で，城市建設投資公司などの名称を使う．平台はプラットフォームのことである．地方政府は慢性的な資金不足であるうえ，財政規律を維持するために地方債の発行も原則として禁止されているので，融資平台はその抜け穴として資金調達の手段となっている．もともとは地方政府が財政資金や土地，債券などを出資して設立されたが，近年は理財商品と呼ばれる個人向けの高金利金融商品で原資を調達することも目立つ．調達した資金は，都市建設や工業団地などに投資される．経営者は地方政府の官僚でガバナンスが不十分なうえ腐敗の温床ともなり，開発に失敗すれば不良債権を生み，原資の理財商品も無理な高利で社会問題となるなど，不安定な制度であるため規制が強められている．

(4) 都市開発と再開発が強力に進められ，社会分化が拡大している

　中国の沿海都市のある部分は秩序よく拡張されているが，他の都市の拡張はコントロールできず，社会空間が両極化している．一部の都市政府の開発の推進力は明らかに他の都市を上回っているが，理由の1つは財政力の違い，もう1つは都市計画初期の空間戦略の選択である．貧困層の集中地区がいったん広い面積にわたって形成されると，その再開発には莫大な費用を要する[7]．現行の都市政治経済レジームの下では，政府が資源配分の決定に大きな力を持ちながら，都市の発展戦略・計画・政策の制定と実行に当たっているため，そのガバナンスが都市の開発と再開発に与える影響は無視できない重要な要素である．

　都市の発展は，経済成長にとって必要なだけでなく，都市政府自身の利益にも関わっている．このため，地理的条件が優位か劣位かにかかわらず，すべての都市政府は自身の利益のために都市建設を促進し，「借金」と「土地売却」によって資金を調達している．都市発展の最も重要な一環である都市の成長のためには，外資導入・企業誘致に力を入れ，工業用地の価格を引き下げ，税制優遇政策を実施し，都市空間の拡張を促進し，工業用地の絶え間ない拡張を加速させてきた．また，経常的な財政支出の基盤に加え，不動産開発に一層力をいれて「土地財政」[訳注6]を形成し，融資平台を利用しながら借入金を増やして，インフラ建設と低所得者向け住宅整備の資金不足を補い，都市建設用地の増加を促進し，住宅用地の拡張を加速させた．借入金にせよ土地売却収入にせよ，あるいは工業用地にせよ住宅用地にせよ，いずれも政府主導の下で行われ，最終的な空間の変化は大規模で急速な都市拡張となってあらわれる．しかし，低価格の工業用地分譲や税制優遇政策は，財政の社会的支出と公共サービスへの投資を制約し，社会的な分配の不平等を激化させる．商業用地と住宅用地の開発は，土地収入だけでなく住宅価格も引き上げ，都市の社会空間の分化をいっそう拡大するとともに，政府が都市景観を改善する難しさも次第に大きくなった．たとえば，都市拡張の過程であらわれた緑地面積の動向と社会空間の分化傾向をみれば，都市政府の再開発推進の背景と，それがもたらした分化を伴う拡張を観察できるだろう．

　訳注6〕　第5章訳注11を参照されたい．

筆者が調査した葫蘆島市[訳注7]を例として，既存の統計データから分析すると，緑地の発展は3つの段階に分けられる．第1段階は1989-95年の安定成長期で，緑化被覆率も公共緑地面積も，緩やかに増加した．第2段階は1996-2002年の急成長期で，緑化被覆率，被覆面積，公共緑地面積，1人当たり公共緑地面積は，それぞれ急速に増加した．第3段階は2003-10年の停滞期で，緑化被覆面積が停滞し，都市拡張の規模と速度が増大したために，1人当たり公共緑地面積は大きく減少し（図6-4），緑化被覆率も1999年の水準まで低下した（図6-5）．それだけでなく，緑地の配分が単位付属緑地[訳注8]と公共緑地に偏り，居住区緑地の比重が低い．葫蘆島市の市街地における緑地の分類統計をみると（図6-6），防護緑地（道路や鉄道などの付属緑地帯）が1166.66ヘクタールで総面積の41%を占め，風景区緑地（景観用の緑地）は29.5ヘクタールで総面積の1%，公共緑地は595.46ヘクタールで総面積の21%を占めている．これに対して，居住区緑地は240.92ヘクタールで，総面積の8%にすぎない．単

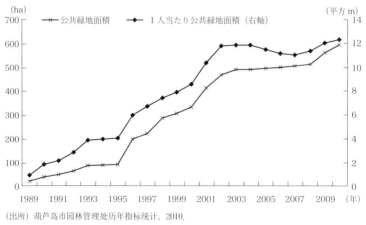

(出所) 葫芦島市園林管理処歴年指標統計，2010．

図6-4 葫蘆島市における公共緑地面積と1人当たり公共緑地面積の変化（1989-2010年）

訳注7〕 遼寧省南西部の港湾都市で，市区人口は100万人弱である．
訳注8〕 「単位」は改革開放前の中国社会の基層組織だが，この場合は企業や官庁，学校などに付随する緑地を意味する．

第 6 章 都市拡張モデル

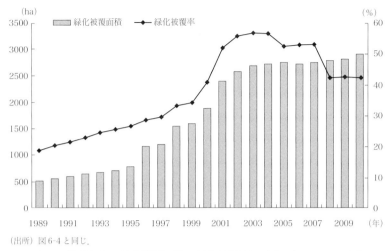

(出所) 図 6-4 と同じ．

図 6-5 葫蘆島市の緑化被覆面積と緑化被覆率の変化（1989-2010 年）

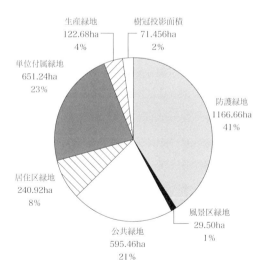

(出所) 図 6-4 と同じ．

図 6-6 葫蘆島市の緑地資源分布

位付属緑地は651.24ヘクタールで総面積の23％，生産緑地は122.68ヘクタールで総面積の4％を占めている．樹冠投影面積は71.45ヘクタールで，総面積の2％を占めている．葫蘆島市の緑地発展パターンには深刻な不均衡がみられ，公共緑地と単位緑地の比重が高く，とくに単位緑地は居住区緑地のほぼ3倍にのぼっている．

2　都市拡張の理解——成長，分化，スプロール

(1)　都市の成長

　中国の都市成長を解明するとき最初に直面する問題は，都市拡張を既存の理論で説明できるか，ということである．J. フリードマン[訳注9]によれば，中国の状況はどのグランドセオリーを用いても完全に整合的に説明することは不可能で，近代化・グローバル化・都市化・国家整合理論を用いて単純に解釈してはならない．なぜなら，中国の都市は中国の歴史・文化の中に根を深く下ろしており，中国は単なる国家ではなく，研究に値する独自の論理を持つ文明だからだというのである[8]．もちろん，このような主張にも学ぶべき点はあり，歴史的視点を持って既存の理論に挑戦する勇気を持つべきだと教え，中国の都市成長現象には慎重に取り組むべきだと戒めてくれる．しかし，J. ローガン[訳注10]によれば，もし単一で有効な理論がなければ，いくつかの理論を合成すべきであり，中国の問題は中国自身にとって重要なだけでなく，世界の他の地域にとっても学ぶべきところが多いという[9]．我々は中国の都市成長について，まず発展途上国の都市化に対する既存の一般的な理論を用いて検討し，同時に現在の中国が計画経済から市場経済への移行期にあるという特殊性にも留意しなければならないと考えている．

　中国の都市成長の研究に関して，主として6つの競合する理論がある．すな

訳注9］　J. フリードマン（John Friedmann）は開発行政・開発教育の専門家で，エンパワーメント・市民社会・世界都市などをめぐる論考があり，中国の都市研究も行った．

訳注10］　J. ローガン（John Logan）はアメリカの都市社会学者で，近年は中国の新型都市化への発言も多い．

わち近代化論，自立的発展と世界システム論，新マルクス主義都市論，グローバルシティ論，市場移行論，発展志向型国家論である．ローガンによれば，この6つの理論はいずれも単独では中国都市の成長と都市化を効果的に説明できず，またどの理論も問題を部分的にしか解釈できないといわれる．6つの理論は大まかに2種類に分けられる．1つは国際環境から論じる前の4つの理論で，中国の都市化は世界資本主義の工業システム・都市システムの一部であり，グローバル化における産業移転と国際秩序の変化に巻き込まれていることが強調される．もう1つは国内の変化から論じる後の2つの理論であり，中国の独自性を強調し，国家の支配と役割（role of state），ポスト社会主義（post socialism）における市場への移行（market transition）を強調している．

国家の政策，地域経済の成長，さまざまな歴史地理的要素も，地域における都市化にかなり大きな影響を及ぼすが，なかでも最も大きな役割を果たしたのは外資である．多くの文献が指摘しているように，中国ではWTO加盟に伴って貿易量が急増し，外国からの直接投資は中国都市の成長に顕著な影響を与えて都市の拡張を促進した．中国の多くの都市はグローバルな資本移動の競争の中に置かれ，グローバルな都市ネットワークの一部になっており，さらに北京市は世界都市（世界城市）[訳注11]になるという目標まで打ち出した．これらのことは，中国における都市の成長過程で，国外からの力がますます重要な役割を果たすようになってきたことを物語っている．

一方，都市成長における国家の力と役割も軽視できない．地方政府主導の投資と都市発展は，早期において確実に経済成長を推進し，都市の様相を大きく変えたが，同時に多くのマイナス面も生じた．近年，中国では都市の土地利用をめぐる違法事件が急速に増加し，同時に各級・各類の開発区が大規模に増えてきた．各種開発区の計画面積は，すでに全国の建設用地の総面積を超え，地方政府主導の都市開発によって引き起こされた「土地違法（土地をめぐる不法行為）」と「規划失灵（計画の機能不全）」が広くみられるようになった[10]．地方政府主導の大規模な都市開発で，「国家‐社会（国家‐民間）」関係の対立が

訳注11］ 2004年に王岐山市長代理が，北京市の都市マスタープランを検討する中で，世界都市というスローガンを提唱した．

激化し，たとえば都市部で立ち退きやその反対運動が頻繁に起こるなど，社会に対立感情や不安定な要素を引き起こし，同時に土地が地方政治の中心問題となった[11]．長期的な発展戦略，計画，政策の連続性の欠ける都市では，資本蓄積や建設推進が地価の上昇をもたらし，その後の継続的な建設や再開発を困難にしている[12]．たとえば城中村（都市内の農村）は，都市拡張の過程で再開発コストが高すぎるため，故意に無視されてしまった[13]．地方政府の経済的インセンティブや企業行為に注目する研究は数多く行われてきた．「分税制」[訳注12]や「土地財政」，「GDP至上主義発展パターン」などのキーワードで検索すると，多くの関連文献がヒットする．このことからも，都市拡張における地方政府の行為がある程度説明できるだろう．

　都市成長への影響について，国外からみれば主に資本の要因があり，国内では主に権力の要因が働いている．資本について，D. ハーベイ[訳注13]の資本蓄積と資本循環に関する理論は，都市空間が資本蓄積の一部分として資本の循環に組み込まれているとして，都市建設の環境の政治経済学的基礎を定めた[14]．M. カステル[訳注14]の集合的消費（collective consumption）理論は都市を「資本蓄積と富の分配，国家による統制と国民の自主性との間の衝突と焦点」とみなしている[15]．S・サッセン[訳注15]のグローバルシティ理論は，資本のグローバルな移動によって都市のグローバルネットワークが形成され，資本のグローバルな移動は都市空間の再編と変遷に大きな影響を及ぼしたと指摘している[16]．以上の理論は，西洋の民主制や自由資本主義の政治経済を基本的前提とした仮説であるため，中国の研究にそのまま適用することはできないが，資本の運動の基本的論理は相当な説得力を持っている．

　H. モロッチ[訳注16]の成長マシン（growth machine）論は，都市成長の推進力

訳注12〕　第5章訳注27を参照されたい．
訳注13〕　D. ハーベイ（David Harvey）はイギリスの地理学者で，マルクス理論を地理学に応用して都市問題などを研究した．
訳注14〕　M. カステル（Manuel Castells）はアメリカの都市社会学者で，マルクス理論によって都市の消費行動や社会運動を分析したが，その後，情報社会の研究でも影響を与えた．
訳注15〕　S. サッセン（Saskia Sassen）はアメリカの都市社会学者で，グローバルな金融やサービスの機能の拠点となる大都市を，グローバルシティと名付けた．

として，成長の促進を通じて利益を得られる成長連合（growth coalition）が存在し，この成長連合の形成は都市成長の政治・経済的原動力となるという[17]．一方，C.ストーンが提唱する都市レジーム論では，政府機関はある程度民衆によってコントロールされており，経済は全てではないが主に私人の投資決定に導かれるため，この「レジーム」は都市権力と資本の分業によって築き上げられたものだという[18]．都市レジーム論は成長マシン論に比べて，制度や体制における権力と資本の相互作用をより一層重視しており，現代中国における都市成長の政治経済的分析において相当な程度の説得力を持っている．

中国の都市成長の政治経済的要因を分析する際には，計画経済から市場経済への移行過程で形成された「権力‐資本」関係を明らかにしなければならない．改革開放以前の中国は，近代以来の危機に対処するため全面的で系統的な権力を備えており，鄒讜[訳注17]はこれを「全体主義国家」(totalistic state) と呼んだ[19]．このような全体主義体制に対して，中国がまず行った改革は経済分権と地方分権であり，それによって全体主義国家の系統的な権力は少しずつ緩められている．市場経済への転換過程で，資本と権力の連携は緊密になって資源配分の要因となったが，倪志偉[訳注18]はそれを政治化資本主義（politicized capitalism）と呼び，政府と企業の間に密接な政治的連携があり，国家は依然として企業の決定に影響を与えると指摘している[20]．

以上をまとめれば，中国の都市成長に影響を与える要因は2つあり，1つは国際的な資本移動であり，もう1つは中国の都市成長レジームと成長連合である．これらによって，中国の都市拡張について大まかに説明できる．国家・市場・社会関係という視角からみても，権力と資本の関係という視角からみても，都市成長の推進過程で都市政府は成長連合の重要な参加者であり，都市レジームの主導者である．政府は都市成長を促進する原動力を持つとともに，より大きな範囲で資源を配分し，さらに都市の発展を主導し，大規模で急速な都市拡

訳注16］ H. モロッチ（Harvey Molotch）はアメリカの都市社会学者・環境社会学者で，都市やマスメディアにおける権力関係を研究した．
訳注17］ 鄒讜は中国系アメリカ人の政治学者で，現代中国の権力構造について研究した．
訳注18］ 倪志偉（Victor Nee）は中国系アメリカ人の経済社会学者で，ネットワーク論や組織行動論から経済社会学にアプローチした．

張を推進できるのである．

(2) 社会空間の分化

都市の成長に伴い，社会分化も激しくなったことに気付く．

まず，経済成長によって大量の外来人口が都市に入り込んできたが，戸籍制度のもとで，政府は都市戸籍を持たない移住者の永住を許可しないため，多くの臨時的労働移民が現れ，「半都市化」[訳注19]の現象が現れた[21]．改革開放以降，農村から都市への人口移動は都市拡張の原動力となった[22]．しかし，戸籍制度と大規模な都市化による人口移動が合わさって，都市の社会空間の分化が激しくなった．都市化によって四つの新しいタイプのコミュニティが生み出されたが，それは分譲住宅のコミュニティ，都市・農村の境界コミュニティ，流動人口の集中居住コミュニティ，流動人口と在来人口の混合コミュニティである[23]．都市の社会空間の分化は，日増しに両極化を招いている[24]．

もう1つ見過ごせないのは，都市化の過程で政府権力と市場の力との連携も，社会空間の分化を促進したということである[25]．政府は大きな権力を持ち，あらゆる公共サービスの唯一の提供者といってもよい[26]．都市の成長と分化の過程で，権力と資本は基本的な資源配置に決定的な働きをしているだけでなく，資源配分にも大きな影響を与えており，さらに社会空間の分化ももたらしている．まず所得の一次的な分配の過程で，既存の体制の内外で不公平が生じる．たとえば，国有企業の従業員は賃金が高いうえに，高水準で安定した福利厚生も享受できる．「市場の独占によって企業が超過利潤を維持する一方で，労働市場の参入障壁によって就業機会が不公平なため，特定業界の超過利潤を個人の所得へ転嫁することが可能になった」[27]．

そして，産業構造の転換や技術進歩などによってもたらされた就業構造の変化は，失業率の上昇を招いた．さらに，労働集約を特徴とする中小企業は生産費上昇と利益低下の圧力に直面し，これも失業率の上昇を招いている．これらは社会空間の分化をもたらし，それを激化させる．

訳注19〕 原文は「半城市化」．農村人口が都市へ移動し，居住し就業しているにもかかわらず，都市戸籍の市民との間の経済的・社会的な格差が解消されない現象を指す．

所得再分配の循環をみれば，地方政府は都市の成長を促すために，しばしば税制の優遇や税金の還付を条件として示すため，これが財政を圧迫して公共サービスや社会福祉への支出を減少させる．このほか，インフラ整備への投資が地方政府の支出に占める割合は大きいが，これが所得再分配の深刻な不均衡を直接改善できるわけでもない．「资本过度深化（行き過ぎた資本化）」という現象が目立っている[28]．

経済成長と社会的な分配という視覚からみれば，都市の経済成長は都市建設を増大させたが，社会的な所得分配は抑制され，地方政府の社会支出の伸びも緩やかで，分配の不公平はすでに都市の社会空間分化と空間の不均衡発展に明らかにあらわれている．関連研究によると，低所得の就業構造，限定された公共サービスとチャンス，高貯蓄率と低教育水準などが，中国の都市における新たな貧困の主因であり，社会分化をさらに激化させている[29]．

要するに，発展の過程における体制的要因のほか，経済構造と社会的分配が都市の社会分化に与える直接かつ重要な影響を，より一層はっきりと認識しなければならない．

(3) 都市のスプロール化

以上に述べたように，都市の成長と社会の分化は共に絡み合いながら，都市空間の分化と拡張を促した．それだけでなく，このような分化を伴う拡張にはスプロール化の特徴もみられることに留意すべきである．

一般的な理論でいえば，都市がスプロール化するか否かは，技術，生活様式，土地所有制度，政府のガバナンスなどによって決まる．たとえば，小型自動車の利用，都市中産層的な生活への志向，住宅地の大規模な開発，住宅改良や関連する金融支援などは，中国都市のスプロール化を一般的に説明している．しかし，注意すべきことは，中国のスプロール化は都市の成長方式と深く関わっていることである．投資駆動型という都市の成長方式に伴う一部の都市のスプロール化は2つの特徴を持ち，工業用地やインフラ用地が大規模に拡大される一方で土地利用の効率性は低く[30]，住宅用地が大規模に拡大される一方で空室率が高い[31]．もう1つ留意すべきことは，スプロール化は社会分化の程度にも密接に関連しているということである．中国の都市周辺地域の成長に伴うスプ

ロール現象は，必ず「城中村」や貧困住宅区の出現と拡大を伴う．成長が急速なら，社会分化も激しくなる．このような現象は，アメリカで特に顕著に表れている．アメリカの6つの大都市を対象に行われた最近の研究によると，スプロール化した地域では，社会分化が確実にあらわれることが明らかになった[32]．

北京を例にとれば，最近の地理学者の測定（図6-7）によれば，1932年以降の北京の急速な都市拡張は，1984-92年と2000-07年の2回起こっている[33]．北京市の拡張方式について，「非農業用建設用地は明らかに砕片化と不規則化がみられ，良好な計画とコントロールに欠けており，不連続な開発，線状の開発，飛地の開発[訳注20]という特徴が顕著であり，拡張の形態は不合理である．新設された非農業用建設用地では建築密度と容積率が低く，また人口密度と経済産出水準はともに元の土地よりも低く，拡張の効果は小さい．都市のスプロール化は大量の耕地と空地を占有し，交通に重い負担となり，農業・環境・都市生活にも顕著なマイナスの影響をもたらした」[34]と述べられている．このような現象と問題点について，呉良鏞教授は空間と都市計画の2つの視角から，「単一中心都市空間モデル」によって，郊外の発展が中心部よりはるかに遅れたことが原因だと分析している[35]．北京の都市化進展と空間の社会化の過程は，同心円理論[訳注21]によって説明できるが，類似点だけでなく現在の北京と当時のシカゴには相当大きな相違点がある．北京ではチューネン圏[訳注22]の特徴を示すほか，郊外化やスプロール化が政府のガバナンスの砕片化を伴っている[36]．つまり北京のスプロール化の原因には，一般的な成長要因や技術要因のほか，都市の不均衡発展，社会分化，貧困住宅区の出現と拡大という原因もみられるのである．

総じていえば，中国の都市空間の再構築過程では，2つの特徴がみられる．1つは「窮人向外（貧困層は郊外へ向かう）」ということで，郊外化とともに

訳注20〕 引用元の論文の表記では，discontinuous development, strip development, leapfrog development.

訳注21〕 第2章訳注21を参照されたい．

訳注22〕 ドイツの農業経済学者J. チューネン（Johann Heinrich von Thünen）の説で，消費都市の周辺に同心円状に経営形態の異なる農業地帯が形成されることを示した．

第 6 章　都市拡張モデル　　　　　　　　　　　　　　　　　　　161

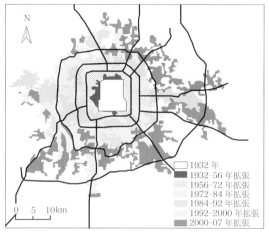

(出所) 匡文慧, 邵全琴, 刘纪远, 孙朝阳《1932 年以来北京主城区土地利用空间扩张特征与机制分析》,《地球信息科学学报》2009 年第 4 期.

図 6-7　1932 年以降の北京のスプロール化

城中村が現れ，多くの流動人口が郊外の貧困地区に集まった．もう1つは，「富人向里（富裕層は中心へ向かう）」ということで，中心部のジェントリフィケーション（gentrification）が進み，上流・中流階級が中心部に集中していく．先行研究によると，中国の都市内部の社会分化は主に2つの特徴を示し，1つは非都市戸籍人口が都市周辺部に住み，もう1つは空間分化が改革開放前の単位制度下の職業別階層分化による人的資本の格差（education attainment）に基づくということである[37]．総合的に分析すれば，中国の都市拡張は，現在の政治経済的条件の下で社会空間の分化を伴い，都市のスプロール化を促進した，と考えてもよいだろう．

　要するに，都市化の過程で，単に発展のみを論じるのは限界がある．2003 年，中国共産党第 16 期中央委員会第 3 回全体会議で打ち出された「科学的発展観」という概念は，やみくもで不均衡な発展を防止し，発展のマイナス効果を予防するために提唱された．都市成長について，1970 年代の西洋では「都市経営」という概念がすでに打ち出され，中国でも一時は都市経営がブームになっていた[訳注23]．いわゆる都市経営とは，都市に市場メカニズムを導入し，都

市を成長マシンとして扱うことである．しかし，都市経営を行った結果，都市の発展は過度の商業化に走り，地価が高騰した．都市経営によって地方政府は多額の土地財政収入を手に入れたが，庶民は不動産価格の高騰で住宅が買えなくなった．中央政府は，地方政府の「土地による金儲け（以地生財）」という成長方法に歯止めをかけ，潜在的金融リスクを避けるために，近年は一連の是正策を公布してきた．これによって，地方政府が人民のためにつくし，人民生活を安定させるという基本的機能の強化が図られている．社会分化という面では，中国の都市拡張は複雑な過程であり，土地を失った農民に対する立退き補償，無秩序なスプロール化でできた城中村の整理，都市と農村の境界地域の管理など，多くの課題を抱えている．それは人口の大量で急速な流入と関わり，都市計画・住宅制度にも関わっている．都市の発展は空間の問題だけでなく，社会の発展こそ都市化の核心である．

3　都市拡張の政治経済レジーム

もし我々が上述のような都市成長，社会分化，スプロール化などの現象やそれに関する分析にとどまるなら，それだけでは中国の都市拡張の問題の本質には接近できない．この点で，都市レジーム論は政府と企業の相互作用のしくみを強調し，権力と資本の関係という視角から都市拡張の研究に理論的基礎を提供した．

都市の発展過程において地方政府と企業が形成した政治経済レジームはかなり柔軟であり，都市によって大きな相違があらわれるが，全体としては市場経済への移行により経済成長がもたらされ，社会組織の秩序を改変し，国家と市場の関係が改められた．レジーム論によれば，中国では，表面的な相違の背後にある都市の政治経済レジームが，かなりの程度まで政府主導の都市拡張モデルによって決まる．表面的には，政府による関与は次第に市場から除かれているが，国有セクターは政府との強力な連携を残し，私有セクターは政府とのつながりが弱い[38]．全体主義社会における政党や国家は，イデオロギー，合法性，

訳注23〕　都市経営は，日本でも多くの自治体に取り入れられた．

社会経済的需要のそれぞれの面で，政治とのつながりが弱いセクターをコントロールし，経済発展の主導権を握る必要がある．だからこそ，都市の発展において，このような政治経済レジームが政府主導の発展モデルの基本的前提となった．政府主導による経済成長は，主に以下の4つの面で実現される．

(1) 金融

企業の日常的な運営は，国家主導の金融システムに依存しなければならない．現在の状況では，金融システム内部に権力社会ネットワークを持たなければ，一般の中小企業は必要な融資を受けにくい．融資を獲得するには，国の補助的な政策だけでなく，関連する地方政府の政策，制度，環境，社会的ネットワークも必要である．地方政府は，金融機関の融資判断に容易に介入でき，甚だしい場合は地方政府自身の利益と必要に基づいて銀行の管理層を直接任命または推薦することができる[39]．

(2) コーポレート・ガバナンス

1994年「会社法（公司法）」が公布され，中国政府は，欧米のコーポレート・ガバナンス（企業統治）の経験とモデルに基づいて，中国でもガバナンスとそのための組織の基準を設けるように求めた[40]．この改革は，欧米のガバナンス構造を以て，従来の共産党と国家による国家社会主義のガバナンスに代替させるものである．欧米諸国のように，経営者は会社のガバナンスにおいて最も重要な機関になった[41]．このようなコーポレート・ガバナンスの変化によって，従来の「企業办社会（企業が公共サービスを提供する）」[訳注24]がなくなったおかげで，会社は大量の人員とコストを削減することができ，市場での活動に専念することができるようになった．

しかし，「単位」制度からの転換は徹底できず，以前からの思想や理念，制度と組織は依然として多くの国有企業に存在している．従業員の政治的地位は根本的に変化したが，党と国家は企業に対するコントロールと監督管理を緩め

[訳注24] 改革開放前は，企業などの「単位」が，従業員だけでなく家族も含めて，あらゆる公共サービスを提供してきた．第1章訳注3も参照されたい．

ることはなかった．国有企業では，多くの取締役（董事会成員）が共産党員の身分と政治的経歴をもっている．さらに，一部の外資企業や非国有の中小企業でも「党員グループ（党員小組）」または共産党委員会が相次いで設立された．多くの公有企業と私有企業では，国のコントロールの強弱に関わりなく，共産党や政府とつながる責任者の割合が高い．ただし，地域によって企業のトップと党や政府との関係は異なり，たとえば沿海地域ではその関係が比較的に弱く，また公有企業より私有企業のほうがやや弱い[42]．近年では，「海外進出（走出去）」戦略の実施と推進に伴い，中国企業の海外進出がよりいっそう高まったため，M&A（企業の合併・買収）とコーポレート・ガバナンスのいっそうの近代化が促進され，ガバナンスの支配権も変革された．中国のコーポレート・ガバナンスの近代化によって，会社の経営陣の役割は重要になったが，経営陣の主要メンバーは政府と複雑に絡みあっている．このことが，企業に対する政府主導の制度的基盤と新たな組織運営方法の基礎となっている．

(3) 資源配置

市場経済体制の確立とともに，市場の細分化と企業間分業の深化に応じて，権力の経済への浸透状況も異なってきた．権力は，2つのルートや手段を通じて，市場への支配を強化している．1つは，生産要素市場，商品市場，資本市場を区分し，市場のタイプに応じて異なる支配政策が講じられるようになった．もう1つは，市場に対して社会的な働きかけを強化するようになった．ほとんどの大型・中型国有企業は資源要素市場にあり，たとえば石油，冶金，化学，鉄鋼，電力などの原材料市場で，国有資本は独占的地位を固めて価格形成を支配し，業界標準を定め，独占政策を実施し，少なくとも産業を主導する力を持っている[43]．「ヘクシャーオリーンの定理」や「比較優位の原理」[訳注25]にあるように，中国各地の比較優位をめぐる格差は極めて大きいので，いったん比較優位と市場の独占が形成されると，企業は独占状態や既得権益を手放すことはない．そうすると，完全競争市場は成立しにくく，中小企業の経営環境は相対

[訳注25] どちらも，本来は2国間の比較優位に関わる貿易理論だが，国土が広く市場が分断されている中国では，あてはまる面もあるだろう．

的に悪化し，地域間格差はさらに拡大する．同時に，このことが権力に対する企業の渇望をいっそう強めることになる．

(4) 経営環境

　企業の経営環境とは，現在の政治環境や社会環境の中で形成された，企業の経済活動に影響する外部条件のことである．たとえば，起業に必要なさまざまな許認可，企業経営の過程におけるさまざまな審査・許可や監督・管理，評議・審議などを指す．また，企業の社会的責任を果たすこと，政府が定めた動かしがたい目標をやり遂げること，企業誘致の過程における具体的条件の交渉，地元の治安や企業の生産安全なども入る．これらの外部条件は企業の発展をさまざまに制約し，各種の規制の基準を構成している．企業が存続するためには，権力システムによる運営に依存しなければならない．政府の政治的役割が経済活動に多くの制約を与えるため，レントシーキング（利権あさり）とレントセッティングが生じている[44]．ある程度，政府の責任は間接的に企業に転嫁されたと言えよう．

　要するに，このような政治経済レジームを通じて，都市政府は都市の発展を全面的かつ効果的に促進することができる．都市発展の初期段階では，このような政府主導の拡張モデルによって，都市の様相とインフラの改善を順調に促進することができた．しかし都市の発展につれて，その弊害も徐々に顕在化した．とりわけ，前述のように土地の都市化が人口の都市化を上回る速度で進むという問題は深刻で，社会矛盾と社会問題をもたらし，都市のやみくもな拡張やスプロール化が続出している．もちろん，以上の４つの面は都市によって条件と状況が違うため，それぞれ講じた政策と具体的行動にも差異があり，都市が異なれば，政府と企業の政治経済レジームにも相違性と多様性がみられる．一部の都市は企業を誘致する力が強く，ある程度の社会的支出も維持でき，一次的な所得分配とその後の再分配を公平に調整することができる．それに対して，一部の都市はこれらの能力に欠けるため，都市開発と都市成長の推進過程で，公平に調整する能力を欠くうえに，都市空間の拡張を効果的に抑制することもできず，しばしば都市のスプロール化を招いてしまう．

4 結論

　中国の都市拡張モデルが欧米諸国のモデルと異なる点は，政府が都市拡張を主導的に推進する役割を果たしているということである．このような政府主導の強力な成長連合，あるいは政治経済レジームによって，中国の都市の様相には比較的短期間で驚天動地の変化が起きた．都市建設が大幅に増え，郊外化，社会空間分化，スプロール化などの現象が次第に顕在化し，複雑に絡み合っている．このような政府主導の発展モデルによって，一方では大規模で急速な都市拡張が進み，住宅用地と工業用地の面積も急増して，都市拡張のための地方政府の投資と融資の規模も急速に拡大した．他方で多くの社会問題がもたらされ，社会資源配分の不平等，効率の低い分化した拡張やスプロール化を招いた．また，このような政府主導の都市拡張モデルが形成できたのは，地方政府が経済の発展と市場経済への移行を促進する中で都市レジームを形成し，金融，コーポレート・ガバナンス，資源配置，企業の経営環境などを通じて都市経済の発展を主導し，大規模で急速な都市成長を可能にしたためである．ともかく，都市の持続可能で包括的な発展を促すために，我々は引き続き現在の都市発展の政治経済レジームを調整し，当面の政府主導の発展モデルを改め，都市の経済と社会の発展を両立させる新たな道を探らなければならない．

第7章
旧市街再開発モデル

　1980年代末から，中国は急速な都市化の段階に入った．この段階の主な特徴は，多くの農村労働力が都市部へ移動し，農業以外の産業に従事するようになったことである．その過程で，一面ではもともとの農地が都市建設用地として使われるようになり，もう一面では都市発展の需要に応じて都市の既存の土地が大量に再開発されるようになった．中国では都市部の既存の土地（旧市街）は往々にして都市中心地域にあり，非常に重要な位置を占め，巨大な経済的価値を持っている．そのため，現在の急速な都市化の過程で，旧市街の再開発を行おうという地方政府の意欲が高まった．大規模な旧市街の再開発によって，農村人口の流入や，都市化に伴う住宅問題，商業施設の開発など，都市の現代化に関わる問題を短期間で解決することができる．しかし，急速な都市化の過程で，一部の地方政府は経済効率や都市の現代化，記念碑的な無用の建築などをやみくもに追求し，旧市街で大規模な撤去と建設による「改造」を行った．その結果，都市の文化的な特色が失われ，「千城一面（どの都市も同じ顔）」になってしまった．また，短期間で大規模な「改造」を行うことによって，多くの社会問題が引き起こされている．

1　概念と現状

(1)　関連概念
　本章でいう「旧市街」（旧城）は，広義の旧市街である．すなわち，1990年代の急速な都市化以前から存在した都市地域で，その中には1949年の新中国成立から1990年代までに工業や住宅の需要を満たすため新設された地域も含

まれ，1949年以前に造られた文化財として価値のある「歴史的旧市街」（歴史旧城）も含まれる．後者には，たとえば北京市が1990年に定めた25か所の第一次歴史文化保護区などがある．旧市街の「再開発」は本章の主題だが，その中でも一定の歴史的価値のある「旧市街」（旧城区域）をとくに重視するのは，従来の旧市街「改造」と区別するためである^{訳注1)}．

　実は，都市部における旧市街の「改造」はかなり前から行われてきた．新中国成立以来，中国のほとんどの都市は従来の旧市街を基礎として発展したものであり（たとえば1949年以降の北京市の改造），多くの都市の配置は新市街が旧市街を取り囲んで外へ向かうようになっている．改革開放以降，都市の中心部ではより便利な生活のために医療，教育，交通などが整備されたため，地価が絶えず高騰して不動産の開発ブームになってきた．また，旧市街に住んでいる住民たちは，居住条件の改善と「現代化」を求めている．これらの要因によって，1990年代以降の急速な都市化の過程で，旧市街は改造と開発の圧力に直面してきた．

　また，都市の土地の全人民所有制という特性から，旧市街の再開発は政府主導で強権的に行われざるを得ない．政策決定から立ち退きの補償や再開発案の確定に至る全過程で，政府が主導役を務める．そして政府主導の旧市街再開発は，しばしば大規模で急速という特徴をみせるが，その主な原因は2つある．1つは，短期間に大量の老朽化した危険住宅を改築して住民の居住条件を改善する必要性であり，もう1つは，地方政府の「土地財政」の必然的な産物だということである．都市の土地を開発した利益は，中国の地方政府にとって最も重要な財源の1つであり，とりわけディベロッパーという市場の勢力が旧市街再開発に参入するようになって，地方政府とディベロッパーの関係には微妙な変化が起こり，徐々に現在の「政府主導・市場運営（政府引导，市场运作）」という開発モデルが形成されてきた．さらに，都市開発は地方の経済発展で最も目に付く成長の成果，つまり地方幹部の限られた任期内の業績を示す最も重

訳注1）「旧市街の改造（旧城改造）」という言葉は1990年代に多く使用されたが，その後，次第に「旧市街の更新（旧城更新）」という言葉に代替されるようになった（原書の注だが，本文の内容に関わるので脚注に移した）．本書では，「更新」を日本語としてなじみのある「再開発」という言葉で訳した．

要な指標になった．以上のさまざまな要因によって，中国の旧市街の改造には往々にして，大規模，急速，撤去による改造，偽物の旧市街（仿古街区）などの特徴があらわれている[1]．

また2011年までに，国務院は118の国家級歴史文化都市（国家級歴史文化名城）を指定し，その中には北京，天津，上海，広州，重慶，南京，西安などの特大都市，大都市，中都市が含まれていて，中国の都市（地級市）の約40％を占めている．このような都市は一面では国家級の保護の対象とされるが，もう一面では都市化が進展する中で，これらの都市の産業発展と流動人口の受容能力が多元的都市化戦略の推進に重要な作用を及ぼしている．

(2) 「旧市街」の現状
①　旧市街建築の構造の老朽化

中国のほとんどの都市で，歴史的建築と街区は旧市街の主要な構成要素である．このような建築の多くは古いもので，建物を修繕する資金が不足しているため，基本的構造が破損，老朽化し，屋根の雨漏りなどの状況が広くみられる．2003年に清華大学建築学院と社会学科が什利海地区[訳注2]で行った調査結果の統計（以下，「2003年調査データ」と略す）によれば，建物の状態が悪いとされる第4類と第5類が全体の約10％を占め，街区全体では第3類の建築が多く約46％を占めている．建物の状態の客観的状況から，旧市街を再開発する必要性は明らかである．

②　人口密度が高く生活環境が悪い

旧市街では，さまざまな歴史的原因で，1つの建物（四合院[訳注3]）に数世帯ないし十数世帯が一緒に住んでいることが多く，人口密度が高い．北京の旧市

訳注2〕　北京市の前海・後海・西海を中心とする地区で，古い胡同（路地）が残る一方，現在では飲食店も並び，観光地となっている．

訳注3〕　北京など北方の伝統都市にみられる住宅様式で，中庭（院子）を4棟の建物が囲み，北側の正房に主人夫婦，東西の廂房に家族，南側の倒房に使用人が住むのが基本型である．新中国成立後，本来は一家族が住んでいた四合院を分割して数家族が雑居するようになり，大雑院と呼ばれた．

街のほとんどの四合院では，住民の勝手な増改築がしばしばみられ，大雑院になっている．人口密度が高すぎるため旧市街は雑然としており，生活環境が悪い．

③ インフラの問題

旧市街の人口密度は高く，生活環境が悪いうえ，インフラ整備も非常に立ち遅れている．道路，資金などのさまざまな条件の制約で，旧市街ではガス，集中暖房，電力などの更新が難しく，下水，消防，生活ゴミの処理などの問題も非常に深刻な状況にある．

④ 高齢者世帯が目立つ

インフラ整備の立ち遅れ，高すぎる人口密度などの要因で，旧市街に住んでいる住民には高齢化と低所得化の趨勢がみられる．2003年調査データでは，調査を受けた什刹海地区の住民774人のうち，地元住民の平均年齢は41.96歳，18〜35歳の青壮年人口の比率は他の年齢層より明らかに低い．雑然として老朽化した居住環境が原因で，若者は就職する年齢になると，すぐに旧市街を離れてしまう．白米斜街と煙袋斜街地区では，65歳以上の高齢者がそれぞれ20％と16％に達し，北京市の平均値を超えて高齢化が顕在化している[2]．

また，2003年調査データおよび全国の大部分の情況からみれば，旧市街に住む人々の教育水準は平均より低い．この状況は旧市街の下層化を促進し，旧市街の再開発の過程で，彼らの利益追求とその保障の問題が一層表面化するようになった．

⑤ 住宅所有権

住宅所有権の問題は，一部の都市の旧市街再開発において深刻な問題である．新中国成立後，都市部の住宅が国有化され，それらの公営住宅（公管房）の修理保全や配分などを行う都市住宅管理局（城市房屋管理局）などの専門機関が設立された．このような機関が歴史的に積極的な役割を果たしたとはいえ，資金が限られているため，改革開放以降の市場経済導入とともに不明確な所有権が旧市街再開発にとって大きな問題点となった．北京の場合，旧市街の住宅は

おおむね①私有住宅，②単位（企業などの機関）が所有し個人が住む住宅，③私有の賃貸住宅，④公的機関が所有し管理する公営住宅（"直管公房"），の4種類に分けられる．

(3) 従来の「旧市街再開発」の方式
① 危険家屋の改築

　旧市街における老朽家屋の状態と住民の生活環境を改善するために，政府主導でその水準を高める活動が行われた．1990年代以前には，政府が推進する改築工事が旧市街の危険家屋（危房）をかなり改善し，住民に利益を与えた．しかし，危険家屋の改築には巨額の資金が必要で，当時の各地方政府の財力には限りがあり，また全国各都市でちょうど住宅建設が開始されたところだったので，危険家屋の改築はそれ以上に期間や範囲を広げることができなかった．

② 不動産開発の推進

　1990年代に入ると，不動産開発ブームに伴い，改築の対象が従来の危険家屋から次第に「危険な古い家屋（危旧房）」まで広がったが，その目的は人間から土地へと転換した．旧市街における改築は，次第に住民の生活条件の改善より経済効率を重視する不動産開発へと転換しつつある．経済的利益と資金回収を追求するディベロッパーが徐々に旧市街改造の主体となり，改造自体も不動産業界の収益源となった．ディベロッパーの参入によって旧市街の改造・再開発の規模が急速に拡大され，さらに「再開発」の方式も，新しい建物と高層ビルのために「古い建物を壊し，新しい建物を造る」という安易な方式となった．2005年9月23日付『人民日報』の記事では，「2003年に全国の都市で取り壊された家屋の総面積は1.61億平方メートルとなり，前年同期比34.2％増で，同年竣工した分譲住宅（商品房）総面積の3.9億平方メートルの41.3％に当たる．中国は世界最大の建築工事現場であり，新築面積は年間16〜20億平方メートルに達し，先進国の年間新築面積の合計を超えた」と報道された[3]．

　ディベロッパーによる旧市街の再開発は，実際には市場経済の下で旧市街の土地と不動産を商品化して市場に出し，より多くの経済的利益を得るという方式である．この方式によって，ある程度は旧市街の生活インフラと居住条件を

改善し，旧市街の伝統と結びついた独特の風貌のある商業地域も開発された（上海新天地，北京前門大街など）．しかし，このような旧市街の再開発はディベロッパーの利益追求が最大の目的であり，旧市街の風貌をむやみに破壊し，住民の立ち退きをめぐるさまざまな問題も生じるのは避けがたい．

③　メガイベントのもとでの旧市街の再開発

　一連の国際的または国内的なメガイベントの開催をきっかけに，旧市街の道路や環境の整備，インフラの整備，歴史的建造物の修復などの大規模再開発が行われる．このような大規模で集中的な旧市街の改造と再開発は，ある程度は旧市街の風貌を刷新し，住民の生活環境も改善して，彼らの生活の質を向上させた．なかでも最も有名なのは2008年の北京オリンピックと2010年の上海万博である．北京市ではオリンピックを迎えるために，2003年に「人文オリンピック文化財保護プロジェクト（人文奥运文物保护工程）」を開始し，5年間に6億元を投入して，北京の文化財保護と旧市街の環境整備を進めた．上海市では万国博覧会を迎えるために盧湾区の旧式集合住宅（里弄[訳注4]）の「トイレ改築プロジェクト」，静安区などの古い住宅の「台所改築プロジェクト」，徐匯区と虹口区の「旧式集合住宅（弄堂）改築プロジェクト」などさまざまなプロジェクトが進行した．

2　旧市街再開発の課題

(1)　「都市の特色」と都市文化の喪失

「都市の特色」は近年さまざまな報道に頻繁に出てくる流行語である．文字通り，一定の時間と歴史の中で徐々に形成されてきた，他の都市と区別できる内在的な文化と，外在的な建造物の様式や特徴のことである．都市の特色は，その都市の発展過程における独特の文明現象を反映し，都市文化の蓄積されたものである．「どの都市もそれぞれ個性を持っており，どの個性も人間でいえば

　[訳注4]　1920・30年代を中心に建設された一種の集合住宅で，石庫門を入って街路に直行する路地に沿って低層の集合住宅が連なるのが一般的であり，弄堂も同義である．

『性格特性』にあたるほど強烈なものである」[4].

　1990年代以来，むやみに地価と経済的利益を追求する不動産開発が，一部の都市の旧市街を短期間に大きく変化させ，多くの伝統的住宅と歴史的建造物が急速に失われて，現代的な生活様式が元来の都市の風合いに取って代わってしまった．改造規模の拡大とともに，商業ベースで進められる部分が次第に増加し，「旧市街の改造」は歴史的街区に対する大規模な不動産開発へと変貌し，多くの旧市街で重要な価値を持つ文化遺産が破壊された．現在，中国の多くの都市では，道路の両側の伝統的建物の外壁に，白い丸で囲んだ「拆」（取り壊し）というマークが随所にみられる．「拆」は多くの都市で開発の第一歩となる．たとえば，近年の寧波市月湖郁家巷の再開発，北京市宣南大吉の再開発，北京市金融街の再開発，北京市鮮魚口の再開発，北京市地安門大街東玉河の再開発などである．

　このように経済的利益をやみくもに求める再開発で，地域の文化的特色は壊滅的に大きく破壊された．欧米都市のような近代化だけをモデルとして，都市に存在する文化を十分に調査することもないため，豊かな文化を内包して歴史的蓄積を持つ「歴史文化都市（歴史文化名城）」は再開発で特色を失い，千篇一律，千城一面（どの都市も同じ顔）になってしまった．北京の胡同と四合院[訳注5]が次々に消えるのを見て，フランスの『フィガロ』紙は，「現在，この文化的自殺を止められる者はもはやいないようであり，北京は自分自身の素晴らしい文化を凡庸なものに変えつつある」[5]と評した．

　都市の特色と文化の喪失は，中国東南部の都市化における問題だけではなく，一部の内陸都市や少数民族地区でも相次いでいる．たとえば，チベットのラサ市でも，近年の都市建設が「歴史に前例をみない」ほどの急成長期に入っており，都市中心区の建設面積がわずか数年間で2倍になった．その過程で，伝統的都市文化の特色は十分に尊重されなかった．新築の建物は内陸都市の建築様式を単純に模倣しただけで，どれも似通っている．制限のない高層ビルは，チベット仏教寺院のポタラ宮の辺りの伝統的都市文化景観にも悪影響を与えた．

　訳注5）　胡同は元代に起源を持つといわれる北京独特の細い路地で，四合院は本章訳注3のように胡同にある住宅様式である．

この問題は UNESCO（国連教育科学文化機関）からも注目され，2004年の世界遺産大会ではラサ地区の急速な都市化に関心が寄せられて，定期的に監査報告を提出するよう要求された．都市化の加速とともに，小都市（小城鎮）と郷村の建設も同じ道を歩み始めた．一部の都市では，新しい農村づくりが「新村建設」[訳注6]として理解されたため，都市開発による大規模な撤去と新築が，今度は郷鎮の建設でもあらわれるだろう．

(2)「つくりあげる（打造）」というスローガンによる偽物の旧市街（仿古街）と偽物の骨董品（假古董）

急速な都市化の下で，旧市街に対する大規模な取り壊しと新築が行われる一方で，都市の同質化に対する社会的批判や文化創造産業の成長に伴って，都市文化の品格を向上させるための都市文化建設計画が各地方政府の政策目標となった．政策立案者の任期中に，理想的な都市文化の特色を「つくりあげる（打造）」ことが相次いで目標に盛り込まれ，実際に都市文化の景観を「かたどった（塑造）」都市も少なくない．しかし，この過程で彼らは民衆の利益や民族の伝統を忘れがちであり，自主創造すら怠って，狭隘で表層的で同じ形の「でっちあげ」「作りあげ」を行ったにすぎない．

実際には，都市文化の向上は物質的な建設の要求とは大きく異なっている．物質的建設は具体的なもので，さまざまな指標を示してそれぞれ実施することができるが，都市文化の向上はそれほど単純なものではない．都市文化は長い時間を経てすこしずつ蓄えられていくもので，その都市に特有で模倣できず，まして盗作などはできない．長い時間をかけて保護しながら，丹念に育て上げられた成果であって，決して数年で「つくりあげられる」ものではない．高雅な文化の品格，深淵な文化の蓄積，特色ある文化的景観は，決して短期間で速成できるものではない．一朝一夕の努力によるものではなく，歴史的過程を経て何世代もの努力によって少しずつ育ててこそ，代々の民衆が共有できる文化的な賜物になりうるのである．

[訳注6] 農村部の改造ではなく，全く新しく小都市を建設することである．本書第10章を参照されたい．

伝統建築と歴史街区は都市の発展の証であり，当時の都市の経済，科学，文化的特徴を反映している．我々は真実の歴史を反映すべきであり，偽物を作ってはいけない．しかし，各地の歴史的都市では，「本物の文化財を壊し，偽物の骨董品をつくる」という現象が絶えない．全国にさまざまな「明清街（明清代風の街）」や「漢街（漢代風の街）」が相次いで現れ，多くの独特な特色を持つ歴史街区が，次第に本当の価値と歴史的情報を失って「偽の骨董品」となった．一部の政策立案者は短期間に多くの経済的利益と「政治的実績」をあげるために，そして伝統的建造物の修復には時間と金がかかるために，単純に本物の代わりに偽物を使って，本来の歴史街区の上に新しい歴史的「景観」を大量に造成した．これも，相当な程度で従来の歴史的建造物の価値に混乱や破壊をもたらした．それぞれの歴史的都市でさまざまな偽物の旧市街（仿古街区）が開いたという情報が途えないが，その一方で，同じ都市にある多くの本物の歴史的建造物が相次いでブルドーザーで壊されていく．さらに一部の都市では旧市街の住民を転居させ，従来の建築様式を残しながら観光施設に変えたが，生活の真実味が失われて完全に沈滞している．歴史的な場所で暮らしていた人々の真正性に代えて，こうした演技のような「復元」（仿古）を行うのは，一種の偽物を作る行為で文化に対する無知と倒錯を示している．むやみに古風な街を「つくりあげる」のは，多くの偽物の骨董品を生み出すだけでなく，歴史的文化の保護と都市化の更なる発展にも役立たない．

(3) 旧市街の改造が引き起こした社会問題

前述のように，1990年代初頭の旧市街の改造では，主に元の住民の現地再入居という措置をとり，改造する間は地方政府やディベロッパーが代替住宅や相応の補償を提供していた．その後，地価が上昇を続けたため，現地再入居にかわって一回限りの補償金を支給する措置がとられた．政府とディベロッパーは，まず旧市街の家屋の価値を鑑定し，現金で住民に補償し，改造後は元住民が転居できる住宅や新住宅への優先的な入居権を与えない．この措置は，実質的に元住民から地価上昇による利益を奪い取った．

一部の旧市街では，立ち退きの補償金で同じ立地条件の住宅を買えないため，ほとんどの住民が都市中心部から離れた安価な住宅を購入するか，旧市街周辺

の居住条件が悪い「危険家屋」に転居することになる．こうした状況になると，旧市街の住民が長年にわたって形成したソーシャル・ネットワークが分断され，通勤・通学・受診など生活上の移動距離が増加する．また，危険家屋への転居を選んだ元住民にとって，旧市街の改造は生活の質を高めるどころか，むしろ生活条件を悪化させた．北京では，「北京弁を聞きたいなら隣の河北省燕郊鎮へ行け」という冗談があるほどである．

さらに，旧市街地の再開発におけるディベロッパーと地方政府の短期的行為によって（たとえば補償方法は不透明で非公開である），一定の補償金の不公平が生まれ，「早走少補，多耗多補（急いで引越せば損をする，粘れば多額の補償がとれる）」という現象が現れた．この現象は旧市街地の再開発をさらに難しくして，「釘子戸（釘世帯，立ち退かない世帯）」が後を絶たない．一部の「釘世帯」は，補償政策が不合理なため転居後の生活が行き詰まっているが，別の「釘世帯」は「粘れば多額の補償がとれる」と思っている．短期的な経済的利益を求める旧市街再開発の中で，このような問題は全国で決して珍しいことではない．

旧市街地の再開発におけるこのような問題は，社会の調和と安定に不安な要素をもたらした．北京市信訪弁公室[訳注7]などの部門が設立した「社会矛盾と社会問題に対する独立監視対策研究センター（社会矛盾和社会問題独立観察与対策研究中心）」の研究調査の結果によれば，立ち退きをめぐる問題はすでに中国の突出した社会問題となっており，その深刻さ，広がり，激しさは他のどの社会問題よりも明らかに目立っている[6]．立退きは，問題のある事件，甚だしい場合は集団抗議運動（群体性事件）もしばしば引き起こしている．

3　旧市街再開発モデルへの対策と提案

急速な都市化の過程で，経済的利益の追求と文化面の無知蒙昧によって，旧市街における乱暴な撤去は多くの社会問題を引き起こした．急速な都市化が進む中での旧市街の再開発は，実際は多岐にわたる複雑な系統的プロジェクトで

訳注7〕　住民の陳情を受けつける機関．

あり，その中には都市や地域の総合的発展，住民（住人や不動産所有者）の利益，コミュニティづくり，インフラ整備，文化財保護，都市計画と管理，不動産開発，観光客の体験など，多くの側面が含まれている．このような広範な「旧市街」の問題に対して，中国の急速な都市化を背景に，我々は多方面から関心を寄せなければならない．

(1) 民生に注目した多元的方策
① 「弱者層」への配慮
　前述のように，旧市街に住む住民は高齢化する一方で，全体の教育水準は高くない．急速な都市化が進む中で，旧市街の急激な改造は彼らの従来の生活様式に激しい変化をもたらした．年齢や学歴などの制約で，彼らは「適応性」を欠いており，都市化が進展する中で「弱者層」になってしまった．旧市街の再開発の過程では，弱者層により多く配慮し，職業訓練・再就職・高齢者福祉などの面で一定の政策的優遇を与えるべきである．

② 住民意志の尊重と多元的な解決方策
　旧市街の再開発において，住民の意志はしばしば多元的で意志統一が難しいため，立ち退きをめぐる政策も多元化しなければならない．たとえば立ち退きの補償方式について，住民それぞれの異なる条件に応じて，現金による補償，同じ地域や他の地域に転居する場合の住宅面積など，異なる要求がある可能性が高い．旧市街を再開発する際には，十分な訪問調査が必要である．十分な調査を尽くしたうえで異なるグループを区分し，多角的な補償案を制定することによって，「画一化（一刀切）」を避けるとともに旧市街の撤去移転と住民の流動化の難しさを軽減できるだろう．

③ 合理的な補償と地価上昇の利益分配
　これまでの旧市街再開発における補償は，現金補償，同地域や他地域へ移転する場合の住宅面積の評価など，「1回限り」の補償方式がとられてきた．それらは短期間で旧市街再開発政策を制定するのに便利で，立ち退きの速度を上げられるが，同時に「1回限り」の現金補償は多くの問題をもたらした．たと

えば，金銭管理の意識や能力に欠ける人が一度に大金を手に入れると，短期間でむやみに非理性的な消費をしがちで，新たな社会問題を引き起こす．また，「1回限り」の現金補償は，その後の地価上昇による利益を受け取る権利を住民から奪い取ってしまう．周知のように，都市中心部に位置する旧市街は立地上の優位を占め，その優位は多くの都市の発展モデルを通じて増加を続ける．旧市街の住民が転居したあとの地価上昇が，ある程度は政府のインフラ投資やディベロッパーの商業開発に基づくとはいえ，中心部の地価が放っておいても客観的に高騰することは否定できない．転居した住民は，「1回限り」の補償を受け取ったとしても，実際には地価上昇の利益を失っているのである．「1回限り」と「持続的」の間で，いかに公平かつ公正な政策を制定するかは，注目に値する課題である．

(2) 旧市街にある歴史的建築の保護
① 有機的再開発

有機的再開発は，主として伝統的な風格のある旧市街，および一定の文化財的価値のある旧市街に対して行う方法である．歴史的旧市街に対する「再開発」は現行の関連法規を遵守したうえで，インフラや総合環境を整備し，「有機的再開発」，つまり「小規模」「漸進的」「多様化」などの再開発モデルを取るべきである[7]．

「有機的再開発理論」は1980年代に呉良鏞教授によって提起され，什利海計画の研究で明確にされた．「有機的再開発は，居住建築物の現状に応じて対処すべきであり，①良質で文化財的価値のあるものはそのまま保存し，住宅部分が良好なものは修復し，破損したものは改築する．これらの分類の比率は，計画地域の実際の調査結果によって確定し，一律の措置をとらない．②居住区内の道路は胡同式の街路の体系を保つ」[8]．

元国家文化財局（文物局）局長・単霽翔は以下のように評価した．「有機的再開発理論は歴史的街区への保護と再開発の理論的成果を豊かにした．その核心的思想は，歴史的街区の内在的発展法則にそって，都市の風合いに対応し，順を追って少しずつ進めるという原則に従い，有機的再開発を通して有機的秩序を構築する．これは歴史的街区の総合的保護と居住環境建設の科学的なアプ

ローチである」[9]．

その後，有機的再開発理論は北京，蘇州，南京，済南などの歴史文化都市の保護において継続的に実践と試行を行ってきた．2012年，呉良鏞教授が「中国科学技術大賞」を受賞し，旧市街保護の「有機的再開発」モデルもより広く，より深く評価され，認められたのである．

② 総合的保護に基づいた再開発

多くの歴史的建築と街区を有する旧市街の最大の価値は，その街区全体にある．一部の庭園や建物は単独で重要な価値を持っているかもしれないが，歴史的街区の価値はその全体性と完全性にある．その街区全体が伝統的な都市の風貌や生活環境などを反映している．特定の建物や庭園を孤立して保護し，「歴史的環境」を引き裂くようなことは，歴史的街区の保護にあたって行ってはならないことである．

保護と発展が相互に協調し包容しあうことは，都市の将来の発展の重要な方向である．急速な都市化は現在の中国における社会発展の全体的な趨勢だが，都市化の推進過程で，都市の優れた歴史文化の伝統を受け継ぐことも同様に必要である．歴史的街区の計画設計にとって，古風な偽物や「でっちあげ（打造）」，そして生命力のない風貌だけの保護はふさわしくない．生活と緊密にかかわり，生き生きとした風合いを持ち，調和のとれた総体的発展でなければならない．

③ 旧市街における文化財的価値がない建物の「改造」

新中国成立後に建てられた質が悪く，周囲となじまず，文化財としての価値のない建物に対して，都市全体の風貌を維持するために，総合計画の枠組に基づいた再開発と改造を行い，容積率と都市の人口収容力を高めるべきである．

旧市街における文化財的価値のない建物の改築にあたって，社会的公正という原則にとくに注意を払わねばならない．容積率の上昇と土地交換は必ず巨大な経済的利益をもたらすが，その利益を政府，ディベロッパー，元の住民の間でいかに合理的に分配するか，どのように利益のバランスを取るかということに，とくに留意しなければならない．また，旧市街の「再開発」地域内の元の

住民の知る権利，参加する権利を守り，社会的弱者の利益を保護するのも公平原則の重要なあらわれである．

④　その他

以上のほか，豊富な文化遺産（たとえば大遺跡）を持つ都市が，「大遺跡」保護を中心に周辺地域の発展を促進するモデルは，旧市街の再開発にも新たなアプローチを提示している．

たとえば，西安市の大明宮遺跡公園の整備と開発は，350万平方メートルのスラムの立退きと取り壊しによって遺跡保護や展示などを順調に進めて，環境の改善とインフラの整備によって都市のイメージを向上させた．その一方で，土地交換と住宅改築を行って，大遺跡の保護と都市の土地資源の不足との矛盾をある程度緩和させ，土地の利用効率を上げ，遺跡保護と都市化の有機的結合との両立を実現した．

事実上，本章で述べた「旧市街の再開発」モデルの出発点は，都市文化と伝統的様式を守りながら，もともとの居住環境を改善し，当面する都市化の趨勢に対応し，中国の多元的都市化戦略において積極的な役割を果たすことにある．「旧市街の再開発」モデルで，いかに歴史的街区の「再開発」を新たな都市化や社会発展と融合させるか，関連領域ではさまざまな積極的な模索が進められている．

第8章
中心業務地区（CBD）建設モデル

　アメリカの社会学者 E. バージェス[訳注1]が，1923 年に中心業務地区（CBD）という概念を打ち出してから 80 余年の間，CBD は概念から実行の段階に移り，ヒト・モノ・カネ・情報の統合によって都市部の産業発展の管制高地になりつつある．CBD の台頭はサービス業の内在的要求であり，また都市機能区の発展の客観的な結果でもある．

　外国の CBD が市場経済の発展を基礎としながら計画を通じて誘導されるのに対し，中国の CBD の発展には明らかな特色がある．その特色の構成要素は中国の政治体制，経済制度，歴史文化，経済のグローバル化など多岐にわたっている．その中でも一番重要なのは，中国政府の強い動員力である．そのため，外国の CBD が市場主導，顧客志向で，建設しながら計画されるのと異なり，中国の CBD は政府の一元的計画に沿って段階的に建設され，政府の主導的作用をよくあらわしている．外国と異なるこの政府主導型推進モデルで，中国の CBD は発展を加速させた．世界主要都市の CBD 建設は何十年もの長い年月を経てようやく形成されたが，中国の「一線都市」[訳注2]の CBD は往々にして十数年，場合によっては十年以内でほぼ規模が整えられた．たとえば，北京市の CBD は 2001 年に実質的な建設の段階に入ったが，2008 年末に「北京の CBD に入居した企業はすでに 1 万 2000 社を超えた．その中には，世界トップ 500 のなかの 148 社も含まれている．就業人口は 18 万人以上である」[1]．一方で，

　訳注1〕　第2章訳注21を参照されたい．
　訳注2〕　原文は「一线城市」で，「一級城市」とも呼ばれる．沿岸部の主要都市のことだが，後で出てくる二級都市も含めて，第5章訳注5を参照されたい．

政府主導型の推進モデルは，中国のCBD建設に特有の問題点をもたらした．中国では政府主導型の推進モデルによって，外国に比べて市場の「みえざる手」による調整作用が比較的弱く，政府計画の科学性と建設過程における計画の徹底的な実施に大きく依存している．その2つが保障されなければ，人を驚かせるような壮大なCBD計画によって建設の重複，資源の浪費，土地の荒廃などが起こり，今日の中国のCBD建設を苦境に陥れることになる．

建設省（建設部）によると，中国では人口20万人以上の36都市が，それぞれCBD建設を計画している[2]．そのうち，上海，北京などの都市のCBD建設は，ほぼ完成して輪郭が出来上がったが，一部の都市のCBD建設は挫折し，たとえば広州の珠江新城のように多くの問題が出ている．さらに，多くの都市はCBDを作る条件がないのに，むやみに流行に乗り，資源の浪費と財政の負担がもたらされている．CBDは都市の高度なビジネスセンターで経済の中枢でもあり，その建設発展モデルを回顧し反省することは，中国の多元的都市化の道の探究に欠くことのできない意義を持っている．

本章は4つの部分に分けられている．1では，国際比較の視点から中心業務地区モデルの特徴を紹介し，市場によって自発的に形成される外国のCBDと，計画が先行し後から市場の力がはたらく中国のCBDを対比させる．2では，中国のCBD建設の現状と発展の特徴を紹介し，政府主導という性質がもたらす影響に重点を置いて分析する．3では，具体的都市レベルのCBD建設の適合性を分析し，事例を紹介する．国際基準を参照しながら中国の実情と結びつけ，CBD建設にふさわしい都市の基準や，CBD建設における産業選定と立地選定等の問題を検討し，その事例として上海と広州のCBD建設を分析する．

1　CBDモデルの紹介―――一般的法則と国際比較

ここでは，まず国際的視角からCBDの含意と，その基本的特徴や発展法則を検討し，そのうえで国際比較の視点から中国のCBD建設の特徴を分析する．

(1) CBD の概念，特徴，発展法則

① CBD の概念の含意——現代的意味の CBD

アメリカの社会学者バージェスは，シカゴの都市構造に関する研究のなかで都市建設の同心円構造モデルと CBD の概念を提起し[3]，CBD は同心円構造モデルの5つの円の中心地域で都市の経済中枢だと述べた．バージェスは，CBD に3つの固有の性質——中心性，歴史性，安定性——を付与した．世界各国の都市化の推進に伴い，CBD の概念も絶えず発展し拡大している．概念が提起されてから現在までの80年余りの間に，CBD の機能形態は「小売業を中心とする段階（CBD の萌芽段階）から，商業の中心とビジネスの中心が均衡する段階（CBD の成長段階），さらにビジネスの中心となる段階（CBD の成熟段階）」[4]へと大きく変化してきた．現代的意味での CBD は成熟段階に相当し，ビジネスの中心としての機能を主体としている．

② 現代的意味での CBD の基本的特徴

現代的意味での CBD はビジネスの中心としての機能が主体であり，金融，コンサルティング，貿易，サービスなどの機能を一体とし，ヒト・モノ・カネ・情報を統合して，都市の経済中枢となっている．国際レベルの CBD は，しばしば資源の優位性によって世界的に著名な多国籍企業，国際銀行，金融コングロマリットの本社や代表機構を吸引する[5]．

関連する研究成果をまとめると，現代的意味での CBD は以下のような基本的特徴を持つ．①地域の中心に位置する，②交通の便が良い，③建物の密度が高く就業の密度も高い④サービスが集中している，⑤ヒトの流れが集中している，⑥賃貸料と地価が市内で一番高い．

③ CBD における現代サービス業の集積という発展法則

都市の発展に伴い産業構造は絶えず進化している．脱工業化時代に入ると，第三次産業の比重は絶えず上昇し，国民経済の基幹産業となった．CBD は，まさに第三次産業の比重の上昇に伴って発展してきた．CBD の産業構成は，主に金融業，保険業，不動産業，商業，専門的サービス業などの第三次産業からなっているからである．

現代サービス業[訳注3]の集積は，集積の経済性の優位のあらわれであり，都市の高度な発展による優良なインフラ，発達した商業消費，健全な産業ネットワーク，各分野の専門知識を持つ人材に依存している．世界の主要都市におけるCBDの発展過程をみれば，その集積はしばしば市場によって自発的に形成されてきた．市場によって現代サービス業の集積の基礎が形成されたあと，政府がさらにサービス業の発展とCBDの建設を誘導し推進して，空間の合理的利用，資源配置の最適化，都市の生態環境の保護をめざし，持続可能な発展を成し遂げようとする[6]．外国のCBD建設では，市場が自発的に作用したあと政府が誘導・協力するが，中国ではこれと異なり政府主導がCBD建設の過程で一貫している．

(2) 中国のCBD発展モデル──国際比較の視角

全世界のCBDの発展はすでに80年余りの歴史を持っている．外国の有名なCBD，たとえばニューヨークのマンハッタン，ロンドンのシティ，パリのラ・デファンス等は，中国のCBD建設にとって無視できない参考となる価値を持つ．外国のCBDと中国の主なCBDの特徴を比較してみよう．

表8-1は中国と外国のCBDの相違点をまとめたものである．このような相違点の根本的な原因は，中国のCBD建設における政府主導である．CBDが生まれる前の産業計画と建設計画にはじまり，CBD建設過程における具体的な指示，投資，監督管理に至るまで，政府の行為はCBDの形成や発展に貫かれている．行政主導の効率は高いが，同時に市場原理に反するというリスクも避けられない．外国のCBDの多くは市場の自発性に基づき，産業発展も成熟している．このため，中国のCBDと外国の成熟したCBDとの発展の格差が生じている．たとえば，中国のCBDの産業集積度は低く，「地域の金融取引量の増加を例にとれば，上海はマンハッタンの20分の1，東京新宿の9分の1，ロンドンのシティの9分の1，シンガポールの3分の1にすぎない」[7]．

このほか，中国のCBDの産業機能も改善が必要である．世界の成熟したCBDはビジネスを主導的機能としているが，中国のCBDは機能面でビジネス

訳注3〕 第3章訳注20を参照されたい．

表8-1 国内外におけるCBDの比較

特徴	外国都市のCBD	中国都市のCBD
形成	港湾都市,市場メカニズムを中心に形成	首都・東南沿海都市が中心,政府の一元的計画による形成
推移	集積的・生態的・総合的な発展	商業を中心に,さまざまな機能が混合 北京・上海・広州・深圳などの都市へ集中し,総合的な機能を強調
立地	CBDと商業の中心が分化・分離を開始	依然として商業機能と混合した都市中心部に位置する
用地の規模	1.5～3.5km²	1～6km²
建築面積	世界レベル 1500万～2500万m² 地域レベル 500万～1000万m²	1000万m²以上
構造	世界レベルCBDは多核構造 地域レベルCBDは単核構造	主に単核だが,一部の計画では多核構造(1つの中心と1つの副中心,1つの中心と2つの副中心など)
機能	多国籍企業の本社,金融センター,サービス業が集積し,機能の総合化を強調	機能総合化
特徴	集積性,アクセスの良さ,交通の便利さ,高密度,高い地価	外国都市と似ている
交通網	道路網の発達,バスが主体,交通手段の多様化,交通の立体化	交通渋滞 交通手段が比較的単一である.
計画	建設しながら計画 市場メカニズム	一元的に計画,段階的に実施,高いレベルからスタート
インフラ	比較的整っているが,整備を続ける	建設が立ち遅れ,一層力を入れる
政府機能	誘導・協力が主	主導

(出所)張杰《北京CBD産業発展模式及対策研究》,《首都経済貿易大学報》2006年第1期.

と商業とサービス業の混合であり,商業の比重が高すぎてビジネス機能の主導性が十分ではない.

要するに,外国の成熟したCBDに比べ,中国のCBD建設は政府主導を重視して,計画が先行し,多様な形式を持っている.国内外の成功したCBDの経験では,科学的な政府誘導と有効な市場メカニズムの,双方の有機的な結合によるべきことが明らかである.

2　中国のCBDの建設状況と発展の特徴

(1)　中国のCBDの発展状況の概略

① 中国の主要都市におけるCBDの計画と建設状況の統計

建設省（建設部）の2002年の調査によると，「2002年12月まで，全国の人口20万以上の359都市（台湾，香港，マカオを除く）の中で，CBD計画を明確に提出または実施しているのは北京，上海，広州，深圳，無錫など36都市であり，調査対象都市の約1割を占める．その中で，すでに建設を実施しているのは，北京，上海，広州，深圳など8都市で，調査対象都市の約2.2%を占める」[8]．

京津唐地区（北京・天津・唐山），長江デルタ，珠江デルタという3つの都市圏の波及範囲にCBDの集中が目立ち，比較的強い立地の指向性を示している．また，人口100万以上の都市におけるCBD開発の割合は，100万以下の都市を遥かに超えている（図8-1）．

さらに，中国のCBD建設は主に政府主導で，計画が先行し，多様な運営パ

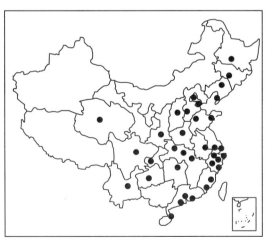

(出所) 陈伟新《国内大中城市中央商务区近今发展实证研究》，《城市规划》2003年第12期．

図8-1　中国でCBD建設を計画または実施中の大中都市

ターンを持っている．政府と市場の力関係と運営方法から，中国の CBD は大体以下の 4 類型に分けられる．すなわち，①政府が計画し投資する「政府主導型」(上海)，②政策による支援を主な介入手段とする「政府誘導型」(北京)，③政府が企業に委託して開発を行う「政府授権型」(武漢)，④企業が推進して政府は一定の関与と規制にとどめる「市場推進型」(成都) である[9]．この 4 類型をみると，前の 3 つは政府主導で推進し，4 番目も政府が「審判」の役割を通じて影響を及ぼしており，CBD 建設で政府が依然として決定的な力を持っていることがわかる．

(2) 中国の CBD 発展の特色

前述のように，外国の CBD は市場経済の発展に伴って自ずから形成され，政府の計画と誘導は後から行われる．これに比べて，中国の CBD 発展は政府主導であり，その結果，明らかな中国的特色がある．『2009 年北京 CBD 研究基地年度報告』に基づいて，中国の CBD の特色を以下のようにまとめることができる．

① 政府主導，計画先行

外国の CBD は市場の自発性によって形成され，ある程度進行してから政府が介入して誘導と計画を行うのに対し，中国の大中都市の CBD 建設はほとんど政府の計画が先行し，計画の中で産業の位置づけが金融と現代サービス業に決められていく傾向がみられる．その理由は，中国の政府が依然として十分な動員能力と全社会における主導的役割を持っているからである．

たとえば北京では，市政府が 1993 年の「北京都市マスタープラン (北京城市総体規劃)」の中で初めて CBD の概念を提起し，2000 年に関連業務の構成と推進を担当する専門機関として北京商務中心区管理委員会を設立し，2006 年に朝陽区政府が CBD の用地を確保し，2008 年に北京金融弁公室が公文書の中で朝陽 CBD 金融中心区の設置を明らかにした．現在，朝陽 CBD にはさまざまな金融機関が林立してオフィスビルが建ち並び，政府の青写真通りに実現されている．

中国の他の CBD の発展過程も大体同じで，まず政府が計画を打ち出し，計

画の中で金融と現代サービス業が産業の中心となることを明らかにし，さらに様々な勢力を導入して発展と拡大を図る．

なぜ中国の大中都市は次々とCBDプロジェクトを打ち出すのか．これには，主として2つの理由がある．

第1に，CBDは外見がよいので，地方政府による政治実績の追求に合致する．CBDはしばしば都市の中心区に置かれ，地方政府は巨大な資金を投入して計画と建設を行う．現代的な商業ビル，清潔で美しい環境，とくにCBDの景観建設のために多くの都市が投資する超高層ビルは，都市のランドマークになり，都市のイメージアップの金字塔になる．

第2に，CBDには効用があり，建設が成功すれば産業の高度化，外資の誘致，就業の促進など総合的な発展の利益をもたらす．CBDは現代サービス業の要地として高い付加価値，高い技術水準などの利点を備え，産業の水準を著しく向上させ，産業構造を改善し，就業を促進し，さらに世界中から優れた人材を招く「人材の要衝」にもなりうる．また，CBDは企業誘致と資金導入の窓口にもなり，地域経済の発展を推し進めることもできる．

このようにCBDは外見と効用の両方を備えており，都市の資源配置を主導する地方政府が次々と資源を調達し，CBDの計画と建設に取り組むのは当然であろう．

② 商業発展を主とし，オフィス機能を従とする産業配置

前述のように，成熟したCBDはビジネス機能を主とすべきである．中国のCBDはしばしば商業発展を主とし，ビジネスのオフィス機能を従とする．それは中国の現代サービス業が初級階段にあるという産業構造の現状によるものである．一方，政府はつねに発展計画という方式で，不動産開発を誘導し経済を刺激する．ディベロッパーは経済的利益に駆り立てられ，分譲マンションなど短期間で資金を回収できるプロジェクトを優先するため，CBDの産業配置は計画と背反してしまう．

先進国のCBD建設には少なくとも10年，長ければ何十年もかかる．それに対し，北京の場合，「CBDの中心エリアの敷地面積はおよそ800万平方メートルだが，わずか5年で建設が終わり，そのうち商業地区の面積が約100万平

方メートルを占める．これほど大規模な商業地区を，5年間（うち60％は2年間）で，4平方キロメートルのビジネス中心エリアに一斉投入した結果，北京のCBDの商業，とくに不動産業は急成長を遂げた．ただし，あまりの急成長で，商業地区の空室率も高いレベルにとどまってなかなか下がらない」[10]．

近年，北京のCBDには大型高級ショッピングセンターが次から次へとあらわれ，中環世界貿易センター（中环世贸中心）には2万平方メートルの低層階の商業施設があり，世紀財富センター（世纪财富中心）もこれに劣らず，中華貿易センター（华贸中心）は20万平方メートルの商業地区面積を有する．CBD商業地区のビジネスモデルは，高い賃貸料による淘汰メカニズムをとっているため，高級で個性的なハイエンドの商業形態があらわれた．

商業を主とし，オフィス機能を従とする産業発展の現状は，中国のCBDがいまだ初期段階にあることを示している[11]．

③　金融業の発展が突出するという産業の特徴

前述のように，成熟したCBDはオフィス機能を主体とするべきである．しかし，国際的な経験からみると，外国の成熟したCBDは，自分自身の歴史，地理，資源，文化，市場の条件などに根ざした特色ある独自の産業も発展させてきた．たとえば，パリのラ・デファンスCBDの産業の特色は，産業連鎖の中で観光業がリード役となっていることである．外国のCBDは自身の状況に基いてさまざまな姿をあらわしているが，もちろんそれは主として市場によって自発的に形成されたものである．中国のCBD建設はしばしば計画が先行し，北京や上海などの大都市に追随するだけなので，CBDの産業計画は同質化を招いて特色が少ない．そのほとんどが金融業の成長に偏っており，しかも，国際金融機関の拠点数がCBDの現代サービス業の発展状況の評価基準とされる．これこそ多くの二線都市のCBD建設の問題点である．国際金融機関の数は限られており，普通は落伍した二線都市ではなく，一線都市に進出する．これでは，国際金融機関を導入するために苦労して造った二線都市のCBDが，空室にならないわけがない．もし二線都市が身の丈に合わせて合理的に自身を位置付けることができれば，日増しに拡大している国内のオフィス需要に応じて地域経済を牽引するいい機会になるはずである．

全国をあげて北京と上海に追随し，北京と上海は世界に追随するという背景の下で，中国の各地方政府は次々と政策を作り出し，金融機関の誘致に力をいれている．2008年，広州市と区の政府は，珠江新城に新たに拠点を設けた金融機関に，4000万元強の奨励・補助金を与えた．北京市は特別プロジェクト資金を設けて金融機関に補助金を交付し（「朝陽区金融発展特定項目資金（朝阳区金融发展专项资金）」），また金融安全区を建設して社会的に信用システムを整備し，金融機関のさまざまな許可申請を代行して資源情報サービスを提供し，さらに駐在する金融機関の高級管理職とその家族の戸籍や入園・入学問題まで解決するなど，全面的な優遇策を打ち出した．

各地のCBDが金融機関を誘致するという同質化された政策は，悪性の競争をもたらし，企業は1か所に定着せずに優遇政策を追いかけて他地域に転出し，抜きがたい格差が生じてしまう．

④　産業政策が，企業入居に関わる資金還付と補助金交付に集中している

全国各地のCBDが次々と現代サービス業を発展させるという現実に直面すると，地方政府はより多くの国際的な大型・中堅企業を招致するために，優遇政策を旗印とせざるを得ない．中国の都市経済発展の特色と地方政府による資源配置の主導という実情から，外国のCBDに比べて，中国の優遇政策は主に補助金や税金還付などの資金的補助に集中している．

たとえば，南京の河西CBDは，「河西新区CBDの金融業発展のために，2005年下半期から3年間にわたって毎年5000万元の特別資金を出した」[12]．この補助金を使って，南京河西CBDは入居した金融機関に対して，一回限りの資金補助，優遇税制と財政的援助，市の権限の範囲内での規定費用優遇，住宅購入手当や家賃手当，金融機関の高級管理職手当など，還付や補助政策を実施した．

北京のCBDは，上述のような優遇策に加え，さらに重点企業を対象に巨額の補助金を交付している．「2009年1月，中意生命保険（中意人寿），ABNアムロ銀行（中国）北京支店（中国では荷兰银行）など，16の金融機関に賃貸料補助として1059万7194元を交付した」[13]．

多国籍企業は，相対的に有利な優遇政策と発達した市場がある都市や地域を

選んで進出するが，これが北京や上海などの大都市が多国籍企業を誘致できる根本的な理由である．しかし市場の発達は一朝一夕でできることではないので，他の地方政府の多国籍企業誘致の主な手段となるのは，補助金や還付金をはじめとする優遇政策である．

3 中国のCBDの適合性および事例分析——政府管理の視角から

国際的に有名なCBDの発展過程をみれば，CBDの発展状況は，都市の経済発展の特徴，インフラ，地理的条件などの要素と緊密に関わっていることが分かる．現在，中国では多くの都市がCBDの建設計画を立案し開始しているが，都市建設の重要な課題は，現地の実情に合わせ，外国の経験を参考にしながら，それぞれの都市の特徴に適合したCBDを建設することである．前述のように，中国でCBD建設を提起した都市はほとんど東部の沿海地域にあるが，現状をみれば，すでにCBDの建設が成熟している都市も同じ地域にあり，その1つが中国経済の中心としての上海である．そのため，ここでは上海のCBDを比較的成熟したCBDの代表的事例として選んだ．一方，1990年代初頭に計画を開始した広州のCBDは，建設過程で中国のCBD建設の典型的な問題点が数多くあらわれたので，広州のCBDを挫折した事例の代表として選んだ[訳注4]．また，前述のように，中国のCBD建設モデルの特徴は政府主導という点にあり，2つの事例分析では政府管理モデルという視角を重視する．上海のCBD建設への対策や建議は政府が提出した計画に基づいているが，広州のCBD建設は挫折後に政府が計画を再検討し調整を行ったので，広州の事例分析は政府計画の挫折と調整の過程に対する評価と分析に重点を置く．以下，まず中国の大都市のCBD建設の適合性について分析し，そのあと『CBDの経済構造と政府管理モデルの研究（CBD的経済結構与政府管理模式研究）』——国際的経験と

[訳注4] 後述されているように，広州CBDの挫折はその前半期にあらわれたもので，その後の修正計画を経て，現在は広州でもCBDが完成している．また上海浦東新区も，本書の執筆以降に変化がみられる．したがって，以下の叙述は上海と広州の現状を説明したものというより，中国のCBD建設の成功と失敗の原因を一般的・典型的にあらわす事例の1つとして読むべきだろう．

上海陸家嘴の実験』[14],『我国の都市中心業務地区の健全な発展を促進するための検討（促進我国城市中央商務区健康発展探討）』[15]『珠江新城計画に対する展望（対珠江新城規劃的看法）』[16] を参照しながら，上海と広州の CBD 建設の事例を分析する．

(1) 中国の大中都市における中心業務地区の適合性の分析
① CBD 建設の条件

現在の中国で，どの都市が CBD 建設に十分な条件を備えているのか．これは，早急に答えなければならない問題である．まず，世界の都市の基準をみると「CBD の出現には主に 2 つの条件が必要である．1 つは，経済発展が一定の水準に達し，地域内の 1 人当たり GDP が 5000 ドルから 1 万ドルの段階に達すること．もう 1 つは CBD の所在都市が疑いもなくその地域の中心的な都市であることである」[17]．これを基準にすれば，2010 年に 1 人当たり GDP が 1 万ドルに達した都市は，北京，上海，広州，深圳の 4 都市しかない．これは，一線都市でなければ CBD 建設を計画できないことを意味するのだろうか．答えは，否である．上海はすでに 1990 年代初頭から CBD 建設の計画に取り組み，当時の 1 人当たり GDP はわずか 720 ドルで，5000～1 万ドルという第 1 の基準よりはるかに低かったが，現在では陸家嘴金融 CBD は上海を中国の金融センターにしている．国際的な経験が，そのまま適用できないことは明らかである．その理由は，中国では 30 年以上も 10% 近い経済成長が続いており，この日進月歩の高度成長のために，他国より早くから CBD 建設の準備に取り組む必要があるからである．都市の中心地区が，一旦 CBD 以外の機能を持つ地区になってしまうと，将来の CBD 建設に大きなコストやリスクをもたらすことになる．そのため，中国の場合，CBD 建設にあたって 1 人当たり GDP は国際基準より低くするべきである．

2 つ目の基準は CBD 建設の都市間競争をもたらす．この問題を解決するには，中央政府によるマクロレベルの調整が必要である．たとえば，上海の CBD 建設は南京の CBD を妨害しかねず，広州と深圳の CBD 建設には明らかに地域的競争が存在している．

もう 1 つ注意すべき問題は CBD の階層性である．もし CBD の所在都市が

国際的大都市なら，CBDも国際レベルでなければならない．このことから類推すれば，国家レベルや地域レベルのCBDもありうる．現在，二線，三線都市の多くがCBDを建設するスローガンを唱えているが，実はその多くが都市の中心市街地とCBDの概念を混同しているにすぎない．

② 中国の大都市におけるCBD建設の位置付け

　世界一流のCBDを作り，国際的ビジネスセンター，金融センターを建設することは中国の多くの大都市の夢である．しかし，ほとんどの内陸都市にとって，今のところ単なる夢にすぎない．大手外国企業の中国本部の入居数は，CBDの国際化を評価する重要な指標とされる．外国企業の中国本部の分布をみれば，北京と上海だけで70％，広州と深圳は10％を占め，ほかの都市は合わせてもわずか20％にすぎない[18]．つまり，4つの一線都市でなければ，国際ビジネス機能を主とするCBDを開発するというのは非現実的である．一方で，中国の日進月歩の経済成長によって，国内のオフィス需要は日増しに拡大している．各地域の中心都市は，立地の優位性を十分に活用して合理的な位置付けを追求し，国内企業のオフィスの集積を積極的に導入すれば，まちがいなく地域CBDの形成や発展を促進できるだろう．

③ 中国の大都市CBDの立地選定

　国内外の大多数のCBDの立地は，都市の中心市街地を選ぶので，中心市街地とCBDの概念は混同されやすい．都市の中心市街地は人口密度が最も高く，交通も最も便利なので，ヒト・モノ・カネ・情報がここで合流して地域ビジネスの要衝となる．

　もしCBDの立地選定が客観的法則に従わず，都市の中心部から離れれば，建設計画の破綻を招きかねない．後述の分析では上海CBDと広州CBDの事例をとりあげるが，偶然なことに2つとも1990年代初頭から建設を始め，立地の選定も中心市街地から離れていた．しかし，現在，上海陸家嘴はすでに中国の金融センターになったのに対して，珠江新城の建設は一旦挫折した状態になった．そこで反省すべき点がある．かつて，上海の浦東と浦西は黄浦江にへだてられていたため，大きな格差があった．そこで浦東を開発して陸家嘴を建

設するにあたって，重要な関連措置として，黄浦江を乗り越えて浦東と浦西を結ぶ道路を作り，先行する浦西の優位性に依存して浦東の発展を促進する政策が計画通りに実施されてきた．しかし，広州の事例は途中まで順調ではなく，珠江新城の行方は，中心部から離れた立地が既存の都市部と順調に融合できるかどうかに関わっていた．以下，上海と広州のそれぞれのCBD建設の事例を具体的にみてみよう．

（2） 比較的成熟したCBD──上海陸家嘴金融貿易区を事例として[19]
① 計画の過程

上海陸家嘴金融貿易区の建設計画は1990年代から始まった．1991年に採択された「陸家嘴中心地区の調整計画（陸家嘴中心地区調整規劃）」で，上海市マスタープランにおける陸家嘴CBDの中心的な位置付けが確定された．当時，中国はCBD建設の経験が乏しかったが，多くの国際的CBDは市場の力で自発的に形成されたものだった．したがって，上海の計画担当者にとって賢明な選択肢は，政府の計画で建設を推進したフランスのラ・デファンスCBDの経験を学ぶことだった．朱镕基と黄菊の二代にわたる上海市長に引き継がれながら，陸家嘴CBDの建設計画と設計に関する，中仏協力の枠組みが成立した．1992年，フランス側は国際的コンサルティングによる計画書を正式に提出した．

フランス側の計画案では，陸家嘴CBDの建築総面積は400万平方メートル近くで，以下の7つの部分から構成されていた．すなわち，「オフィスビル265万平方メートル，高級住宅30万平方メートル，ホテルと関連施設50万平方メートル，コンベンションセンターとエキシビジョンセンター25万平方メートル，ショッピングセンター12万平方メートル，文化センター10万平方メートル，総合サービス施設3万平方メートル」[20]である．広範な諮問や国際入札を経て，1993年12月，計画案は正式に認可された．中国のCBD建設の経験が乏しい中で，上海市政府は成功経験を持つフランスの計画機関から学び，陸家嘴CBDの将来の発展の基礎を固めた．

実際の建設過程において，陸家嘴CBDは独特の開発戦略をとった．すなわち，「一流の投資で一流の計画を実現する．適切な高水準でインフラ建設を行う．形態と機能の開発を同時に行い，独立開発区モデルによって分散開発を行

う．『资金空转，土地实转（金をかけずに土地を動かす）』[訳注5]という方式で企業を設立し，政府と企業が提携しながら循環開発を行う．小さな政府，大きな社会という管理システムを選び，行政の効率を向上させる」[21]．

② 建設の現状
1) 陸家嘴CBDの空間形態とクラスター[訳注6]

20年の開発と建設を経て，外向型で多くの機能を持つ現代的な陸家嘴CBDが，ほぼ完成した．陸家嘴CBDはすでに「中国の改革開放のシンボル，上海の現代化建設の縮図」[22]となった．

また，陸家嘴金融貿易区（CBD中心区），新上海商業城，国内大企業本部の集まる竹園商貿区，花木行政文化区という，互いに呼応した4つのクラスターが形成され，完成されたCBDにふさわしい産業間の生態的連鎖を作り上げた．陸家嘴CBDのクラスター分布は，図8-2に示されている．上海CBDの発展過程は，成熟したCBDには市場メカニズムが不可欠なことを裏付けている．2000-02年にかけて，陸家嘴CBDでは「空楼（昼間も人がいない）」，「黒楼（夜間に明りがない）」の現象が非常に深刻になり，学界では陸家嘴CBDの発展がかなり懸念されていた．このような状況を改善するため，市政府はCBDの商業用地の一部を住宅用地として使うようにした．しかし，現在では陸家嘴CBDのビル入居率は95％以上で深刻な飽和状態になり，不動産価格の高騰と過大なビジネスコストをもたらし，疑いなく陸家嘴の産業発展に悪影響を及ぼしている．このため，政府主導で竹園商貿区，花木行政文化区などの建設に取り組むことになった．短期的・部分的にみれば政府の推進力は明らかだが，長期的・全体的にみれば経済自体の法則がさらに根本的な役割を果たす．経済法則に則った政府計画こそが，CBDの建設をよりよく推進できることが実証さ

訳注5) 浦東新区で採用された方式で，土地開発を担当させるために，市政府が4社のディベロッパーを設立し，その資本金には譲渡した土地使用権をあてて財政からの出資を少額に抑えた．さらに，市政府は限られた財政資金でインフラ整備を行い，その結果土地価格は上昇し，ディベロッパーも利益を得られた．要するに，多額の財政資金の投入を避けながら，土地開発を推進する便法である．

訳注6) 都市計画の概念で，個々の建物・道路・空き地などを相互に関連させて1つの集合体としてとらえ，配置することを指す．

（出所）上海市浦東新区陸家嘴功能区城区管委会規劃建設処，転引自韓可胜《CBD的経済結构与政府管理模式研究——国际経験与上海陆家嘴的实践》．

図 8-2　陸家嘴 CBD のクラスター分布

れたのである．

2）　CBD の産業連鎖の基本的形成

　陸家嘴 CBD 形成の指標は，産業連鎖の形成である．20 年の計画と建設を経て，陸家嘴 CBD は現代的オフィスビル，一流のインフラ，質の高い資源と情報の統合，便利な交通，美しい環境によって，国内外の多くの現代サービス企業を引き付けた．ビルディング経済[訳注7]による空間集積とエネルギー波及効果は日増しに目立つようになり，CBD 産業連鎖が形成された（表 8-2）．

　このうち，オフィスビルの割合が 70％を上回ったことは，ビジネス機能がすでに陸家嘴 CBD 産業連鎖の主な機能となり，CBD 建設が成熟期に入りつつあることを示している．

訳注7〕　原文は「楼宇経済」．中国の流行語で，大型オフィスビルに金融・情報・不動産などの現代サービス業を入居させて経済効果をあげようとする方式である．1990 年代の上海浦東が，発祥地の 1 つとされる．

第 8 章　中心業務地区（CBD）建設モデル

表 8-2　陸家嘴 CBD の産業連鎖の配置

	合計	入居企業数	納税企業数	総税収（万元）
オフィスビル	136	4517	3352	411162.23
高級住宅	220	309	199	34058.52
住民新村	338	556	186	19234.75
ショッピングセンター	156	274	184	9336.11
工業団地	27	151	131	3644.38
政府庁舎	37	261	141	41859.96
学校・病院	100	140	83	4445.20
観光用施設	9	12	9	571.69
その他建築	67	66	50	3134.55

（出所）図 8-2 と同じ．

③　現状の問題点

1）　金融の産業連鎖が短く，伝統的な金融サービスが多く，付加価値が低い

　中国の金融業の発展は，全体として世界に立ち後れている．陸家嘴 CBD は中国金融業成長の指標ではあるが，単独で発展することはできない．陸家嘴の金融産業連鎖は比較的に短く，多くは銀行，保険など伝統的な金融機関で，投資信託運用会社，ファイナンス・リース会社など新しいタイプの金融機関や関連企業が極めて少なく，国際金融センターになるにはまだ遠い道のりがある．

　また，陸家嘴 CBD の金融商品は相対的に単一で，たとえば，銀行の主要業務は預金と貸付だけで，新しい金融商品はごくわずかである．そのため，陸家嘴 CBD の融資ルートは外国に比べると単一で，金融業の付加価値も低い．

2）　有名な金融企業が少なく，国際金融競争力が弱い

　中国人は上海が中国の金融センターだと思っており，陸家嘴 CBD はその上海の金融センターである．しかし，上海浦東発展銀行を除けば，中国の四大国有銀行やその他の重要な民間商業銀行の本店は，いずれも上海に置かれていない．香港上海銀行（HSBC，中国では汇丰銀行）とシティバンク（中国では花旗銀行）など多くの外資系銀行やその他の金融機関は上海に支店を設置しているが，これまで上海に中国本部を設置した一流の大手国際投資銀行やファンドは一つもない[訳注8]．次のデータをみていただきたい．「陸家嘴の金融機関の数は香港の 3 分の 1，ニューヨークの 30 分の 1 で，銀行業の総資産はニューヨ

ークの約50分の1，香港の14分の1である．また，現代サービス企業の数はニューヨークの約100分の1で，法律事務所はロンドンの6分の1である．多国籍企業の地域本部の数はマンハッタンの14分の1，ロンドンの7分の1，東京の6分の1で，香港の17分の1である」[23]．

④　発展対策——政府管理モデルという視角から

　上述のように，外国と中国のCBD発展の明らかな相違点は，政府の主導性にある．そのため，本章では政府管理モデルという視角に重点を置いて，上海CBDの発展に対する対策や助言を提起する．要点を握れば成果が上がる（綱挙目張）といわれているように，政府管理モデルを整備すれば，CBD発展の具体的な問題点を解決するための良好な基礎となるだろう．

　まず，CBD中心区としての陸家嘴金融貿易区の管理モデルをよく知っておく必要がある．この地域では，陸家嘴機能区管理委員会（陆家嘴功能区域管理委員会）が，陸家嘴金融貿易区を直接に管理する機関とされる．しかし，管理の権限は不十分で，金融機関の審査と認可は国務院の関係部門が行い，計画の審査と認可の権限は上海市政府にある．多くの部門から政策が出されるため，陸家嘴金融貿易区の管理は混乱した状態に陥っており，権限を持つ者はやる気がなく（国務院と上海市政府は大きな権力を持つが，全ての力を陸家嘴に注ぐわけにはいかない），やる気のある者は権限がない（浦東新区政府と陸家嘴機能区管理委員会は陸家嘴金融貿易区建設の中心機関だが，権限は限られている）．

　これらの事情に鑑み，陸家嘴金融貿易区の管理機関を統合し，陸家嘴金融貿易区管理委員会を設立し（陸家嘴機能区域管理委員会と事務を統合すれば「一套人马，两块招牌（1つの機関に2枚の看板）」となる），上海市と浦東新区の金融に対する権限を統合することを提議する．国務院と上海市政府，区政府は，この機関に計画，金融審査認可，金融政策制定，金融サービスなどの権限を委譲し，金融を中心とする産業連鎖の迅速な発展を促進するべきである．

　次に，政府管理の視角から具体的にみれば，上海CBDの発展には多方面の

訳注8〕　これらは，原書執筆時の情勢で，たとえば現在のシティバンクは上海に中国総部を置くなど，その後の情勢は変化している．

政策協力が必要である．たとえば，中央政府が引き続き重点政策に位置付け，国家の金融監督部門が上海の管理モデルを創り出し，CBD 自体も積極的に外資系金融機関を誘致する政策を実施するよう努力しなければならない．

このような建議は主として政府管理の視角から提出したものだが，政府管理を整えてこそ，はじめて総合計画によって CBD の発展を合理的に導き，市場の発展のために良好な環境と政策基盤を提供できるようになる．このような基礎の上に，陸家嘴 CBD はソフトとハードの両面の改善を通じて，新しいタイプの金融産業連鎖の形成に努力し，経済構造の改善や高度化を加速して，さらに発展を遂げていくであろう．

(3) 頓挫した CBD——広州の珠江新城を事例として
① 開発の背景

珠江新城の開発の背景としてまず指摘できるのは，広州市政府が CBD の土地使用権を譲渡して得た資金で，地下鉄建設による財政赤字を穴埋めしようという思惑を抱いたことである．また前述のように，CBD の建設で第三次産業の発展を牽引し，集積効果など予想される収益を取得することも重要な背景である．当時の広州の状況をみれば，オフィスビルが過度に分散し，集積による優位を形成できていなかった．CBD 建設を契機に全市のオフィスビルを集中させるのは，疑いもなく産業高度化のためによい方法である．最後に，香港と深圳の勃興につれて，珠江デルタにおける中心都市としての広州の地位が絶えず低下していたことがあげられる．このような状況の下で，CBD の建設によって外資を誘致し，産業高度化を推進し，都市のイメージを向上させ，都市の発展を推し進めることが政策決定者にとって唯一の選択肢だった．以上の背景によって，広州市政府は広く意見を聞き取ったうえで，珠江新城の計画案を確定した．

② 立地分布

珠江新城は広州市天河区に位置し，北は黄埔大道から，南は珠江まで，西は広州大道，東は華南高速道路と接している．敷地総面積は約 6.6 平方キロで，中心地区は約 1 平方キロを占め，建設面積は約 845 万平方メートルである．そ

のうち，商業・居住両用の複合ビルが約30％を占め，商業ビル，オフィスビル，マンションは70％を占める．珠江新城は広州市の新区と旧市街の境に位置し，東西の2つに分かれて，東部は主に住宅，西部は商業ビルとオフィスビルを主としている[24]．

珠江新城は立地が非常に優れており，新区と旧市街の境に位置し，中心部の優位性を持つうえ，珠江と広州市の新しい中軸線が交差するところに位置し，広州の景観の中心でもある．

計画のめざす目標は，珠江新城を将来の広州市の中心にすることであり，とくに西部の商業オフィス機能を北部の天河中心区の本来の商業オフィス機能と統合して統一的に計画し，商業，文化，対外関係などの都市機能を統合することが目標であった．しかし，現在の発展は満足できるものではない．

③　発展の困難および計画の調整
　1）　発展の困難

1992年から1999年末まで，珠江新城に投入した資金は累計で44億2634万元に達したが，70％の土地はまだ開発されていなかった．既に開発された土地も，多くはディベロッパーが容易に開発コストを回収できる高級高層住宅になり，オフィスビルは1つもない．堂々たる広州のCBDは高級住宅団地になってしまったのである．

　2）　挫折の要因

1994年の中央政府の経済緊縮政策や，1997年のアジア金融危機のような外部環境の変化が，新城の頓挫した外的要因である．しかし，これは中国の他のCBDにとってあまり参考にならないため，ここではふれないことにする．珠江新城自体の失敗の要因としては，以下のものがあげられる．

まず広州市政府が，新区と旧市街のオフィス機能を統一的に計画することに失敗したという要因があげられる．広州市におけるオフィス面積は過剰であり，CBDを維持できるほどの需要がなかった．CBDの建設は，本来なら広州市の中心部におけるオフィス機能を統合するためであったが，実際の計画の運営は政策の初志に背いてしまった．旧市街では依然としてオフィスビルの建設が続

き，新築面積は珠江新城を遥かに超えた．このような状況で，広州のオフィスビルは供給過剰となり，配置も分散し，珠江新城が市全体のオフィス需要を統合するという政策の初志に反してしまった．

次は土地の問題である．「城中村（都市の中の村）」区域とディベロッパーは，経済的利益に駆られ，住宅の開発を優先した．珠江新城の開発区域には一部の村留地[訳注9]が存在し，「城中村」を形成していた．城中村の地価は周辺の都市用地より安いため，土地市場に大きな影響を及ぼし，不動産市場を地価によってマクロコントロールしようとした市政府の力を弱めた．その上，村留地は政策の制限で工事の申請が難しく，農民の収入にも深刻な影響を及ぼした．「例えば，冼村の1992年の利潤は5000万元あまりであったが，2004年には200万元あまりしかなかった」[25]．これに対する村民の不満は大きく，社会問題を引き起こしがちだった．

さらに，珠江新城の建設計画は厳格に貫徹されなかった．コストをいち早く回収するため，ディベロッパーが住宅を優先して開発したため，住宅の占める割合が計画より遥かに上回り，その結果，地価は上がったがCBDは高級住宅地になってしまった．

このような状況に鑑み，2000年に広州市政府が珠江新城の計画と建設状況を全面的に見直した．2002年に，広州市は「珠江新城計画検討書（珠江新城規划検討）」（以下，「計画検討書」）を採択すると同時に，旧計画案を廃止した．

新計画は旧計画を全面的に否定したものではなく，現状を踏まえたうえで，経済，公共事業，雇用，環境などにおける都市の利益を全面的に調整することに配慮した．新しい計画では，珠江新城の位置付けと計画範囲には本質的な変更はなく，「計画検討書」では国際都市を建設するという戦略から，広州市における21世紀の中心業務地区（GCBD21）を目標として定めた．

計画の主な調整内容は，以下のとおりである．

訳注9〕 村留地あるいは留用地は，国家が農村の土地を都市建設のために収用する際に，その10%の土地を村民委員会に対して開発用に与える制度である．一般の都市建設用地と同じく国有土地証書などが与えられるが，分割して譲渡することはできない．また，公共施設と商業施設の建設のみが許可され，住宅開発用地とすることができない．

第1に，計画の調整は「以人为本（人間本位）」の理念を十分に体現し，開発の程度を適切に削減し（約150万平方メートルのオフィスビルを削減），広場と緑地の面積を増やした．珠江新城の中央広場を，北から南へ順に入口広場－都市緑化広場－文化芸術広場にし，海心沙市民広場とつなげて，広州市内最大の市レベルの広場の体系を形成した．

　第2に土地開発モデルを調整し，公共交通の整備を強化した．新計画では，国際基準の計画的一体開発（PUD, Planned Unit Development）[訳注10]モデルにより，ビル群の間に緑地を集中的に設置し，多くの小公園を作った．公共交通では，珠江新城に向かうバス路線を従来の1本から4本に増やし，また地下鉄3号線にも正式に新駅を確定した．公共交通機関の整備は広州の新区と旧市街との連結や資源の統合には有利である．

　第3に，関連インフラの水準を向上させた．新計画では，珠江新城の教育施設と文化施設を大幅に増加させた．幼稚園，図書館，小学校，病院の敷地面積を拡大した．

　計画の調整によって，珠江新城はある程度は広州の商業と公共生活の中心になった．「新計画の珠江新城は，住宅団地やオフィスビルから一時間以内で広州のあらゆる場所に到着できる」[26]．こうして，前述の大中都市CBDの立地選定で指摘した，珠江新城が旧市街の中心から離れているという問題点を解消できた．

④　新計画への評価

　『房地産導刊』が2005年に行った関係専門家への取材によると，広州市が公布した新計画は専門家から広く認められている．1993年には，中央政府が緊縮政策をとったため，土地開発にあたって狭い土地で容積率を高くするという開発モデルが採用された．このような開発モデルに固執すれば，広州市のイメージ，公共建築面積，生態環境などの面で多くのマイナスの影響を及ぼし，緑地計画の不足という最大の欠点も変更できない恐れがあった．

訳注10〕　計画単位開発とも呼ばれ，1960年代からアメリカの郊外住宅地開発に取り入れられた手法で，画一的な市街地形成ではなく，緑地を配置したり，商業施設や研究施設なども配置したりするなど，柔軟性を持つ都市計画をめざす．

専門家によれば,「『計画検討書』の公表は,計画の継続を可能にし,既得権益のバランスを保つという前提で行われた調整である．環境の向上とインフラの水準に力点を置き,空間設計にも『人間本位』の原則を反映させた．調整後の新都市計画には以下の3つのポイントがある．第1に公共施設の整備と拡充,第2に道路を立体化して交通の便を改善し1時間内で広州市内のどこにでも行けるようにする．第3に新たなデザインの空間形態によって北にある天河スポーツセンターや中信広場とともに,リズムがある波形のスカイラインを形成する」と指摘している[27]．

1990年代初めの計画準備から2003年の計画調整まで,市政府が広州CBDの建設を一貫して主導しており,市政府の調整がCBD建設のカギだったといえる．政府が全体を把握せず,ディベロッパーが個々に開発するだけでは,CBD建設は必然的に行き詰まるだろう．珠江新城の初期の挫折はこれを証明している．ディベロッパーはコストを早く回収するために住宅開発を優先し,珠江新城はあやうく高級高層住宅団地になってしまうところだった．さらに,計画では珠江新城の立地は広州市の中心部から離れていたため,中心部と効率よく連結してその資源と立地の優位性を利用することが,珠江新城の運命を決めるカギとなる．CBDの建設には科学的な計画が不可欠であり,科学的な計画と強力な推進には,政府の主導が不可欠だということは明らかである．これは珠江新城のCBD建設から我々が得た教訓である．

4　中国のCBD発展における問題点と対策

(1)　中国のCBD発展における問題点とその分析

前述のように,中国のCBDの発展状況と,上海・広州などのCBDの建設状況をみると,中国のCBD建設には多くの特有の問題点がある．政府主導型の社会であるという性質から,CBD建設は計画の当初から政府行為の決定的な影響を受ける．このため,政府の行為を適切に調整することが,CBDの科学的発展のカギである．政府はまず,計画の水準を高めるとともに,合理的な管理体制により計画の効果的な実施と遅滞のない調整を保障しなければならない．具体的には,中国のCBD発展には以下のような問題点が存在している．

① CBD に対する誤った認識と CBD 建設の位置付けの誤り

現在，中国では CBD に対する 2 つの誤った極端な認識がある．1 つは，CBD を従来の都市中心市街地と混同し，都市ならどこでも CBD を建設できると考える誤りである．なかには都市より一級下の行政区でも，CBD の建設を提唱することさえある．もう 1 つは，CBD を難しく考えて，現在の中国で CBD を建設できるのは，北京や上海などの国際的な大都市以外にないと考えてしまう誤りである．CBD にも国際レベル，国家レベル，地域レベルなど様々なレベルがあり，異なるレベルの CBD には異なる位置付けをするべきだということを認識できていない．地域レベルの CBD は，自身の位置付けをはっきり認識できず，国内のビジネス需要に応えようとしない．そして，北京や上海と違って，全国に影響力を及ぼして多国籍企業も誘致できるような優位性がないのに，国際的企業の誘致をむやみに追求した結果，資源の浪費を招いてしまった．このように誤った一面的な理解が，CBD の理論研究をミスリードし，ひいては中国の CBD の健全な発展に悪影響を及ぼしている．

② 無秩序な政府活動

CBD は都市経済の発展の象徴であり，都市経済の発展は地方政府の業績を評価する重要な指標の 1 つになる．このため，地方政府は自身のイメージアップや政治的業績づくりのため，次々に CBD プロジェクトを実施する．また一部の都市の CBD 計画では，業績をあげるために現存の条件を無視して，資源の浪費と土地の放置をもたらしている[28]．前述のように，中国の大中都市が次々と CBD プロジェクトを始める理由を分析すれば，CBD の建設は外見も効用も優れているため，地方政府に好まれていることがわかる．しかし，外見だけなら資源を握る地方政府が容易に作り上げることができるが，効用は都市のファンダメンタルズ——たとえば，強い経済力，地域的・国際的影響力，現代サービス産業，便利な交通などが関わり，多くの都市はこのような発展段階に到達していない．

また，このことは CBD の位置付けがあいまいになるという問題にも関わっている．CBD には国際レベル，国家レベル，省レベルなど異なる段階があり，地域の実力と実情に応じて位置付けられるべきである．しかし，中国の CBD

は実情を踏まえず，ただ高遠な理想を追う傾向があり，ややもすれば「世界一流の CBD を建設しよう」というスローガンを掲げるが，結局，開発能力が足りないために未完成のままに終わり，社会資源の深刻な浪費につながる．

③ 単一の CBD 開発モデル

国際的には，CBD の開発モデルは 2 種類ある．1 つは市場主導型で，主に市場メカニズムが主導して開発建設を行い，政府は政策を通じてディベロッパーを誘導するにとどまる．たとえばアメリカのマンハッタンが，この方式である．もう 1 つは政府主導型で，政府が計画から実行の全過程において細かくコントロールする．中国の CBD 開発は，経済体制が原因で，すべて計画が先行する政府主導型である．しかし，前述のように政府の無秩序な行為によって，CBD の開発には様々な問題点が生じている．

単一の開発モデルは，中国の CBD 建設が新しく計画されるものばかりで，CBD 建設と新都市建設の区別がないことを物語っており，これは中国の急速な都市化とも関わる．外国の CBD には新たに作られたものが少なく，もともと市場の発展を基礎とする場合が多い．中国の CBD の規模は完全に政府の計画で決まるので，計画の誤りというリスクがあり，たとえば珠江新城の CBD の挫折はオフィスの計画面積がビジネス需要をはるかに超えたことが一因である．

④ 計画の欠陥および目標からの逸脱

中国の CBD 計画は，一般的に系統性を欠いている．CBD の建設は都市の産業発展，インフラ，交通環境などに関わるため，政府の各部門が互いに調整し協力すべき系統的なプロジェクトである．もし複数の部門から異なる政策が出れば，建設の重複と悪性競争が生じてしまう．したがって，各級政府によるマクロレベルの統制が必要で，たとえば長江デルタの南京と上海，珠江デルタの広州と深圳のような地域の中心都市の間で，CBD 建設を調整しなければならない．同様に，都市内部の区域間の調整や，CBD 内の各機能区の間の調整も必要である．前述の珠江新城の前半期の挫折が証明するように，新都市でオフィス機能を建設しながら，同時に旧市街でもそれを建設すれば，供給過剰で資

源の浪費になってしまう．また，北京のように，CBDを中央・市・区という3段階の政府が管轄する場合，各級政府の間で系統的な調整や協調がなく，CBDの機能とその他の中心区の機能が重複し，専業化・集約化された産業連鎖が形成できず，資源の希釈と悪性競争が生じてしまう[29]．

　同時に，多くの都市のCBD計画の目標はディベロッパーの利益に影響され，建設過程で計画目標から逸脱してしまう．珠江新城の建設過程における一時的な挫折は，その一例であり，10年にわたるCBDの建設は結局，高級高層住宅団地を形成したにすぎなかった．

⑤　CBDの建設体制が混乱して管理が不完全である

　羅永泰と張金娟は，『我が国の中心業務地区発展問題に関する研究（我国中央商務区発展問題研究）』で次のように指摘している．「多くの都市のCBDの建設では，管理体制が整っていない．少なからぬCBD管理組織は，臨時に担当するだけで完全な管理権を持っていない．一方，さまざまな機関が関与したため，失敗したCBDも出ている．さらに土地管理体制の問題もあり，割当土地使用権のある土地（划拨土地）[訳注11]は本来市場に出せないが，いくつかの管理部門が関わっていると土地使用権の譲渡も可能になり，CBDの一部の企業や機関は勝手に企業を誘致して建設させ，CBD開発を無秩序な状態にしてしまった」．

⑥　CBDの産業発展の欠陥

　国際的な成熟したCBDと比較すると，中国のCBDは産業発展という点で大きな格差がある．前述のように，成熟したCBDを示す特徴はビジネス機能を主とすることだが，中国のほとんどのCBDはまだ達成できずに商業施設と住宅が主であり，広州のCBDは一時的に高級住宅団地になってしまった．国

訳注11〕　中国で国有地の使用権を得る方法として，払下土地使用権（出让土地）と割当土地使用権（划拨土地）がある．前者は，払下金を支払って一定期間の土地使用権を取得し，使用権の譲渡や賃貸なども可能である．後者は，現在使用している者への補償や移転費用を除き，無償で土地使用権が割り当てられるが，公共事業用地などの用途に限られるため，原則として譲渡や賃貸などはできない．

際的には，成熟した CBD の各機能区の配置は，「オフィスビルが 40〜60％を占め，商業施設が 20％，商業・居住用マンションと付帯施設が 20％を占める」[30]．

　また，中国の CBD の中には別の極端に走り，経済の発展段階を無視してひたすら CBD の高級化を追求するものがある．前述のように，多くの CBD は金融業，とくに国際的な金融機関の入居を奨励し，国内ビジネスやランクの低いビジネスと商業の入居を拒んだ．その結果，ランクの高い業種には背かれ，低い業種は望まないため CBD は寂れてしまい，資源を浪費している．金融機関の入居率は確かに国際的な CBD 成熟の指標になるが，金融業だけを強調すれば地区の経済リスクが増大する．金融危機が生じれば，ドミノ現象が起こって実体経済全体に影響を及ぼしてしまう．また北京，上海，深圳などの一線都市以外は，まだ国際金融センターになる条件を備えていない．

　さらに，産業の空間的分布をみると，中国の CBD は産業集積がまだ明確ではない．国際的経験からみれば，産業集積は集約効果をもたらし，経済効率をあげることができる．産業のゾーニングも，国際的に成功した CBD の指標である．中国の CBD の産業構造の調整と高度化には，まだ遠い道のりがある．

(2)　中国の CBD 発展計画への助言

　以上のような中国の CBD 建設の現状における問題点を踏まえて，以下のように発展のための合理化を建議する．

① 　審議過程を規範化し，CBD を合理的に位置付け，長期的な計画を立て，資金を確保する

　上述のように，中国の CBD 建設では実情を無視した高望みの現象がみられ，CBD を建設する条件を備えていない都市でも「世界一流の CBD を建設しよう」というスローガンを打ち出している．すでに指摘したように，中国の大多数の都市にとって，国際ビジネス機能を主とする CBD を作ることは実情に合わない．むやみに外資を誘致すれば，大量の資源の浪費をもたらす．武漢，重慶など地域的な中心都市は，実情に合わない国際ビジネスのオフィス誘致を目標とせず，国内のオフィス需要に目を向けて地域の中心都市を形成することが

適切な選択肢である．中央政府はCBDの評価専門家チームを組織し，各都市のCBD建設計画を厳格に審査し，実情を無視した業績づくりによる資源浪費と農地荒廃を防ぐべきである．中国のCBDの適合性に関して，参考となる研究成果がすでに出ている．たとえば，東南大学の国家自然科学基金プロジェクト「中国都市におけるCBD適合性の指標システムに関する研究（中国城市CBD适建度指標体系研究）」（50508043）は，CBD形成の内在的法則と都市運営の本質的体現を照合して，29項目の基礎的要因，6項目の状態要因，3大支持系統を設計し，総合層，系統層，状態層，要因層という4等級に分けたCBD適合性の指標システムを作り上げた．階層化意志決定法（analytic hierarchy process）と空間ウエイト・マトリクスによって，中国都市のCBD発展の可能性について基本的評価と動態的モニタリングを行える[31]．

このほか前述のように，広州と深圳，上海と南京など，接近した中心都市の間でCBD建設をめぐる競争関係がある．中央政府のマクロ的な調整と協調の指導によって，建設の重複と資源の浪費を避けることができる．

② 政府のマクロコントロールを強化し，CBDの各機能区の合理的な配置を重視し，ディベロッパーの短期的行動を回避する

国際的なCBDの成功経験をみると，オフィスビルがCBDの建築面積の70〜80％を占めることが分かる．中国のCBD開発の過程では，管理体制が不十分なため，ディベロッパーがコストの早期回収のために住宅開発を優先し，珠江新城CBDのように高級住宅団地になってしまった．地方政府は，CBD建設における合理的な誘導の役割をもっと発揮して，各方面の利益を調整し，計画目標からの逸脱を防がなければならない．

③ 土地の利用効率と交通・環境を総合的に考え，CBDの総合的な社会厚生を向上させる

現在，中国のCBD計画では，一般に交通，環境，建築効率などの間にトレードオフの関係がみられる．都市の効率の損失は主に以下の方面にあらわれている．まず土地の利用効率が低く，建物の高度が不足していて，所在地の地価と不釣り合いである．また，「緑地で隔てられた建物，建物で隔てられた緑

地」という都市発展モデルは，集中的な緑化に比べて局地的な緑化が環境コストを増加させ，細分化された緑地は生態的価値を発揮できず，分散した都市緑地は維持コストを増加させ，緑地の生態と環境の総合効果を減少させた．さらに，職場と住居の合理的な関係を欠き，都市の交通・通勤コストを増大させ，交通の混乱をもたらした．

このような状況の中で，中国のCBD建設の担当者には，市場メカニズムの下で都市の土地利用空間の分布法則と特徴を認識し，CBD計画の専門性と科学性を高め，土地の利用効率を高め，都市化を順調に推進することが求められている[32]．

第9章
郷鎮産業化モデル

　中国の都市化における郷鎮産業化モデルは，小都市（小城鎮）の都市化戦略と郷鎮企業の発展によって生まれた，農村の内発的な都市化モデルである．原動力のメカニズムからいえば，郷鎮産業化モデルは，下からの郷村工業化の経済力と郷鎮政府が共同で推進したものである．空間的には，郷鎮産業化モデルは主として農村部で生まれたため，ある程度は農村の現地都市化（就地城鎮化）とみることもできる．実質的には，すでに毛沢東時代の人民公社化と集団化の発展の中で，中国は郷村工業と農村コミュニティによる農村発展モデルを模索しはじめていた．1978年以降，費孝通が「小城鎮」という概念を提起して研究が進展し，同時に「大都市病」の発生を防ぐために，中国の都市化戦略は次第に「小城鎮の発展に大いに力を入れる（大力発展小城鎮）」と定められて，郷村工業の発展と城鎮への集中を奨励するようになった．いわゆる「小都市化」（城鎮化）戦略である．そのような政策のもとで，長江デルタの温州や珠江デルタなどの沿海地域では，農村の現地都市化がいち早く展開された．それは，一面では小都市化戦略の下で郷鎮企業が成長した結果であり，もう一面では改革開放による外資導入などさまざまな要因によって促進された結果でもある．2000年前後に，対外開放政策が北部にも拡大されると，京津冀環渤海地域[訳注1]も大きな発展を遂げた．郷鎮産業化の発展も農村の現地都市化も，さらに華北地方へと拡大していったのである．

　本章では，まず郷鎮産業化と農村の現地都市化の発展過程と既存モデルを整理する．それに基づいて，郷鎮発展モデルについて2つの事例を取り上げて分

　訳注1］　渤海湾を取り巻く北京・天津・河北省のこと．

析する．1つは，河北省の農村における郷村産業の発展と現地都市化の3つのタイプである．もう1つは，広東省雲浮市を事例として，「ボトムアップ（自下而上）」の内発的な現地都市化の発展を分析する．そして，郷鎮産業化と農村現地都市化の既存モデルの問題点をまとめたうえで，農村都市化の今後の発展方向を提起する．

1　農村現地都市化の発展過程と既存モデル

中国の郷鎮産業化の発展は主に3つの段階をたどってきた．第1段階は，毛沢東時代の特殊な発展モデルである．第2段階は小城鎮戦略の下の郷村工業化と現地都市化の発展である．第3段階は，「新農村建設」の時期における農村の発展である．

(1)　毛沢東時代における農村発展モデル

新中国の成立後しばらくの間は，国全体が，それまで放置されていた多くの問題を再建しようとしていた．当時は，資源不足，インフラの立ち遅れ，技術不足，国民の低い資質，弱小な民族資本などといったさまざまな問題に直面していた．そのような状況の中で，中国は都市と農村を分離し，都市部における重工業の発展と，農村の自力発展や地域内の自給という道を歩みはじめた．1955年から，農村で自然村を合併して「人民公社」[訳注2]を設立し，経済の集団化を進めた．1958年の「人民公社の若干の問題に関する決議（关于人民公社若干问题的决议）」には，「公社の工業化」が明確に提起され，土法化学肥料工場，食糧加工工場，搾油工場，裁縫工場など数多くの工場が作られた．また，最も多い時は6000万人にも達した農村の青壮年労働力によって土法製鉄が行われ，鉄鋼生産量の近代化を実現しようとした[1]．この意味で，工業化は毛沢東時代の核心ともいわれ[2]，計画経済と都市・農村の分離という体制の下で，

[訳注2]　農業の集団化から出発した組織だが，農業のみならず工業・商業も行い，末端の行政機関の役割も果たし，教育・文化・医療なども担当した．極端な集団主義と自給主義をとり，本文に出ている「土法」もその1つで，近代技術を導入せず非効率的な在来技術を採用して生産を停滞させた．

この時期の中国農村は郷村工業化と集団化の道を模索していた．

(2)　中国沿海地域――珠江デルタにおける農村現地都市化とその要因
① 小城鎮戦略と農村工業化の発展

1978年から93年までは，小城鎮戦略の発展の第1段階である．1978年の第3回全国都市会議（第三次全国城市会議）では「大都市の規模を抑制し，小城鎮建設をさらに進める」という都市建設の方針が明確に打ち出された．この時期における都市建設の方針は2つあり，第1に大都市の規模を厳しく抑制して中小都市を発展させ，第2に1980年代に郷鎮に依拠しながら小城鎮を大いに発展させるという方針が定められた．大都市の膨張を防ぎ，さまざまな「都市病」を予防することが，この段階の考え方の中心だった．1980年12月の「全国都市計画工作会議要綱（全国城市規劃工作会議紀要）」では，「大都市の規模を抑制し，中都市（中等城市）を合理的に発展させ，小都市を積極的に発展させる」という都市建設の方針が明確に提起された．第6次五カ年計画では上記の方針を「真剣に実行する」と念を押し，第7次五カ年計画では「大都市の過度の膨張を断固防止し，中小都市と城鎮を重点的に発展させる」として，中小都市の発展だけでなく城鎮の発展を重点的に推進することを打ち出した．

小城鎮を中心とする都市化戦略は1980年代から始まったが，そのきっかけは1984年に費孝通が発表した『小城鎮　大問題』である．費孝通は，もともと豊かだった江南の城鎮が，合作化・集団化を経て不振と凋落に陥ったのをみて，反農業集団化を提起し，もともと農村にあった商業・交易，個人経営などを復活させるべきだとした．『小城鎮　大問題』の中で費孝通は，「農村の過剰労働力問題を解決するために，小城鎮を主役とし，大中小都市を補佐役として，小城鎮の建設を強化することが，中国の社会主義都市化のとるべき道である」と説いた．このような考えに基づき，第8次五カ年計画では「大都市の規模を厳格に抑制し，中都市と小都市を合理的に発展させ，郷鎮企業に依存しながら，合理的な配置で交通も便利で地域的特色をもつ新型郷鎮を建設する」と提唱され，これが1990年の都市計画法（城市規劃法）に明確に盛り込まれた．この段階では，鎮の設置規模は徐々に引き下げられ，1984年に「建制鎮基準の調整についての報告（关于調整建制鎮標准的報告）」が公布され，建制鎮[訳注3]を

小城鎮の基礎とする方針が最終的に確立された．

1993年は，小城鎮戦略発展の転換点となった．93年までの小城鎮建設は大部分が行政によって推進されたものだったが，同年の「社会主義市場経済体制確立の若干の問題に関する党中央の決定（中共中央关于建立社会主义市场经济体制若干问题的决定）」によって，小城鎮を農村における社会主義市場経済体制の空間的な受け皿とする方針が確立された．これ以降，農村都市化の水準は，農村工業化を測る基準となった．この決定では，「計画を強化し，郷鎮企業を適切に集中させ，現存の小城鎮を十分に利用して改造し，新たな小城鎮も建設する．小城鎮戸籍管理制度を徐々に改革し，農民が小城鎮に入って出稼ぎや商売をすることを認め，農村の第三次産業を発展させ，農村余剰労働力の移転を促進する」と明確に書き込まれた．その時から，農村の小城鎮が農村工業化と現代化推進の任務を担うようになった．1998年の「農業と農村活動の若干の重大問題に関する党中央の決定」（中共中央关于农业和农村工作若干重大问题的决定）には「小城鎮を発展させることは農村の経済・社会の発展を牽引する一大戦略である」と明確に指摘された．中国共産党第15期中央委員会第4回全体会議では，「西部大開発の実施と小城鎮建設の促進は，中国の経済と社会の発展に関わる重大な戦略的問題である」と指摘された．2000年の「小城鎮の健全な発展の促進に関する党中央の意見（中共中央关于小城镇健康发展的意见）」では「都市化を加速する機会と条件はすでに熟しており，この機会をつかみ，小城鎮の健全な発展を適時に導くことを，これから長期間にわたる農村の改革と発展の重要任務とするべきである」とされた．2002年の中国共産党第16回全国代表大会報告では「農村の余剰労働力を農業以外の産業と城鎮へ移転させることは，工業化と現代化の必然的な趨勢である」とされた．1993年以降の国家政策は，小城鎮の発展を「三農問題」（農村・農業・農民）を解決する道だと考えるようになった．

② 郷鎮企業と外資の共同作用による現地都市化

1992-93年以降，郷鎮企業に代表される農村工業化が加速し，農村でも農業

訳注3〕 第1章訳注4を参照されたい．

以外の部門への就業が引き続き増加してきた．郷鎮企業の発展は，沿海地域の農村の発展をもたらし，現地都市化現象があらわれた．それはまず珠江デルタと長江デルタであらわれ，珠江デルタでは外資主導の経済発展により，「都市らしくないし，農村らしくもない（城不像城，村不像村）」という特徴を持つ農村空間が現れた[3]．

東部農村の現地都市化には，2つの要因がある．1つは1980年代以降の郷鎮企業の急速な発展であり，もう1つは近年の東部地域の経済グローバル化である．立地条件，交通，政策などの要因（たとえばさまざまな優遇政策，輸出入規制の緩和など）により，東部農村には投資と教育を受けた人材が集まり，郷村工業が発達した地域となった[4]．1998年以降，郷鎮の集団所有地を非農業建設に利用できるようになったため，農業用地に郷鎮企業が建設され，延々と続く状態となった．近年の東部地域は，経済グローバル化によって国外から資本や技術を導入し，外向型経済主導の特徴が明らかになっている[5]．そのような状況の中で，地方政府と地方単位の権力は強化され，農村外部の経済の流入によって，集団所有を基本単位とする分散型発展方式が生まれた．そして，都市と農村が混合して延々と続く空間形態があらわれた．ある研究者は，珠江デルタの農村における現地都市化の発生について，中心都市の支配が弱く，都市周辺部は発展するが辺境の農村は引き続き立ち遅れると考えている[6]．総じていえば，沿海地域の農村の現地都市化は外向型経済の特徴を示し，東南アジアのデサコタ（desakota）[訳注4]と類似しているといえるだろう．

(3) 新農村建設と農村を主体とする現地都市化の発展方向

1990年代半ば以降，大都市の発展と同時に農村の衰退がみられるようになった．大都市は大都市病，深刻な社会的不公平，高密度や高リスクなど，一連の問題に直面している．同時に，前の時期に拡大した粗放的な小城鎮の問題も表面化し，「三農問題」も日増しに深刻になった．このような状況を受け，中

[訳注4] デサコタ（desakota）はカナダの都市研究者T. マクギー（Terry McGee）の提唱した概念で，インドネシア語（マレー語）のdesa＝村とkota＝都市を合成した用語である．東南アジアの都市周縁部でみられる，都市と農村が混合しながら発展する形態を示している．

央政府は都市と農村の協調と新農村建設を図る一連の政策を打ち出し，農村の自主的発展と建設を強調した．たとえば，2002年11月の中国共産党第16次全国代表大会の報告では，「都市化を加速させ，都市と農村の経済社会の発展を統合する」と提起し，2003年11月の中国共産党第16期中央委員会第3回全体会議のコミュニケでは「都市と農村の発展の統合，地域の発展に基づいて……市場に資源配置の基礎的な役割を最大限に発揮させる」と提唱し，2005年1月の「農村活動を強化し，農村の総合生産能力を高めるための若干の政策に関する党中央・国務院の意見（中共中央国務院关于进一步加强农村工作提高农业综合生产能力若干政策的意见）」では，「都市と農村の統合された発展戦略を堅持し，農村への投入を増やし，負担を低減し，活性化を図る」と提起し，2005年10月の第11次五カ年計画では「社会主義新農村を建設する」と提起した．さらに2006年2月の「社会主義新農村建設に関する党中央・国務院の若干の意見（中共中央国務院关于推進社会主义新农村建设的若干意见）」では「都市と農村の経済社会発展を統合し，工業が農業を養い，都市が農村を支持する」と述べ，2008年10月の第17期中央委員会第3回全体会議のコミュニケでは「改革開放を堅持し，都市と農村の改革を統合する」と提起した．2010年1月の「都市と農村の統合発展の加速及び農業・農村発展の基礎の補強に関する党中央・国務院の若干の意見」では「農業・農村への投資を増加し，都市化を推進し，中小都市と小城鎮の強化に重点を置く」と提唱した．このような一連の中央の方針は，農村で非農業経済を大いに発展させて都市化を推進することに対して，強力な政策的支持を提供した．とりわけ2005年に「新農村建設」政策が打ち出されて以降，新たな段階の農村現地都市化の発展が導かれた．

2　事例1：河北省における農村工業の発展による現地都市化

1990年代半ばから対外開放政策が北上し，環渤海経済圏の京津冀地域（北京市・天津市・河北省）では，発展が加速された．その過程で，河北省の農村では現地都市化が始まった．それは下からの農村工業の発展にもとづいた都市化であり，空間的には集積による都市化現象を生み出し，イギリス産業革命期の工業化と農村都市化の光景が再現された．空間の集積度に基づいて，河北省

の農村現地都市化は3類型に分けることができる．

(1) 分散型農村現地都市化の形態と動因

　分散型の農村現地都市化は，経済的要素と人口が，農村の中に分散している形態である．その主な前提は，農村外部に向けた経済活動が弱く，新しい生産要素の導入はまだ初期段階に止まり，一定規模に集約された市場やサービスがなく，分散した小農による家内生産構造が打ち破られていないという状態である．農村工業の形態は，主に技術水準が低く労働集約的な軽工業（縫製，簡単なプラスチック・ゴム製品生産等）である．発展段階と発展主体の違いによって，このタイプの分散型現地都市化は，家庭を単位とするものと，村を単位とするものの2つに分けられる．そのほか，農業の産業化の進展の違いや，兼業化する農民が地元の村に留まっていることも，分散型の要因になる．分散型の現地都市化は，通常このような要因が複合し，その中の1つが主たる要因となる．

　その形態の特徴をみれば，分散型現地都市化は家内工場を単位に空間的に無秩序に広がり，産業は主に衣類，バッグ，靴類の加工などで，家庭内の簡単な機械による加工を主としている．また，外資企業や貿易商社は少なく，ローエンド生産で，偽ブランド製品を主体としており，非正規ルートを通じて自ら輸出する．規模と面積によって，小規模な家内作業場と大規模な家内工場の2つの類型がある訳注5]．

　小規模な家内作業場は，生産設備が簡単で，偽ブランド品の生産が多い．受注生産や，大規模工場からの委託加工を行い，雇用人数は0～40人程度である．家内作業場の構造は，北房に雇用主と労働者の居室があり，西房は作業場，東房は厨房と倉庫，そして南に入り口の門がある訳注6]．もともとあった住居を改築する場合と，新築する場合の2通りがある．改築の場合は元来の農村内の住

訳注5] 後述のものも含めて，原文の家庭工厂・家庭作房を，とりあえず家内工場・家内作業場と訳したが，家族労働を主とする日本語の家内工場のイメージとはかなり異なるようである．

訳注6] 中庭を挟んでコの字型に北・西・東に建物があって部屋が連なり，南側が開けている配置である．

宅用地を基準とし，敷地面積は 25×17 メートルまたは 20×20 メートルである．新築の場合も同じく住宅用地に準ずるが，村外の周辺部に無秩序に広がり，広い場合は 35×35 メートルの敷地面積もある．

大型家内工場も，小型家内作業場と似通っている．大規模企業は従業員が 40〜100 人，一般には 50〜80 人が多く，200 人を超える大工場はまれである．工場建屋は一般に 3 階建で，1 階は倉庫，2 階は作業場，3 階は宿舎と食堂である．このような大型家内工場は村外の周辺部に建てられ，平均して 1 つの工場の敷地面積は 60×70 メートル程度である．そのうち，100 名前後の従業員のいる工場 20 余りが，鎮政府が建てた工業団地に逐次入居していった[訳注7]．しかし，工業団地に移転した工場にも，依然として家内式の生産・管理方式がみられる．つまり，従業員は工場に入ったらほぼ外に出ることはなく，工場と工場は互いに隔てられており，大規模生産や工場間の分業はみられない．

分散型現地都市化では，上述の 2 つのタイプの家内工場を単位として空間的に拡大するが（図 9-1），従来の村落の内部には，わずかに空洞化現象があらわれる．村内には，いたるところで住宅を改築した家内工場があるため，廃棄された住宅は少なく，空洞化は軽度にとどまっている．廃棄された家屋は 20×20 メートル程度で，長年放置されていたため，家内工場に改造するのは難しい．周辺地域をみれば，村と村の距離は通常 1〜2 キロメートルで，いずれも同じ形態を呈している．つまり，家内工場を空間単位として，従来の村落内部では一般家屋と工場が混在し，周辺には無秩序に工場が広がり，さらに主要道路に沿って点々と連なる（図 9-2）．このように，分散型現地都市化では延々と都市的空間が連なる形態となる．この現地都市化の形態は，主に保定市安新県の三台鎮と大王鎮，容城県の小里鎮などに分布している．

訳注7〕 2007 年 4 月 10-13 日のインタビューによれば，鎮政府の計画では，張村と淶城村という 2 つの村を鎮に合併し，店上村の西と張村の東に 20 ヘクタールの工業団地を建設する予定である（原書の注だが，本文の内容に関わるので脚注に移した）．

第9章 郷鎮産業化モデル

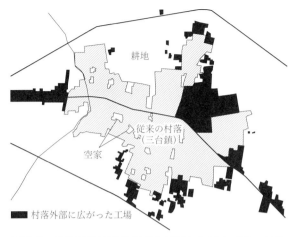

図9-1 分散型農村現地都市化村落における工場の拡散

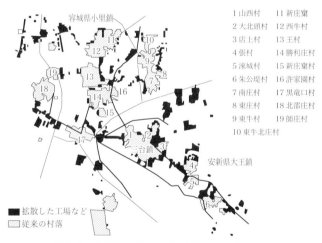

図9-2 分散型農村現地都市化のスプロール

(2) 集中‐分散型農村現地都市化の形態と動因

集中‐分散型現地都市化は，経済のグローバル化の中で，技術進歩によって大規模企業が誕生し，その所在地に地域内の経済活動が集中して人口も集積したものである．経済のグローバル化の下では，各郷鎮を主体としながら，産業

が集積する場所は地方政府が産業発展のために行う資源配置に規定される．技術進歩は産業集積の主要な推進力となり，部門としては衣類・羊毛などの軽紡績加工業や金属製品などの製造業が含まれる．現地都市化による集積の重要な成果は，産業内分業を深化させ，現代的企業を生み出したことである．国際市場の絶え間ない拡大と，生産技術や生産性の不断の向上によって，家内工場の水準は高まり，質的変化が起きて現代的企業へと進化した．

　たとえば邢台市清河県のカシミア産業は，1980年代に誕生して以来，国際市場を発展の原動力として輸出力を強化してきた．1984年以前の清河カシミア産業は，天津などの畜産輸出入会社を通じて代行輸出を行ってきたが，84年に河北清河企業有限公司（庄栄昌董事長）が新疆畜産進出口公司と連携して，初めて自前の輸出商社を創立した．1990年代半ばには，清河カシミア産業は代行輸出と自主輸出を並行させ，多様な輸出方式を用いるようになった．2008年には，輸出入権（対外貿易権）を持つ企業が61社に増加した[7]．国際市場の拡大によって，梳毛技術は絶えず改善され，単純な加工から高度な加工に進化し，紡績，編立，縫製など高度な加工の連鎖を作り上げた．同時に，外資や他地域からの企業進出が，家内工場に現代的生産・管理への変革を促し，現代的企業が清河産業を主導するようになった[8]．2008年には，清河のカシミア産業のうち，外資を導入した企業は30社に増加し[9]，さらに国内の大手企業も次々と進出した．カシミアの短絨生産にとどまっていた清河の産業は質的に変化し，各工程で専業化した企業が分業する大型産業クラスターになりつつある．

　中心区への大規模企業の集積は，専業化による分業と大規模生産の要求に応じたもので，地方政府によってその配置が誘導された．清河のカシミア産業が家内作業場と郷村小工場の発展段階にあった時期は，主に簡易な梳毛式紡績機による少量生産だったので，電力需要はわずかだった．したがって，200平方メートル前後の小型工場が，発祥地である楊二庄付近の国道308号線に沿った南北1キロの範囲に展開していた．中心区から10キロ離れた双城集村では，交通や電力の制約によって小型工場の拡大はあまりみられなかった[10]（図9-3）．1998年以降，外資の参入と企業の水準向上によって多くの大規模工場が生まれると，生産に必要な電力，交通，通信が農村内部に分散していることが，大きな制約となった．そこで1999年に，地方政府は葛仙庄鎮と謝炉鎮で清河国

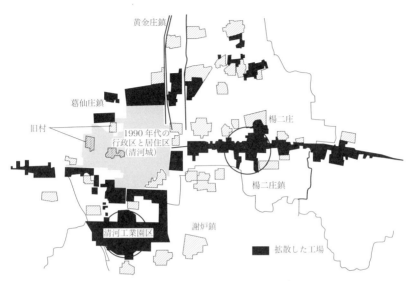

図 9-3　2009 年における清河城のスプロールの形態

際カシミア科学技術工業団地（清河国際羊絨科技園区）を計画・建設し，敷地面積は 8 平方キロメートルで，1 億元近くの資金を投入して交通・電力・水道・配管網などのインフラを整備した．ここに大規模企業を集中させ，現在は 128 社が進出している．インタビューによれば，村内の産業はいまだに労働集約的な梳絨という，もっとも単純な初期加工の段階にとどまっている．一方，工業団地に集積している大規模企業は約 200×200 メートルの敷地を持ち，生産額はいずれも 5000 万元を上回っているが，村内にある工場で 2000 平方メートル以上の敷地を持つものはきわめて少ない．

　集中‐分散型現地都市化における中心区の空間的発展には，段階的な特徴が強くあらわれている．行政，工業，商業，住宅開発は，中心区である「都市」の，各段階における空間形態を決める主な要素である．現在は，その中でも商工業が最も主要な役割を果たしていることは間違いない．質的変化が起きた清河カシミア産業の集積は，とくに大きな力を及ぼし，急速に「村落」を「都市」に発展させた．清河城（都市）は一群の村落の中で成長し，行政区，商業区，工業区と，時代の異なるいくつかの住宅地区が村落の間に存在している．

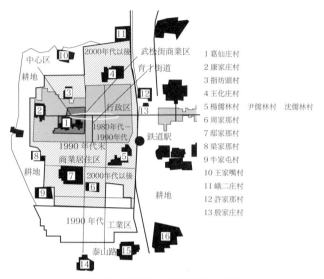

図 9-4 清河城の空間発展の特徴

空間を形成する原動力は，農業から，行政を経て，商工業へと転換した．1980年代末の旧中心区は，清河第一中学，上海華聯，県政府，食糧局（糧食局），古い県病院などを含んでいた．1980年代半ばから90年代初頭にかけて，県政府，建設局，不動産管理局（房産管理局），教育局，およびこれらの行政機関の家族居住区（高い壁に囲まれて中庭のある住宅という典型的な構造をもつものが多い，たとえば育才街道）などの行政の中心が，東の泰山路地域に移転し，次第にスーパー（家家楽・家家福），映画館，劇場などからなる商業街区（武松街）になった．1990年代半ばから末にかけて，国際市場によるカシミヤ産業の発展がもたらされ，駅の東側にある楊二庄などの発展が始まり，これが発端となって駅周辺地域の発展がもたらされた．1998年以降，多くの大規模企業が南部の工業団地に移転したため，次第に南側の住宅地区が開発され，新たな商業形態もみられるようになった．2005年以降は，不動産開発が急速に進み，次第に周辺の村落へ広がっていった．空間発展は，明らかに段階的な特徴を示している．もともとの中心は農業によって生まれ，東側は行政の力をあらわし，南側は工業と商業の発展の力を強く示している．さらに村外の周辺部には，村

落や耕作地が散在していたが（図9-4），「都市（城）」がこれらの村落の間で成長してこれを徐々に取り囲み，「城中村（都市の中の村）」を形成した．

(3) 集中型農村現地都市化の形態と動因

集中型農村都市化地域では，地元の人間の集中度が高く，また一時滞在人口（暫住人口）も主に中心区に集中している．そして，地域全体が孤立した集中形態を示す．このタイプの農村都市化は邯鄲市の井店・更楽・磁山，石家荘の井陘鉱区，張家口蔚県の百草村郷と唐山地域，景県の竜華鎮と滄州地域などに分布している．孤立した集中現地都市化には2つのタイプがあり，1つは政府によって発展した郷鎮，もう1つは特有の資源あるいは交通の優位によって発展した地域である．

資源型の現地都市化は，主にその土地の鉱物資源を利用し，各種の金属工業や機械設備工業を発展させ，外部から大企業の進出がみられる．経済のグローバル化のもとで，地方政府の企業誘致政策がその過程を加速した．邯鄲の磁山，更楽，井店鎮を事例として分析しよう．邯鄲の渉県にある井店鎮は，地元に鉄鉱石があり，山西省に近く石炭も入手しやすいため，現地の「八五構件廠」の建材産業を基盤として，天津の冶金企業「天鉄集団」の「天鉄第一圧延有限責

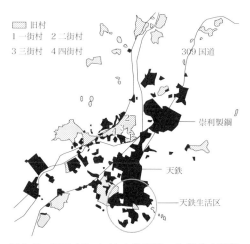

図9-5　2009年における井店鎮の空間集中形態

任公司（天铁第一轧钢有限责任公司）」を誘致し，地元企業と天鉄と外資の合弁会社として大型冶金産業「崇利製鋼有限公司」を設立し，電力産業の竜山国電も誘致した（図9-5）．政府は企業進出を促すため，まず生産に必要な道路，送電網などのインフラ整備に力を入れた．たとえば，井店で完成された道路網の建設プロジェクトには，竜井北大街の拡張・改修工事，井禅道路・井中道路・工農友誼路の建設が含まれている．次に，工場用地などに優遇政策がとられた．誘致された工場の多くは他地域の企業集団の出先であり，自前の技術や熟練労働者を持ち，現地の鉱物・土地・電力資源などを利用するだけで，地元の産業との関わりは少ない．そして工場ごとにまとまって，主要な資源や交通の要路の近くに分布している．工場の敷地には工場建屋，事務棟，食堂，寮などがあり，規模が大きい（図9-5）．工場敷地内のインフラは主に企業が自ら整備し，地元の住民が利用することはできない．

　他地域からの工場進出は人口の集中も引起こし，地域外から大量の熟練労働者が集められた．地元の工業化に及ぼす影響は小さく，地元の人口の非農業化率も高くないが，それでも顕著な都市的形態が発生した．これは主に外部企業が資源，土地，環境汚染などの対価として支払った資金が，現地政府によってさまざまな方式で開発・建設に使われた結果である．工場の土地占用費用と税金は，現地政府が中心区の改造と建設に使う主要な財源となった．まず各政府部門の建設プロジェクトが実施され，たとえば井店鎮では鎮政府庁舎，警察分署，地方税務支局などの拡張・改築を行った．次に，道路の整備と沿道の商業建築の形成による，新しい商業形態への変化が進んだ．道路沿いの商業建築は一般的に2階建で，1階が商店，2階が住宅である．これは分散型や集中－分散型の現地都市化で，村民が自費で建てたものと同様である．さらに，中心区の旧村が次々に改造された．分散型や集中－分散型における中心区住宅団地は民間事業による開発だったが，集中型現地都市化では外来人口の多くが工場内の生活区で暮らしているため，それ以外に民間による開発は少ない．中心区の改造・開発は，一般に村が集団で行う「新民居建設」と「文明生態村」の建設によって行われる．村を改造する資金は，工場の土地占用または土地賃借の補償金である．

　集中型現地都市化の発展は，資源や交通に依存した外部企業の集中に起因す

る．地元の産業やその発展とあまり関わらないため，拡散するという特徴を持たず，空間的にも周辺農村に対する影響は大きくない．周辺農村の若者の一部は，中心区に就職したり商業活動に従事したりするが，村落自体の産業はほとんど変化せず，相変わらず農業生産が特徴である．村落の道路の両側には，現地都市化にみられるような，村民自ら建設した2階建の住宅兼用店舗が少ない．新築された住宅も，伝統的な庭のある平屋である．一部の村だけが，鉱産資源があるか，土地が占用されたか，あるいは廃坑があるため，村民が建てた多層住宅がある．たとえば，唐山の遷安市白竜港村にある6棟の5階建住宅や，唐山市開平区の半壁店村などの事例である．また，周辺の村民は収入が増えないため，その生活形態にもほとんど変化がない．

3 事例2：広東省雲浮市における「主体機能」と「完備されたコミュニティ（完整社区）」の活動

　広東省雲浮市のほとんどの地域は立ち遅れた農村で，農村人口が60％を占め，最も都市化率の低い郁南県の都市人口は18.9％にすぎない．都市の発展が遅れているため，雲浮市区と羅定市の人口は20万人前後で，新城鎮と都城鎮の人口がおよそ5〜10万人，腰古鎮などが1〜5万人で，その他は1万人以下であり，地域的な中心都市が形成されていない．2011年の雲浮市新型都市化における農家抽出調査によれば，雲浮市の農村部では労働力の49％が出稼ぎを選択している[11]．そのため，雲浮市は発展の重点を農村に定めた．農村に重点を置いた都市化とは，どのようなモデルなのだろうか．雲浮市における新型都市化の道は，3つの方向で追求されている．第1に，県城（県の中心都市）を出稼ぎ労働者と帰郷労働者（回流労働力）の潜在的な受け入れ先とする．第2に，農業の大規模経営など近代化によって農村の経済発展水準を高め，現地労働力，余剰労働力，帰郷労働力を吸収する重要なルートとする．第3に，県城と鎮における教育・医療などの公共サービス施設の建設を，都市化の中心とする．そのため，雲浮市は総合的に行政の規制を打破し，主体機能区[訳注8]を画定し，「美しい環境と調和のある社会（和諧社会）を共に創造する」という行

[訳注8]　原文は「主体効能区」．第2章訳注10を参照されたい．

動綱領を打ち出し，政府のトップダウン，大衆のボトムアップで「共に企画し，共に建設し，共に経営し，共に享受する」という建設モデルによって農村現地都市化を促している．

(1) 市域空間の発展とインフラの保障

雲浮市は，市域空間の構成とインフラの発展水準が，全地域の発展の基礎であると提唱した．市域空間の発展には，同時に歴史と文化の保護・発展，生態環境の保護も含まれる．歴史文化の保護のためには，省指定の文化財（省級文物保護単位）や無形文化遺産（非物質文化遺産）などを細かく分類し保護・計画する．インフラ整備は2つの内容を含み，1つは農村インフラの均等化で，水利施設計画，水質浄化システム，治水・排水工程，汚水処理場，電力計画などを含む．もう1つは公共サービス体系の構築であり，主に教育施設を整備し，中学校の都市中心部への集中，小学校の半径2キロ以内への配置によって，主要人口集中区をカバーする．

(2) 主体機能区――政府機能の転換と公共サービスの建設

主体機能の拡張には機能区の区分，政府機能の調整，活動の重点と主要措置が含まれる．いわゆる主体機能の拡張とは，空間の主体機能と実施主体を有機的に結びつけ，空間的には「そこですべきことをする」ということを実現し，実施主体には「できることをさせる」ということを実現することである．こうして空間的に行政の規制を破り，むやみに都市化を追求せず，都市化に適した地域は重点的に都市化地区にし，工業の基礎がある地域は工業化促進地区にし，農業が優勢な地域は特色ある農業地区にし，山間地帯は生態・林業調和発展地区として確定する．農業の現代的な発展のためには，特色ある栽培基地，牧畜養殖基地，商品林基地などを形成し，農業企業，大手企業，農民専業合作組織，都市近郊農業を奨励する．特色ある農業発展の道は，農業の産業連鎖を伸ばし，「企業＋農家」という農業組織モデルで特色ある農業の大規模化と産業化を促進し，農業部門のサービス化を進め，農地の流動化と林業の生態保全を支援することである．こうして地域的特性を重視し，地元の特徴を備えながら，財政による保障と税務共有の奨励制度を徐々に実施していく．

発展の地域性を確保するため，雲浮市の設置した主体機能区では，さらに指導部と幹部の人事考課の方法を改革し，鎮級政府に対してGDPに基づく審査を廃止し，責任・権限・利益一致の原則に基づき，郷鎮級幹部に対して「5+X」の標準人事考課を行うことにした．そのうち「5」とは，郷鎮における職責履行の重点である「社会安定，農民増収，公共サービス，政策宣伝，基本建設」という活動である．「X」とは，各地区にそれぞれ異なる機能，職責要請，経済社会の発展目標を与えることである[12]．こうして，政府活動のパターンを一方的なトップダウンから双方向へと転換し，発展の地域性をいっそう確実にした．具体的には，各地に社会事務サービス，農業経済発展，総治・信訪・維穏[訳注9]などの農村基層サービスを行う「3つの事務所と2つのセンター」(三办两中心)[訳注10]を展開し，経済発展事務室(経済発展辦公室)のもとに土地流動化サービスセンター，創業・就業サービスセンター，農業産業化サービスセンター，中小企業サービスセンターなどを設け，村民のために活動するサービス型政府になるよう努めている．

(3) コミュニティを基本単位に──社会自治組織の育成

主体機能を拡大した上で，雲浮市はさらに「完備されたコミュニティ(完整社区)」を建設することを提起し，公共空間，コミュニティサービスシステム，ソーシャルマネジメント，整備されたインフラ，地域性のあるコミュニティ文化という五つの面を含む，地域的特性を持った生活の質を強調した．これらは事実上，農村の基層コミュニティの育成を地域発展の基礎にするというアプローチを示している．

ソーシャルマネジメントという面からは，農村コミュニティの自治組織を徐々に育成した．雲浮市の各地区に，自然村・行政村・郷鎮をまとめる三級村民理事会という社会組織を模索しながら成立させ，自分たちの利益に関わる農

[訳注9] 住民からの陳情(信訪)を受け，これを総合的に処理し(総治)，紛争解決などによって社会的安定を図る(維穏)ことで，広東省共産党委は，2008年から総治・信訪・維穏センター(綜治信訪維穏中心)を各地に設置している．

[訳注10] このほかにも全国の地方政府で，「三办三中心」「一办三中心」などの組織を設置することが流行している．

村の公共事務建設，ソーシャルマネジメントなどに積極的に参加し，監督している．三級村民理事会は，共産党委員会と地方政府の指導の下で民衆が自ら作り，自然村，行政村，郷鎮を基本単位として「民衆の事は民衆が行い，統治する」（民事民弁，民事民治）という原則に従って法規に基づいて設立され，県の民政局に登録される．三級村民理事会は伝統的な宗族理事会（同族組織）と違い，民衆の信任と支持，基層組織の基幹部分の参加が得られている．

コミュニティ空間に，郷土意識，村落の歴史的な自然配置，宗祠（祖先の廟）を中心とする伝統的空間などを残しながら，農村コミュニティの公共空間を作り，各種のカルチャー・スポーツ・レジャーや学習活動を行い，道路・下水道などインフラの補修を進める．空間環境の改善は，農村コミュニティの発展を推進する．インフラ整備は，汚水とゴミの処理，川や池の浄化，道路や橋の補修，カルチャー・スポーツ・レジャー施設，公共サービス施設，市政インフラ，各種標識システムの建設などを重点的に行う．

(4) 行動の指針

2011年に，雲浮市政府は「美しい環境と調和社会を共同で創設する行為として〈補助の代わりに奨励を〉プロジェクトの施行指針」（美好環境与和諧社会共同締造行為'以奨代補'項目操作指南）を公布し，農村インフラプロジェクト（道路，バス待合所，道路管理補修，農業水利プロジェクト，現代基準の農地建設），農村環境建設プロジェクト（文化村建設，住みやすい農村コミュニティ建設，アグリツーリズム，エコロジカル林業建設，衛生村建設），農村公共サービスプロジェクト（電話・放送・インターネットの融合，運動公園，農家書店，村の文化室，民俗文化活動，民衆文芸団体プロジェクト，農村映画デジタルプロジェクター），農村ソーシャルマネジメント・プロジェクト（コミュニティ建設，村の信用組合建設）という4つの類型で21項目の農村発展プロジェクトを総合的に奨励し，農村の基層の発展を促進している．

4 郷鎮産業化と現地都市化発展の提案

(1) 既存の事例の共通点と問題点

　河北省農村の現地都市化は，農村工業化，漸進的な現代化，グローバル化へ向かって大きく発展する結果となった．それは，都市の近代工業が直接流入する外向型発展モデルと根本的に異なり，農村における一定の内発的なボトムアップの発展という特徴を示す．工業発展による現代化を追求したため，河北省の農村には空間的に現地都市化が発生し，大都市への行き過ぎた人口集中を避けることができた．しかし同時に，農業と農民の犠牲，農村社会と伝統の犠牲，資源枯渇と環境汚染などさまざまな問題がもたらされた．河北省の農村現地都市化はある意味で健全な農村発展方式ではないが，それは農村経済現代化の必然的な成り行きともいえる．

　これに対して，広東省雲浮市の発展モデルは，河北省の農村と一定の共通点と相違点を持つ．共通点は，両者ともボトムアップの農村発展という特徴を示していることである．相違点は，河北省農村のような内発的発展から出発した雲浮市は，そのあと自覚的で地域性に基づいた自主発展の道に向かい，全体の空間配置，政府職能の転換，地域コミュニティの建設と行動指針など，あらゆる面で農村生活を都市化するための現地都市化の道を模索している．ただし雲浮市も，農村経済の発展モデルについては，まだ満足すべき解答を出していない．

(2) ディスカッション――農村都市化を持続可能に

　世界各国は，異なる都市化の特徴を示している．先進国の集中的都市化は，農村からの一定の搾取を基礎にしていた．グローバル化のなかで，発展途上国の農村には普遍的に従属発展がみられる．中国では，毛沢東時代から農村発展の実験を始め，次第に農村現地での発展の道を模索するようになった．我々の考えでは，農村は根本的に政府の絶対的な主導と経済のグローバル化に抵抗し，地域経済を強化して自主的な社会発展を実現すべきである．その中には，多元的な地域経済の発展，農村コミュニティと社会の発展，農村の空間資源の整合

などが含まれる．

① 「非進化論」による多元的経済発展と局地的自給

　中国の農村の基本的な問題は，人口が多いのに土地が少ないということである．これは欧米諸国における工業化初期の状況と類似している．効果的な措置をとって都市化を加速し，2020-30年に都市化率が50〜60%に達したとしても，約7〜8億の人口は依然として農村に暮らし，農村人口の絶対数が都市化の進展によって大幅に減少することはありえない．人口と土地の比率は経済発展の基本的な条件となり，農業発展だけでなく工業化を制約する可能性もある．そのため，中国は自国に特有の条件の下で経済を発展させるしかない[13]．

　温鉄軍が論じるように，小規模で分散した兼業農家による小農経済は，現在でも依然として中国の農村でみられる主要なタイプである[14]．農業と，分散された農村工業が同時に存在するのは，一定の必然性がある．自主性に重点を置いて発展するには，農業から大規模工業，サービス業へと経済が進化するという論理を捨て，多種の経済が同時に存在しながら発展するという「農村と都市の合併（村鎮連合）」[訳注11]を選択すべきである．これは，農業や伝統的手工業などの伝統的な経済と，近代的工業や商業などの現代的な経済を，ともに発展させる形態である．また，鄭峰らは新型工業化という概念を提起したが，これは「工業だけが孤立して発展するのではなく，農業，工業，サービス業という3つの産業部門が協調しながら工業化を完成させる．そして，従来の工業化プロセスに存在していた数々の問題点を解決する」[15]ものである．従来の工業化プロセスは，ひたすら現代的な産業の進化方式を追求していたにすぎない．

　農村工業は，目前の現代的な工業化を追い求める方式を諦めるべきである．実質的に，素質の低い農民が多いという社会の現実に適した形態は，大規模な現代的工業と多くの伝統的手工業が共存するような発展方式である．大規模な工業生産には都市工業の参入が必要だが，政府が資源を都市中心部に集中させ

訳注11]（古代ギリシャの）アリストテレスは，農村から都市に発展する形式を「農村と都市の合併」（synoecism）だと考え，隣接するいくつかの農村が行政上連合して一つのポリスを形成し，一定規模のコミュニティにおける自給自足をもたらしたと述べている（原書の注だが，本文の内容に関わるので脚注に移した）．

るのは避けるべきである．情報技術の発展によって，そのような都市工業は農村でも操業可能になった．一方，農村工業は，多くの伝統的手工業によって，多様で個性的で特色ある文化の製品を作るべきであり，大規模で単一の工業製品であってはならない．発展途上国・地域における，フェアトレード[訳注12]やその組織が事例を示してくれる．

たとえば台湾の「地球樹（Earth Tree）」[16]という組織は，立ち遅れた地域の農村で生産された，手作り，文化的，個性的，環境にやさしいなど，大量生産品と全く異なる各種の産品を集め，ネット社会の力を借りてフェアトレードを進め，得た収入はすべて立ち遅れた地域に還元してその発展に役立てている．また，上海にも貧困扶助と就学支援を主旨とする「欣耕工房」[17]がある．2007年5月に設立されたこの組織は，生産，交易と就学支援を一体化し，都市と農村の社会的弱者に就業機会を提供している．その産品は主に2つのルートで供給され，1つは農村で生産されるもので，中国文化や環境保護などのテーマと結びついたサンプルをデザインし，その製作技術を地元の女性に教えて，彼女たちが生産する．もう1つは，民俗的な特色のある辺境地域の製品で，もともとその土地で生産されていたものである．発展途上地域の農村にとって，地元の資源と文化を重視しながら活用し，歴史文化資源の開発，文化の再生産，文化産業の育成などを進めることが，農村経済を発展させる新しい持続可能な方式になりうるだろう．

農業を重視することは，農村の工業化と同様に重要である．農業の重要性は，国家に食料を供給するだけでなく，就職機会を提供することにもあらわれている．O. シュペングラー[訳注13]など重農主義者の考えでは，①人々の就業が可能になっても，国力は単純に人口によって決まるのではない，②人口増加は富の増加によってもたらされるが，逆は成立しない，③富の増加は農業という形態の富の拡大がもたらす，④農業収入の増加によって，農業と農業以外の部門の人口と富を増やすことができる[18]．農村工業化の実現は農業発展の道でもあり，

訳注12］ 発展途上国・地域の産品を，公正な価格で継続的に購入する先進国・地域の取り組み．

訳注13］ O. シュペングラー（Oswald Spengler）はドイツの哲学者・歴史学者で『西洋の没落』を著わし，都市化された西洋社会を批判した．

農業収入も増やすことができる．また，政府の役割は非常に重要であり，農業は1つの公共政策とみなされるべきである．農業に補助金を与えるだけでなく，政府のより重要な作用は土地経営，農業生産人材，農業生産技術などを育成することである．

また，経済の持続可能な発展のためには，国際分業に組み込まれるのではなく，地域経済を強化して局地的な自給自足を実現しなければならない．換言すれば，農村経済は閉鎖的な農村と完全に開放されたグローバルシステムの中間にあって，内部の資源と利益を保護する有機体でなければならない．局地的な自給自足というのは，農村に存在する産業の生産や販売は自分たちの地域の中で行われるべきで，国際分業に組み込まれるべきではないということである．なぜなら，農村産業の生産技術や社会的特徴には弱点があるため，必然的に国際分業の一番低いところに置かれてしまい，先進国の資本に搾取されるからである．局地的な自給自足という考えは，アリストテレスの「農村と都市の合併」でも言及されており，エネルギーの集団的使用のように一定の自給を実現できる．

② 農村コミュニティの発展と運営

経済発展と同時に，より重要なのは農村コミュニティの自己発展と組織化である．これには2つの意味があり，1つは各種の社会勢力が農村に介入してコミュニティを育成すること，もう1つは農村コミュニティ自身による発展である．農村建設は，すべて政府に頼るのではなく，その地域に暮らす各コミュニティの共同の努力の結果でなければならない．そこには，地域在住の農民，他の地域から来た出稼ぎ労働者，企業の経営者，商業・サービス業の従業者などが含まれる．たとえば，村民が自力で道路を作ったり，ある企業が投資して住民活動センターを建設したりする活動である．各種のコミュニティの力によって空間建設を行うために，最も重要なのはコミュニティを育成することである．

コミュニティを育成するには，まずコミュニティの中のさまざまな集団に帰属意識と主体性を持たせることである．農村の場合，さまざまな集団のコミュニティを育成し，集団の社会的な力量を形成するのが一番の任務である．コミュニティはアイデンティティの基礎の上に形成されるので[19]，互いのアイデン

ティティを一つに結束させなければならない．社会の底辺の農民と労働者も主体性を持ち，自分が生きていく場所として周辺の環境の重要性を意識し，自分の権益を守り，資源と環境を保護しなければならない．地域性を持つコミュニティの形成は，地域経済を発展させる原動力にもなる．中国の経験では，郷鎮企業は末端幹部が指導して農村コミュニティ（農村の政府や郷鎮）の全員が市場経済に参入することによって成功し，農村の集団化という社会主義的伝統の下で形成されたとみられている[20]．潘維は「中国の小農を組織できなければ，中国の近代化には希望がない」とまで論じている．また，温鉄軍も，小農社会の経済基盤を前提にして，組織革新と制度革新を行い，現地の社会資源を利用して発展を図るべきだと指摘している．これらの議論は，農村コミュニティの発展を求めたものである．

③ 資源共有と地域統合による現地都市化

発展途上国・地域の農村経済が，非工業化による個性化に向かい，文化的な伝統工芸の生産に移行する時，コミュニティ組織の育成に加えて，伝統文化・生産・販売についても生産資源を共有することで，グローバル化の中でも十分生き残ることが可能である．生産資源だけでなく，現地都市化も社会経済の要求に応じるべきである．工業社会では，交通の発達によって人々の活動が小農社会の狭い行政空間の制約を突破し，農村の発展による地域空間の統合を求めた．すなわち，各種のサービス施設は行政区画に応じて一律に配置すべきではなく，人々の社会経済活動の範囲拡大とサービス施設の供給できる範囲を総合的に考慮して，地域における共有を実現すべきである．

第10章
村落産業化モデル

　村落の都市化は，中国の都市化の核心となる問題である．なぜなら，都市化の本質は農業人口の都市人口への移行を実現することだからだ．本章では，村落の都市化を実現するために，産業化を通じて村民の収入を増やし，その生活様式や考え方を変化させ，産業の周辺に多数の人口を集中させるという産業化モデルの必要性を提案する．村落産業化モデルには2つの注目すべき方法があり，1つは内生的な産業化モデル，もう1つは外生的な産業化モデルである．両者の原動力は異なるため，本質的な相違が生じる．これを比較すれば，内生的な産業化モデルの方が村の長期的発展につながり，産業の効果をより多くの村民に及ぼすことができる．

　したがって本章では，北京郊外の韓村河村を事例として取り上げ，資源のないこの村が内生的な力でどのように発展を遂げ，村落都市化の模範である「億元村」（年間収入が1億元以上の村）になったのかを，詳しく紹介したい．当然ながら，このような成長モデルには限界と問題点も存在する．韓村河村の経験と問題点を分析することによって，ほかの村にも普及できるような村落都市化モデルをまとめたい．

1　産業が牽引する村落産業化モデル

　欧米社会と同様に，中国の近代化の過程でも労働力移動，つまり農業人口の非農業人口への転換が必要であり，それは都市化を意味する．中国の第6回人口センサスによると，農村人口は約6.7億人，総人口の50.32％を占めている．農村が主体だった中国社会は，「都市と農村が半々」の状態になった．しかし，

先進国に比べて中国の農村人口は依然として比率が高く，農業の基礎的地位は断固として揺るがない．このような特殊な背景があるため，中央政府は小都市（小城鎮）の発展を，農村が都市へ移行するための重要戦略に位置づけた．

都市化はダイナミックな過程である．その過程では，農村からさまざまな要素が都市へ集中し，人口は農村から都市へ移動し，政策に従って都市戸籍に変更して定住するようになり，都市化が実現される．そして，都市は周辺の農村を合併し，規模を拡大していく．農民の生活様式と生産様式にも変化が起こり，伝統的な農村生活から現代的な都市生活へ移行する．しかし，この過程を実現するには，農村経済の産業化（非農業化）が不可欠の要素であり，それは農村の都市化を支える経済面の柱でもある．産業化の道を歩むことによって，農民は農業生産から解放され，第二次産業と第三次産業に専念できるようになり，市場における競争に参加してより多くの利潤と収益を手に入れることができる．経済的基盤があれば，農村発展のための資金を確保し，農民の生活改善の要望もかなえることができる．人口移動の増加にともない，一層多くの農民が都市生活のメリットを認識できるようになる．農村に比べて都市生活は便利で，就学と就職の機会も得やすいので，彼らは都市化の実現を自ら望むようになる．こうして，産業化の進展は都市化の要望を実現する手段を提供するのである．

改革開放前，中国の農村労働力は土地に縛りつけられ，国はいかなる形の私有経済も禁止し，農民の個人経営も明文で禁止されていた．社隊企業[訳注1]では一部の非農業活動に従事することができたが，労働者に報酬を支払う代わりに労働点数（工分）を記録し，非農業労働を農業労働に換算していたのである．そのため，農業以外の産業はほとんど発展しなかった．改革開放以降，農村経済は徐々に回復して活性化するようになった．1978年に生産責任制（联产承包责任制）[訳注2]をはじめとする農村経済改革が実施され，農民は硬直した経営制度の束縛と単純な土地経営の制約を乗り越え，農村工業化の序幕が開かれた．郷鎮企業が三次にわたる高揚によって台頭し，国民経済の重要な一部となった．

訳注1〕 人民公社や，その下に置かれた生産大隊が経営する企業で，のちの郷鎮企業につながる面がある．
訳注2〕 第4章訳注5を参照されたい．

第 10 章　村落産業化モデル　　　　　　　　　　　　　　　237

　この段階になると，郷鎮企業の台頭と急成長によって，小都市（小城鎮）の経済も成長した．産業化経営は農村経済の成長の推進力となった．しかし，郷鎮企業は創業したばかりで発展の水準が高いとはいえず，農村の都市化も始まったばかりだった．とくに1990年代半ば以降には，市場経済体制の国有企業への浸透，売り手市場から買い手市場への転換，経済構造の調整と高度化などに直面し，郷鎮企業はかつてない困難と挑戦に直面した．このような状況によって，郷鎮企業そのものが苦境に立たされただけでなく，農村都市化の進展も厳しい制約を受けた．

　ただし，郷鎮企業の発展が比較的順調だったいくつかの地域では，産業推進による都市化の道は成果を収めた．たとえば，北京周辺地域，温州地域，珠江デルタ，蘇南地域（蘇州・無錫・常州など）に代表される農村都市化は，しばしば典型的なモデルとして研究の対象となっている．資源の状況，地域の条件，農村工業化の基盤などが違うため，これらの農村地域における都市化の道はそれぞれ明らかな個性を持つが，一方で構造転換というマクロ的な背景によって，個別の環境などの影響を受けたとしても非常に強い共通性を示している．

　北京周辺の村の中で，韓村河村は都市化建設の代表例である．韓村河は農村集団経済[訳注3]の道を堅持し，建設業を中心とする多角的な産業を共に発展させるモデルを選び，韓建グループを設立した．企業が生み出した利潤の多くは村の建設や発展のために使われ，人々は西洋風の住宅[訳注4]が建つ高級住宅地に住むようになり，共に豊かになるという考えが人々の心に深くしみ込んだ．韓建グループの成長は韓村河の飛躍的発展をもたらしただけでなく，周辺の村の発展にも影響を及ぼした．韓村河中心鎮の建設によって，周辺の村も都市化建設の範囲に取り込み，農業から第二次・第三次産業に重点を置く発展モデルを実現し，現代的な生活と生産の発展システムに組み入れた．

訳注3］　原文は「集体经济」．中国の所有制には，国有と私有のほかに，集団所有がある．本章の場合は，村を単位とする共同所有と考えればよい．

訳注4］　原文は「別墅」．本来は別荘のことだが，近年の都市開発で都市郊外に建てられた西洋風の高級一戸建住宅を指すようになり，さらに同様の様式の高層住宅を意味することもある．したがって，日本語の別荘の意味するような，限られた季節だけ住む余暇専用の住宅とは限らず，常住する住宅であることも多い．

称賛の声が絶えない温州モデル[訳注5]では，農村工業の急速な発展が，農村都市化の加速を要請した．地域的に特化した生産と市場の創設は，温州の産業構造の根本的な転換を促し，同時に空間的な経済構造の転換も推進した．速やかな発展を遂げた小都市（小城鎮）は，温州経済の成長の要となっている．温州の小都市は数も増加し，質も高まり，集中効果と波及効果も強化されて，「東部第一のボタン市場」と呼ばれる橋頭鎮，「全国最大の低電圧電器の町」と呼ばれる柳市鎮，「全国最初の商標の町[訳注6]」として知られる金郷鎮，「自動車部品の全国的生産拠点」である塘下鎮など，産業発展に牽引された小都市が形成された．

珠江デルタ地域では，外向型経済の発展，とくに外向型郷鎮企業の発展によって経済構造に大きな変化が起き，都市化の水準は大幅に向上した．いまや珠江デルタは外向型農村工業化によって，中国でもっとも都市が密集する地域の1つになった．この発展モデルは，伝統的な都市化モデルに比べて，都市と農村が相互に影響を与えるという形態をとる．すなわち，都市と農村のつながりや相互作用が絶えず強化され，産業が多角化して混合型発展の状況をみせながら，農業も依然として高い生産水準を保っている．人口の流動性が強まり，都市と農村の景観上の区別はますます曖昧になり，人々は農村のようにみえる地域でも都市的な活動に従事でき，都市文明を享受できる[1]．

1970年代以降，蘇南地域（江蘇省南部）の農村は都市工業から大きな影響を受け，一部の都市工業が農村へ移転して農村工業化を実現した．この過程で，集団経済組織および各級地方政府が非常に重要な役割を果たした．農村工業化によって，蘇南地域では多くの小都市が急速な発展を遂げて「蘇南モデル」の重要な要素となった．周知のように，蘇南地域には小都市が密集して互いの距離は比較的に近く，交通も便利なので，農村に住みながら近くの小都市で働くという多くの「両棲人口」がみられる．同時に，小都市には一定の経済集積効果があるため，その周辺に工場を設ける郷鎮企業もあり，小都市を囲んで工業が集中する現象があらわれた．

訳注5〕 郷鎮企業の発展モデルについては，第3章訳注9を参照されたい．
訳注6〕 各種の商標印刷が盛んである．

これらの地域における多様な都市化の道を詳細に考察すれば，中国の農村が小都市へ移行する過程で，産業化の効果という共通の必須条件があることに気付くであろう．費孝通は「工業の発展は農業と異なり，集中する場所を必要とする．しかも，その集中場所は交通が便利で，各村落から集まる労働者にとって立地が適切であるという2つの要素を備えなければならないため，社隊企業は衰退した在来の小都市（小城鎮）に目を付けた」と述べている[2]．つまり，都市は産業化の直接の産物であるとともに，農村の産業化を実現する空間的な組織形態でもある．産業化のためには，相対的な生産の集中と，地域内の連携した発展が必要であり，小都市がエネルギー・交通・通信・金融・水道・電力・廃棄物処理などのインフラと社会サービスシステムを供給することが必須である．その反面では，工業やその他の産業の発展が農村の繁栄を促進し，さまざまな形で都市を築き上げてきた．つまり，都市の発展は産業の発展と人口の集中に依存しながら，同時にそれらを引き続き推進していく．したがって，中国の多くの農村では，産業の発展が都市化を推進するうえで不可欠の要素である．しかし，農村の産業化にはいくつかの問題点があり，それは農村産業化モデルを推進する上での難題でもある．その1つが企業の空間的配置であり，都市計画部門は農村工業の集中的発展を導くために模索と実践を続けながら，これを農村の都市化に結びつけ，農村の産業構造と空間構造の全面的転換を図らなければならない．

2　村落産業化の原動力

　農村産業化の進展は，必ずしも空間的に都市という形態をもたらすとは限らないが，都市化を含意しており，農業以外の産業の発展は農村生活の事実上の都市化をもたらしている．現在，中国の農村人口はなお大きな割合を占めており，農業の基礎的地位も揺るがない．このような背景のもとで，農村産業化の発展モデルは，中国の都市化にとって重要な戦略的意義を持っている．一般的に，村落の産業化は郷鎮の産業化[訳注7]と重なる部分があるが，それでも村落

［訳注7］　本書の第9章で論じられている．

産業化を独立したモデルとして分析するのは，村落の産業発展が村落という地域自体の範囲内で進行するからである．郷鎮に比べて集約化の要素に欠ける村落は，中国の都市と農村を通じて発展の資源と機会が最も欠如した場所なので，村落産業化には一定の原動力を必要とする．王立軍によれば，農村の都市化発展モデルは主に 3 種類に分けられる．すなわち，民営資本によって推進されるボトムアップ型の都市化，政府と民間が相互に推進する農村都市化，外資企業の投資による都市化である[3]．実際には，政府と民間の相互推進による都市化の事例はあまりみられず，政府が直接推進することが多いため，村落の内生的原動力と，外生的原動力という 2 種類にまとめることができる．

(1) 内生的原動力による産業化モデル

内生的原動力による村落の産業化で比較的成功しているモデルは，農村の資源，立地，副産品，手工業における優位性を発揮し，地方エリートが村民を率いて共に豊かになり[訳注8]，飛躍的発展を実現するというものである．こうしたモデルでリーダーとなるエリートは，強い個人的能力・組織力・影響力の持ち主であり，村民の活力を引き出すしくみを創出し，村民を率いて豊かになるために努力し，村民の根本的利益を実現させる．こうした内生的原動力による村落の産業化モデルは全国で多くの成功例がみられ，たとえば，華西村，新郷劉庄，筆者の分析した韓村河などがある．

韓村河は北京周辺の村落であり，都市化建設においては突出した成功例である．集団経済の道を歩む韓村河は，建設業に主導されて多角的な産業を同時に推進するという発展モデルを生んだ．企業利潤の大部分は農村の建設と発展に投入し，共に豊かになるという考え方が村民の一人ひとりまで浸透している．韓建グループの台頭は韓村河村の飛躍的な発展を促進しただけでなく，周辺の村落にも影響を及ぼした．現在策定中の韓村河中心鎮計画は，周辺村落を都市建設の範囲内に組み込み，農業から第二次・第三次産業へと発展させ，現代的

訳注8〕 近年の中国では「先富帯后富，最終达到共同致富（まず豊かになった者が，さらに他人にも富をもたらし，最後は共に豊かになる）」というスローガンが多用され，本章でも繰り返し使われている．

生活や生産発展システムに移行することを企図している．韓村河が採用したエリート主導の企業による村おこしのモデルは，他の村落への模範を示す一方で，考慮すべき問題点も存在している．たとえば，リーダーの出現，後継者の選出，制度の整備，民主的で平等な選挙，企業の持続可能な発展などの問題を解決して，実現可能な発展計画をうち立てない限り，都市化の手本となるのは難しいだろう．

(2) 外生的原動力による産業化モデル

村落産業化における外生的原動力とは，外部の力で農村の産業高度化を推進し，都市化を完成させることである．浙江省の農村都市化では，外資企業が大きな推進力を発揮した．葛立成は，嘉興市嘉善県の農村都市化を分析して，「嘉善県は外資を誘致し，外資企業と現地企業の分業と協力を促すことによって，現在では外資企業を中心に年産50億元余りの金属機械加工業の集積地域とサプライチェーンを形成し，魏塘鎮（今の魏塘街道）を中心とする産業集積と人口集中を実現した」という結論を出した．朱華晨は別の角度から，嘉善県の家具製造業と木材加工業の成長過程の研究を深化させ，「外資企業の進出後，現地の木材加工業と家具製造業の技術革新と成長速度は明らかに加速され，民営企業と外資企業の相互作用と融合のメカニズムもできつつある．そのことが，現地の木材加工業と家具製造業の産業集積が絶えず成長していく原動力となり，また嘉善県の農村都市化にとっても重要な原動力となった」[4]と分析している．

また，最近では各級地方政府が進めている村落産業化と農村宅地置換[訳注9]という方式がますます目立つようになった．中央政府の「18億畝耕地紅線」[訳注10]政策によって利用できる土地資源が限定される中で，農村の住宅用地を利用すれば多方面の経済発展を図れるため，農村住宅用地の置換による都市化推進の考えが多くの地方で提唱された．このように，従来の村落産業化には内生的原動力による事例が多数あるが，近年になって各級地方政府は外生的原動力の利用を急速に展開するようになった．その実施にあたって，多くの場

訳注9〕 第3章69ページを参照されたい．
訳注10〕 第3章訳注28を参照されたい．

合まず地方政府が計画を策定し，一元的に地域を区分し，村落を合併し，農民をアパートに集住させ，「新型農村コミュニティー（新型农村社区）」を建設している．このような政府主導の村落都市化モデルを通じて，農村の宅地置換で産業発展を促進し，農民の就業問題を解決し，土地補償などの面と整合性を保ちながら，完璧な農村計画で農民の現代文明生活を実現できるなら，もちろん結構なことである．しかし万一，これらの動きをうまく結びつけることに失敗したら，農民に今までの生活様式を変更させたものの，村落産業化を推進できず，村落の居住環境を実質的に改善できないなど，多くの問題がもたらされるだろう．

(3) 内生的原動力と外生的原動力の比較

　内生的原動力と外生的原動力の根本的な違いは，その動因である．内生的原動力が主に農村内部のエリートや村民の要望によるものであるのに対し，外生的原動力は主に外部の投資家や上級政府の推進などによるものである．次に，実施モデルも異なる．内生的原動力による実施では，主にエリートが先頭を切り，村民が自発的に現地の優位性に依拠しながら都市建設と産業転換を図る．このモデルでは，村民に高い自覚と独立性が求められる．一方，外生的原動力による実施では，外部の力によって農村建設と産業高度化が推進されるため，村民の積極性はそれほど高いとはいえず，自主性も低い．総じていえば，外生的原動力による発展の過程では，村民は受け身の立場で，参加の意欲と要望はない．

　さらに，内生的原動力と外生的原動力の影響が及ぶ範囲が異なる．内生的原動力のもとでは，村落の産業高度化の恩恵は大多数の農民に波及し，村落発展の成果を共有できる．村民の自主性が高いため，ある程度は利益分配のあり方を決定できるからである．これに対して，外生的原動力による発展の成果の多くは外部の投資家の利益となり，村民は発展の初期段階で限られた恩恵が得られるだけで，その後の村落産業の発展とほとんど関係がなく，産業規模の拡大後に生まれる利益とは当然無縁になる．

　最後に，内生的モデルと外生的モデルは，その価値が異なる．哲学的観点からいえば，ある事物の内因が外因を決定し，内部の強い活力がその事物の持続

的発展を支えて推進することができる．内生的原動力による産業化モデルは村落内部の主導で始まり，強大な生命力を持つため，普及する価値を持つ．しかし，外生的原動力に頼れば受動的な立場に陥り，やがて外部資金の支持や政府の推進がなければ開始も継続もできなくなる．こうした外生的発展モデルは多くの農村にとって受け入れがたく，発展したければ自ら主導権を握り内生的原動力に頼ってこそ，長期にわたる確実な進歩を遂げられ，村民もより多くの発展のメリットを分かち合える．

　以下，内生的原動力による産業化モデルを重点的に紹介する．このようなモデルは農村都市化を推進し，参考となる部分が多いが，もちろん留意すべき問題点もある．

3　村落産業化モデルの典型——韓村河

(1) 韓村河の概況

　韓村河村は北京市街地の西南へ40キロ離れたところに位置し，北京市房山区韓村河鎮に属する行政村の1つである．村の総面積はわずか2.4平方キロであり，2400ムー（160ヘクタール）の耕地がある．韓村河の歴史については2つの説があり，1つは村にある古い石碑が根拠で，その碑文によれば韓村河村は1300年余り前の唐の顕慶年間からあったといわれる．もう1つはある将軍が村を作ったという説である．この説によると，村は遼の時代に始まり，韓という姓から名づけられて韓村と呼ばれていた．千年余り前の遼宋時代に，遼国の韓昌（宗延寿）という将軍の墓が村内に置かれ，また牸牛河という河が村の近くを流れていたため，「韓村河」と呼ばれるようになった[訳注11]．

[訳注11]　行政村としての「韓村河村」は2000年まで東営郷に属していたが，これまでの文献では，その後の発展期を叙述するときにも「韓村河」と表記されてきた．しかし2000年に東営郷が「韓村河鎮」と名称変更されたため，現在でも「韓村河村」を「韓村河」と表記するのは，厳密性を欠いている．ただし，「韓村河モデル」はすでに学術用語となっているため，本章でもあえて「韓村河村」を「韓村河」と表記する．現在の「韓村河鎮」は，その後さらに2002年1月に房山区が行政区画を変更したときに，元の韓村河鎮と岳各荘鎮を合併して成立したものである．元の「韓村河鎮」は，1961年に長溝人民公社から趙各荘人民公社と

韓村河は千年余りの歴史を持つとはいえ，村民は主に農業に携わり，狭くてやせた田畑を守りながら，あばら屋に住んで貧しい生活を送っていた．改革開放以前は，韓村河自体をみても，まわりの村と比較しても，貧困で立ち遅れていたといわざるを得なかった．村中いたる所に臭い溝と泥沼があり，竜骨山からの小川が曲がりくねって流れていた．雨が降ると村中が溝のようになり，人々は韓村河を「寒心河（がっかりさせる河）」と呼んでいた．ある人は，韓村河村の様子を諧謔詩で表した．「幾条鴻溝穿村過，墩台上面搭土窩，天災人禍年年有，村破家破常挨餓」（大きな溝が何本も村を横切り，その間の高台に泥であばら家を建て，天災と人災は毎年やってきて，村も家もぼろぼろでいつも飢えている），「窮村破家旧土房，一年只有半年粮，晴天塵土飛，雨天爛泥塘」（貧しい村には泥のあばら屋だけ，半年分の食糧で一年をしのぎ，晴れた日には空が土ぼこりだらけ，雨の日には地面が泥沼になる）．農業合作化前の1956年，韓村河の食糧生産高は1ムー当たり100キログラムしかなかったが，農業合作化後は200〜300キロになった．しかし人口も増えたため，食糧の増産は村民に衣食の足りるような生活をもたらさなかった．村の事情に詳しい人の話によると，新中国成立後に韓村河村の人口は約700人余りだったが，国の出産奨励政策を背景に人口が増え続け，改革開放の時には2300人に達していた．

このように人口密度が高く地勢も劣悪で，そのうえ自然資源に乏しい村が，改革開放以降に飛躍的な発展を遂げ，新農村建設のモデルとなって「北京郊外第一の豊かな村（京郊首富村）」と呼ばれ，優秀な小都市建設の先兵になるとは，だれも予想できなかっただろう．

(2) 韓村河の発展の現状

1978年12月の共産党第11期中央委員会第3回全体会議以降，とくに1984年以降，韓村河の経済は着実に成長し，村民の生活水準も絶えず向上し，飛躍的な発展を遂げた．2010年までに韓村河は1170世帯，人口2866人になり，1

して独立し，1980年に東営郷と名称変更され，さらに2000年に韓村河鎮に名称変更された（原書の注だが，本文の内容に関わるので脚注に移した）．

人当たり所得が3万元に達して，村民の多くが洋風の一戸建住宅や高層アパートに住んでいて，「北京郊外第一の豊かな村」「億元村」と呼ばれるようになった．現在の韓村河は，完備されたインフラや美しい環境で，初めて訪れた人に強い印象を与える．広くて平坦な道路，現代的な一戸建住宅，美しい公園などからは農村という感覚は全く感じられず，完全に現代的な小都市の姿をみせている．

① 村の組織

韓村河村の組織はやや特別で，村民委員会[訳注12]は鎮の共産党委員会の指導を受けるだけではなく，韓建グループ党委員会の指導も受けるという，一種の二重指導モデルである．2つの指導機関にはそれぞれ役割分担があり，鎮党委は上級機関の政策方針の伝達や，思想建設，計画出産，社会治安，紛争調停などの仕事を担当する．韓建グループ党委員会は経済，インフラ整備，公共サービスなどを担当する．実際の運営では，韓建グループの方が村の生産活動に大きな影響力を持ち，村の管理にもより多く参与している．

② 経済発展の指標

韓村河鎮の統計データによると，2010年の韓村河村の世帯数は1170世帯，農業世帯は210世帯で，全体の18％と非常に低い．その理由は，村民は自分の農地の使用権を村の集団農場に譲渡したからである．毎年，村民は使用権を譲渡した土地の面積に応じて農場から現金を受け取り，農地で収穫する食糧の代わりにする．韓村河村の労働力人口は2052人だが，就業人口は1738人，男性848人，女性890人で，ほぼ男女半々である．産業別にみると，第一次産業の就業者数は25人，そのうち農業が12人，林業が13人である．第二次産業の就業者数は，建設業649人，工業86人である．第三次産業の就業者数が最も多く978人，そのうち宿泊業と飲食業が110人で，主として村外からのアグリツーリズム（農家楽）に従事している．そのほかは統計の範囲外で，就業者には含まれない．

訳注12〕都市の居民委員会と並んで，農村における住民自治の基層組織である．

韓村河村の 2010 年度の年末資産総額と負債総額はそれぞれ 39 億 5037.2 万元，18 億 1827.7 万元で，同年度の韓村河鎮の資産総額と負債総額の 95％を占めている．この数字は韓村河村の韓建グループと直接関係があり，韓建グループの税引前利益は年間 4 億元にのぼる．

③　現代的農業の道を歩む

1988 年から韓村河の全村民は 1 人当たり 0.6 ムーの農地だけ保留して，残りの農地の使用権を村の農業公司（現「農場」）に譲渡し，90 年には保留した分も全て譲渡した．当時は，建設業の高成長と高収益に比べて農業の収益は低かったので，村民は自分で耕作せず，自ら農地を農場に譲渡したのである．村のすべての土地を集めた農場は，大規模な播種や収穫の作業を行う能力を持ち，韓建グループの支援の下で都市型の現代農業を展開した．韓建グループは 22 年間にわたって農場に 1000 万元以上の資金を投入し，100 台近い農業機械を購入して，2600 ムーの農地の播種から収穫までの全作業の機械化を実現し，従業員はわずか 28 人にすぎない．また，韓村河は農業構造の調整を重視して農業の産業化への道を歩み，1996 年から 3000 万元を投資してハイテクモデル地区（高科技示范園区）を作り，その中に 66 棟の省エネ型ビニールハウスとアメリカから導入した 5 棟の中空二層構造ビニールハウスを設置した．総面積 260 ムーのハイテク菜園では，年間を通じて各種の有名，独特，良質，新鮮，安全な野菜と果物を供給できるため，国家科学委員会によって「国家科学委員会工場化高生産性農業モデル地区」（国家科委工厂化高效农业示范区）と命名された．

④　学校を作り人材を育てる

社会主義新農村を作るのに，精神的な豊かさは物質的な豊かさと同様に重要である．韓村河村の田雄党書記と彼が率いる指導機関は，道徳の水準を高めるには，まず文化的素養を高めなければならないと考えた．1986 年，ある程度の蓄積ができた韓村河は，まず新しい小学校の校舎を建設した．1995 年には，1500 万元の投資によって設立された教育センターの使用を開始した．その前後に韓村河は合計 3000 万元を投資し，3000 人余りを収容できる，幼稚園，小

学校，中学校，高校，専門学校を含む教育区を設立した．小学校の授業料は村財政からの拠出で全額免除となり，さらに進学する学生には一定の奨学金が支給される．具体的な基準は，中学（初級中学）から高校（高級中学）または高等専門学校（中专）に進学する場合は3000元，高校から大学または短大（大专）に進学する場合は6000元の一時金が支給される．こうして，韓村河の子供たちは小学校から高校卒業まで村を出ずに通学できるだけでなく，周辺の村の子供にとっても最も望まれる進学先となり，村外の子供と保護者にまで恩恵が及んだ．韓村河のすべての学齢期の児童は中途退学することがなく，多くは大学に進学し，さらに海外に留学した学生もいる．企業や村にいる多くの成人は，研修や進学のために大学などの教育機関に送り出された．注目すべきなのは，村内にある職業訓練学校（专业培训学校）である．この学校は韓建グループの人材育成のために建てられたが，同時に村民に科学知識を普及する役割も担っている．

⑤　第三次産業の発展

　農村の余剰労働力を吸収し，農村部の都市化を加速するために，韓村河の村民は不動産業，建設業，建材業だけでなく，第三次産業（観光業とサービス業）も積極的に発展させた．韓建グループはそのブランド効果を活用し，村のなかに北京近郊では初の旅行会社を設立し，8000万元余りを投資して会食・宿泊・観光・買い物・娯楽・会議などの機能を一体化した韓村河山荘コンベンションセンターを建設した．山荘の客室には古式ゆかしい四合院様式や，現代的なVIPルームがあり，多くの会議室や娯楽施設も備えている．観光業をさらに発展させるために，煉瓦用粘土の採掘跡の窪地を整備して，さざ波が揺れ動く湖や豊かな緑に囲まれた韓村河公園を造成した．さらに，新村建設計画で余った土地を活用し，独特な風格を持つ魯班公園を建てた．魯班公園には高さ20メートルの展望台を造り，観光客がその上に立つと全村の美しい景色を一望できる．公園内には，2100平方メートル余りの「韓村河資料展示室」も備えられている．現在，アグリツーリズムは韓村河の新たな成長部門となり，年平均延べ50万人の観光客を受け入れて，そのうち外国人観光客は5万人を超えている．

4　韓村河が豊かになる道

(1)　韓村河が飛躍的発展を遂げた要因

　韓村河の発展は飛躍的で，外部からは現在の韓村河の様子しか窺うことができないが，村民だけは韓村河の大きな変化を切実に感じとることができる．韓村河は，どのようにして大きな変化を遂げ，世間から羨まれるような豊かな村になったのだろうか．文献資料による回想や，筆者自身の現地調査の聞き取りによれば，飛躍的発展を可能にしたのは韓建グループである．韓建グループが現在の韓村河を作り上げ，今でもこの村を養っている．韓村河における村の環境美化工事，村民が住む一戸建住宅や高層住宅，村民が享受する福利厚生，村の学校の建設，毎年3000万元余りの村の経費など，全ては韓建グループが出資して先頭に立って実施したものである．韓建グループは，改革開放初期に村の小さな建築隊[訳注13]から発展した企業集団である．現在の韓建グループは，房山区所属の国家特級資格を持つ大型企業グループとなり，不動産開発をはじめ，住宅建設，水利・水力発電，道路建設，公共工事請負，建設請負，新型建材，PCCP，園地緑化を主体として，第三次産業と海外企業にも依拠する科学的，多元的で，国内・国際を通じた発展戦略モデルを形成した．韓建グループの総資産は49億元，純資産は24億元，年間生産額は最高で48.5億元，納税額は最高で4.56億元にのぼっている．

　一企業がこれほど大きなコストと財力を費やして1つの村を改造し援助している功績は，韓建グループの創立者である田雄の進歩的な思想と，共に豊かになるという情熱に多くを帰すべきであろう．韓建グループの成長と発展は，韓村河の大きな改造と絶え間ない進歩を支える力となっている．

(2)　韓村河を豊かにした企業──韓建グループの発展史

　中国共産党の第11期第3回中央委員会全体会議における改革開放の決議は，

[訳注13]　原文も「建筑队」で，後述のように集団所有の小さな施工会社である．発展後には，おおむね建築隊（工程隊）-工程処-建築公司という縦の関係の組織に再編されたようである．

第 10 章　村落産業化モデル

農村改革の新たな進展の出発点となり，農村の発展にきわめて重要な役割を果たした．1979 年 2 月に開催された国家工商行政管理局局長会議において，各地で正式の戸籍を持つ失業者が修理，サービス，手工業などの個人営業に従事することを認めたが，人を雇うことは許可しなかった．これは，第 11 期三中全会以降，はじめて個人営業の発展を許可する政策となった．このような背景の下で，韓村河の村民は次第に生産隊を離れ，建築修繕作業を行う「5 級修繕隊」を創立し，韓村河における自主的創業の先駆けとなった．韓建グループの創業史をみれば，この農村企業が成功した秘密が明らかになるだろう．

① 第 1 段階（1978-84 年）

　韓村河のリーダーである田雄は次のように考えた．村には自然資源や立地の優位性がなく，1 人当たりの耕地もわずか 1 ムー前後にすぎず，村民も農作業以外の技術など持たない．ほかの村と唯一異なるのは，煉瓦職人がいることで，建設業の発展が突破口になるかもしれない．建設業界は個人では大きな仕事ができないから，全村の煉瓦職人を組織して集団で建設業に取り組めば，韓村河は貧困を脱して豊かになれるだろう．このような考えのもと，田雄は努力して，本を買ったり師匠についたりして建設の基本知識を学び，煉瓦職人としてスタートした．

　1970 年代初期，田雄など何人かの煉瓦職人は帮工という形式で村民の家を建てるのを手伝い，非営利の形で出発した．改革開放前は副業が禁止されていたのが理由で，時代の制約といえよう．当時は職人の手間賃が低く，仕事を頼んでも現金を支払わずに生産隊の労働点数（工分）を与え，彼らが生産隊の農作業に出られない分を補ってやればよかった．そのため，初期の建築隊は村の生産隊に属し，生産隊の副業をやるだけでなく，周辺の村にも働きに出ていた．

　第 11 期三中全会によって経済体制の規制が緩和されると，個人営業にも活気がもたらされた．田雄は 30 人余りの建築隊を組織し，「5 級修繕隊」から「3 級修繕隊」に昇級して，資質を高めながら順調に成長した．彼らの仕事内容も工期も良好だったため，ある程度は評判が高くなったが，その活動範囲は房山区にとどまっていた．1984 年になると，北京市の紫玉飯店で大きな工事を請負い，厳しい工期と難しい工程といった重圧の下で任務を完遂した．紫玉飯店

における背水の陣によって韓村河建築隊の名声は一気に高まり，これが大きな転換点となった．

② 第2段階（1984-88年）

　紫玉飯店の工事で韓村河建築隊は有名になったが，その資格に関して「2級建築隊」に昇級できないことが隘路になり，大規模プロジェクトや大型工事を請負うことができなかった．ちょうどそのタイミングで，チャンスが訪れた．1988年10月18日，北京市房山区政府は房山区の大小40余りの3級以下建築隊を統合し，房山映画館で房山区「建設企業集団公司」創立大会を開いた．韓村河建築隊はこの機会をとらえて集団公司の一員となり，「房建集団第二分公司」として2級建築の請負資格を持つ作業隊（工程隊）となって，後に1級建設公司に昇級した．

③ 第3段階（1988-1994年）

　寄らば大樹の陰というが，田雄はより高遠な理想を持っていた．彼は自分の企業集団を創立して自立したいと考えていた．この段階で一里塚となる出来事は，韓村河建設公司（韓村河建築公司）が房建集団から独立し，韓建グループを創立したことである．独立の過程では多くの障害があったが，田雄は自分の信念を貫いて各方面に働きかけた．1994年に房山区が房建集団の総経理を交代させたときに独立のきっかけをつかみ，最終的には1994年8月29日に北京飯店で記者会見を開いて，韓建グループの創立を宣言した．こうして，農村に根差した初の大型企業が生まれた．

④ 第4段階（1995-2005年）

　韓建グループは1996年にISO認証を獲得し，資質をさらに高めて，その後の発展の基礎を固めた．2002年には，建設省（建設部）から特級建設企業（特級建築公司）の資格を授与された．現在でも，中国で特級の資格を持つ企業は30社未満であり，北京市では4社しかない．このような成功によって，韓建グループは自社の優位性を発揮できるようになり，市場における激しい競争の中でその地位を確立した．

第10章　村落産業化モデル　　　　　　　　　251

⑤　第5段階（2006-11年）

　建設材料の価格高騰と小さな建設会社の新規参入で，韓建グループの発展はある程度妨げられた．事情を知る人によると，大手建設企業の納税額は一般に売上額の12～18%を占めるが，一部の小さな建設会社は名目上大手建設企業の傘下に入ることで納税額を5%に抑え，低費用・低価格で工事を引き受けて業界の秩序をかき乱した．このような市場環境の中で韓建グループは率先して戦略を転換し，近年急成長した不動産業界に目標を定め，主業を建設業から不動産業へ切り替えて次第に苦境から抜け出した．2011年3月，韓建グループは組織の再編を行い，董事長による責任指導制の下で，不動産集団・施工集団・コンクリート管（PCCP）集団という3大集団と，韓村河実業総公司を設立した．これらの集団と公司は独立採算制で，それぞれのトップ（経理）が経営責任を負っている．

(3)　韓建グループと韓村河のリーダー

　韓建グループ董事長で元の韓村河村共産党支部書記である田雄は次のように語った．しっかりした志を持てばいつか成功する（有志者事竟成）という言葉を信じ，いつも自分に言い聞かせて励ましている．そして，成功の目的は民衆のためだ．あなたが民衆のことを考えていると知れば，民衆もあなたを擁護し，あなたの仕事を全力で支援するだろう．経済発展を絶えず推進していくことだけが，人々により多くの実用的で良好な成果をもたらし，生活水準を年々高めていけるのだ．

　田雄は韓村河で1946年に生まれ，1967年に房山中学の高校（高級中学）を卒業したが（老三届[訳注14]高卒），「文化大革命」で大学進学の夢が果たせなかった．知識青年として韓村河に戻ってからは，先祖代々の貧困生活に甘んじることなく，故郷を改革したいという志を立てた．その後，彼は礼を尽くして煉

訳注14］　文化大革命中の1966年度から68年度までに中学・高校を卒業予定だった生徒のことで，文革の混乱の中で通常の授業は停止され，6学年がほぼ同時に卒業させられることになり，就職が不可能な状態になった．そこで，「知識青年」として農村に送り込まれて働き（下放），過酷な環境に置かれた．彼らを同一の世代とみなして'老三届'という．

瓦職人の門弟となり，建築の専門書を買ってきて，昼は必死に働き，夜は必死に本を読み，あらゆる機会をつかんで腕を鍛えた．努力は人を裏切らないという言葉の通り，人並みならぬ精神力と勤勉をもって，短期間でしっかりした熟練技術を身につけた．仕事だけでなく学習にも力を入れ，建築管理と経済管理専攻の短大（大专）卒業証書と，建設企業経営専攻の大学卒業証書を相次いで取得した．また，前後して中国共産党第16次全国代表大会の代表，第10期・第11期全国人民代表大会の代表に選ばれ，現在は房山区人民代表大会常務委員会の副主任，北京韓建グループ有限公司党委員会書記兼董事長である．

1978年の改革開放以降，彼は長年の経験に基づき，村の共産党支部の支援のもとで韓村河の煉瓦職人30人余りを集めて「韓村河集団建築隊（韩村河集体建筑队）」を作り，苦労して創業し一生懸命努力した．30年の風雪を経て，韓村河集団建築隊から，韓建グループという建設・公共工事・水利・道路・伝統的建築造園・不動産開発・建設資材・資産運用などに多角化した国家特級資格の大型企業集団を発展させた．そして貧困で立ち後れていた韓村河を，公共インフラの完備した，村民の誰もが洋式住宅に住むガーデンシティのような社会主義新農村にした．田雄は建設業に38年間従事し，低層で小さく湿気のこもった工事現場の小屋に32年間も住んでいた．韓村河新村の建設にあたって，彼は新居への移転の順番を最後にすることにこだわり，最初に転居した村民より6年も遅れた．彼は長期にわたって，集団経済の発展と共同富裕の道を堅持した．彼は「村民のためなら，どんな苦労も，どんな困難も，心から喜んでやり遂げるのだ」とよく口にしている．

(4) 韓建グループの運営機構と経営理念

韓建グループは始めから農村に根を下ろし，集団経済の路線を堅持し，利益を韓村河の建設に用いてきた．20世紀末に集団経済を否定する声が社会で高まったが，韓村河では相変わらず集団経済を大いに発展させ，動揺することなく共同富裕の路線を堅持した．21世紀初頭になると，韓村河は現代企業の設立原則に従って，集団経済を発展させて「北京韓建集団有限公司」を設立した．このようなやり方は，集団経済を強化すると同時に，韓村河の建設をより高度に推進し，企業の実力強化は多くの村民に恩恵をもたらした．

韓建グループは韓村河だけでなく，広く社会に向けた慈善活動や社会福祉事業に積極的に参加している．1989年以来，党委員会書記・董事長である田雄の指導のもと，「まず自分が豊かになり，さらに他人にも富をもたらす」(先富帯后富) という共同富裕の道を歩み続け，社会的貢献に力を尽くしている．新疆自治区哈密市水地村，チベット自治区堆龍徳慶県東嘎查，雲南省南部辺境の貧困地域で，教育事業への寄付，希望小学校[訳注15]の建設，貧困学生への支援を行っている．また地元の韓村河郷政府と共同で「教育富民プロジェクト」を実施し，曹章・趙各荘・西東という3つの村に出資して，それぞれ完備された小学校を建設した．房山区の貧困地域である蒲窪郷蘆子水村とは，貧困村への資金援助のために扶貧協定を結んだ．西部大開発への貢献のためには，西部10省・区の郷鎮幹部研修班に出資した．また災害の被災民を支援し，被災地域の住宅再建も援助した．現在までに，韓建グループが社会貢献，社会福祉のために寄付した金額は合計1億元あまりにのぼっている．

(5) 韓建グループの機構改革

　創立以来，韓建グループは集団企業として，集団所有の性格を保持してきた．2000年に制度改革を行ったあとも，正式の株式会社制をとらず，株式を数量化せずに責任請負制に転換したのである．厳密にいえば，韓建グループと村の実業総公司の関係は，田雄が韓建グループの経営を請負い，村の各種の事務は韓建グループが管理するというものだった．最近になって，区共産党委と区政府の支持の下で，正式の株式会社に改組して董事長と総経理を決めることになったが，このような方法で韓建グループが現代的企業となることが望まれる．

　韓建グループの拡大と発展によって直接に恩恵を受けるのは，創立者やスタッフだけでなく，韓村河全体である．韓村河のリーダーであり韓建グループの董事長でもある田雄は，一部の村民を率いて富裕の道へ向かっただけでなく，党中央の呼びかけに応じて村全体の共同富裕を実現するために力を尽くしている．田雄は，「自分が村の外に出て稼いできたのは，村民により多くの福利を

訳注15〕　希望工程は，1989年に始まった中国青年基金会のプロジェクトで，貧困地域の教育支援のために寄付金を募り，希望小学校の建設や貧困児童の就学支援などを行っている．

もたらしたかったからで，そうでなければこんなに一生懸命に働かないし，自分が豊かになるためならとっくにやめていた」と語った．彼は韓建グループの勢力と力量によって村を見違えるように整備し，村に学校を作り，村民に一戸建住宅を建て，園芸会社（花木公司）や水力発電会社なども作って，村民にサービスを提供するとともに就職や養老の問題も解決した．韓建グループや田雄が新たな韓村河を作り上げたといっても過言ではない．

5　韓村河新村の建設

　企業と集団経済が発展を遂げるだけでは，村全体が豊かになることはできない．田雄と共産党委は，企業の発展を村民の共同富裕を実現する道に変え，村民に幸せな生活を送ってもらうよう提唱した．そして韓村河新村を発展させるため，村に商業交易区，工業区，文教区，事務区という4区画を計画し，2200万元を投資して「立体式緑化プロジェクト（立体緑化工程）」[訳注16] を実施して村全体の緑化率を60%以上に向上させた．

(1)　村の印象の改善

　昔から溝や窪地に隔てられて集落が点在していた韓村河では，雨季になると外に出るのも難しく，窪地に建てた民家は雨が降ると必ず浸水するなど，村民の不平が募っていた．

　1980年代初頭になると，韓村河の集団経済はやや大きな発展を遂げ，村民の生活水準は日増しに向上していた．衣食の問題が解決されたあと，居住環境の改善が早急に解決すべき課題となった．当時は統一された計画がなかったため，村の民家の建設は混乱した状況にあった．宅地の配置は不合理であり，面積は大小不揃いで，古い家と新しい家が入り乱れ，道路を占有する行為もしばしば現れた．迷信によって宅地の地盤の高低を比較し，村民に衝突や仲違いが起こった．長年にわたって増改築を繰り返し，巨大な資源の浪費も招いていた．住宅の塀の外では，糞が積み重なって道が塞がれ，薪が塀に立てかけられ，祝

[訳注16]　建物の壁面や盛土の法面などを植物で覆って緑化すること．

祭日の爆竹で火災になるなど，村の印象に悪影響を及ぼすだけでなく安全も脅かされていた．

村の民家の混乱は韓村河の社会的安定を大きく損なうと同時に，村の発展の妨げとなっていた．1983年に，村全体の利益を図るため，田雄の率いる韓村河建築隊が出資して村で最初のアスファルト道路を敷設しようとしたが，住宅で道路を占用している住民との話合いがつかずに断念した．「要想富，先修路（豊かになりたければまず道を整えよう）」という田雄の考えによる初の試みは，失敗に終わった．

1988年，田雄は集団経済連合社^{訳注17)}の社長に選ばれた．村の民家をめぐるさまざまな問題を解決し，村全体の居住条件や生活環境を根本的に改善して，村民が楽しく暮らせる豊かで開明的，調和的な韓村河を作るため，田雄は1983年の教訓を汲み取って「新村建設」の構想を提起した．1990年に韓建グループは大きな発展を遂げたため，田雄は韓村河の統一的計画樹立に着手し，そこから韓村河の「新村建設」が始まったのである（表10-1）．

同時に，村には電信支局，郵便局，医院，劇場，ボイラー室，公園，東西9本・南北16本の街路など，多くの公共施設を作った．新村建設が完成すると，元の韓村河を構成する5つの自然村は，合理的な配置で特色ある美しい新農村へと変身した．新村の建設で埋めた窪地は150ムー，埋めた溝は250ムーに達し，レンガ工場の耕地への回復面積は80ムー，4か所の脱穀・乾燥作業用地（場院）の耕地回復面積は120ムーに達した．

(2) 戸建住宅と高層住宅の建設

新村建設で最も厄介な問題は，立ち退きだった．宅地の問題だけでなく，老朽家屋の撤去補償費や入居する順番など，細かい問題まで関わるためである．1989年6月26日の党支部会議において，田雄は自分の構想を次のように述べた．「1世帯に1棟ずつ洋風住宅を持たせ，集中暖房・水道・電気・ガスを供給し，村内の全ての道を新たに舗装された平坦で広い道路として計画する．公

訳注17) 原文は「经联社」，「集体经济联合社」の略称で，農村経済合作社の連合組織である．農村経済合作社は，昔の合作社（一種の協同組合）とは別組織で，改革開放以降の農村経済組織として集団所有制をとりながら生まれた．

表 10-1　韓建グループの投資による韓村河新村建設年表

先行投資	
1983 年	十字路を整備し，住民の生産と生活を便利に
1983 年春	4 つの給水塔を造り，水道管を引き，村民の飲料水問題を解決
1987 年	韓村河で初の多層校舎として小学校の教室棟を新築
準備期間（4 年）	
1990 年	新村の建設準備を開始
1991 年	劇場を新築
1992 年	水上公園を建設．同年，農作業を農場が統一して行い，利潤をすべて村民に還元して，個人の農作業問題を解決
1993 年	LPG スタンドを造り，クリーンエネルギーに
1993 年	水力発電所を設立．管理会社を設立して村民に完全なサービスを提供
建設期間（11 年）	
1994 年	村民のための洋風住宅の建設を開始
1994 年	緑化チームを設立
1994 年	山荘の一期工事を完成
1995 年	教育センターを完成
1996 年	派出所を完成
1996 年	幼稚園を完成
1997 年	野菜ビニールハウスを完成
1998 年	医院を完成
1999 年	山荘の 2 期工事を完成
1999 年	自由市場（农贸市場）を完成
1999 年	魯班公園を完成
2004 年	合計 11 年間をかけて，新村建設が全部完了

共工事を整備し，汚水・雨水を分離して排水する．村に 3 つの公園をつくり，村全体の緑化・美化を進め，韓村河を環境汚染の無い現代化された新農村に変える」．田雄の言葉は，大型爆弾が爆発したような騒ぎを村中で巻き起こした．「すべて取り壊して作り直すなんて，この窪地と溝だらけの村ではできるわけないよ．まったく，少し儲かっただけで調子に乗りやがって．」「儲かった金をいっそ皆に分けたほうがまし．」「わざわざ自分で悩みの種を作ったんじゃないか，何をひけらかすのだ．」など，議論は紛糾した．

このような無理解な声は，新村建設の困難の始まりにすぎなかった．田雄と村委員会の度重なる努力の結果，新村建設の計画がようやく進んで立ち退き交渉の階段に入ったが，その説得は最も難しい問題だった．村民から様々な懸念

や要望が出され，それが理に適っているかどうかにかかわらず，田雄と村委員会は解決に努力した．新しい家の値段が高すぎて自分で買えないということが，村民の最大の心配だった．そこで田雄は負担を軽減するために，手ごろな価格で家が手に入り，多くの補助金も得られる方法を示し，村民を安心させた．規定の主な内容は，次のとおりである[5]．

(1) 1992年12月31日までに建設された家の面積を測量し，新しい住宅は従来のものと同じ面積とし，1平方メートル300元の基準で計算する．

(2) 『村民住宅分布図』にあるように，村の住宅は戸建住宅と高層住宅の2種類があるが，村民は関連規定に基づいて希望に応じた面積やスタイルの新居を選び，村集団と購入契約を結ぶことができる．また手付金の支払いを以て契約が成立する．

(3) 古い平屋から戸建住宅に転居する村民に対しては，元の平屋と戸建住宅の建坪を同一とする．

(4) 戸建住宅を購入する資格のあるすべての村民は，規定に従い手続きを完了すれば，転居の15日後に村から1世帯当たり3万元の補助金を支給される．

(5) 村民の収入格差を考慮して，戸建住宅を購入する資格があるのに自ら高層住宅の購入を望んだ者には，村から5万元の補助金を支給する．

(6) 高層住宅を購入する村民は，転居の際に韓村河実業総公司から5000元の支払いを減免される（未払いの金額から差し引く）．

(7) 韓村河の農村戸籍の男性で，1998年12月31日までに満18歳になった者が高層住宅を購入する場合，5000元の補助金を支給する．

(8) 韓村河の農村戸籍の女性で，1998年12月31日までに結婚証明書を受け取った者は，高層住宅を購入することができる．

(9) 分割払いで戸建住宅を購入する場合，手付金1万元を前納し，転居の際に5000元を支払い，残額は翌年から完済まで毎年5000元を支払えばよい．

(10) 計画に従って村の住宅の立ち退き時期を分けるために，規定に基づいて仮設住宅に住む村民に対して，村から1世帯当たり1日5元の補助金を与える．

表 10-2　韓村河の新築住宅形態

様式	戸数	面積 (㎡)	購買価格 (元/㎡)
民族式	475	237	300〜400
ヨーロッパ式	100	260〜290	300〜400
アメリカ式	24	290	350
高層住宅	180	80〜140	240〜280

(出所) 韩村河档案展览室.

(11) 村民の前納した手付金について，支払い日から新居のカギを手にする日まで，村から年利 20% の利子を支払う．

上記の条項をみると，村（村集体）は古い住宅を等価交換するほか，多くの補助も与え，たとえば未婚の男性も既婚の女性も同じく高層住宅を購入する資格があることや，前納した手付金に高い利子を支払うことが規定されている．しかし，それでも村民は完全に安心できなかった．そこで，田雄と党支部は，村幹部は最後に戸建住宅に入居すると宣言した．これで民心はようやく落ち着き，村民は次々に戸建住宅に転居するようになった．「田書記たちの強い支持がなければ，今の新しい韓村河はない」[6]．

1990 年，村の党委員会と韓建グループは韓村河新住宅を統一的に計画した．4年の建設準備期間を経て，1994 年に韓建グループは 5.3 億元を出資し，11年間をかけて村民のために 581 棟の戸建住宅と 21 棟のマンション式の高層住宅を建て，建設面積は延べ約 20 万平方メートルに及んだ．全村の 910 世帯 2700 人余りの住民は全員新しい住宅に入居し，1 人当たりの住宅面積は約 68平方メートルである（表 10-2）．住宅と宅地の所有権は村集団にあり，村民は使用権のみ所有する．

(3) 完備された社会保障と福利厚生の確立

社会保障制度の面では，村民に基本的な生活水準を保障し，とくに失業者や高齢者に配慮して，田雄と村委員会はこれに対応する制度を樹立した．その主な内容は，生活保護基準を設け，個人の収入がその基準を満たさない場合に生計扶助を支給する．扶助の標準額は初期の 1 人当たり年間 1000〜1500 元から，現在は 1 人当たり年間 3600 元となった．ただし，ほとんどの村民はこの基準

を上回っているため，現在生計扶助を受けているのはわずか4世帯しかない．心身障害者に対する扶助は2段階に分けられており，労働能力のある障害者は毎月1人当たり100元，労働能力のない者は毎月1人当たり150元である．教育水準の低い，あるいは労働能力の弱い中高年者に対しては，村の清掃，治安，施設管理などの仕事を配分する．道路の清掃は，毎月1人当たり260元の収入があり，現在村では約600人がこの仕事に従事していて，ほぼ1世帯1人の割合である．小さな区域の清掃を担当し，1日に10分程度できれいに掃除できる．村は専門の清掃会社に委託するかわりに，その分の費用を村民に還元し，同時に村民に環境美化の意識も喚起できるという．治安隊は村の警備を担当し，街路に警備ボックスを配置し当番を置いている．この仕事におおむね80人が従事しており，男女両方あり，収入は毎月1人当たり450元である．出稼ぎに行った人や正規に就業している若者は，村の福利厚生の対象にならない．

　高齢者に対しては，依然として伝統的な在宅介護を採用し，主に子供が高齢者を養う．ただし，60歳以上の高齢者には一定の手当を支給し，60歳で月額300元，さらに1歳増えるたびに月額5元ずつ増加する．毎年の中秋節には，高齢者に100元の手当と月餅を支給する．高齢者に手当を支給することは多くの効果を生み，まず村と韓建グループが高齢者に対する尊重と関心を表すことによって，高齢者を敬愛する風潮を促進できる．また，高齢者が自分の自由になる金を持つようになったため，家庭生活ですべて子供に頼り切る必要はなくなり，日常生活における金銭問題の紛糾は自然になくなった．さらに，高齢者手当によって子供が高齢者を養う負担が軽くなったため，実際はこれを子供に対する別途の手当と見なすこともできる．

　以上のように，村から高齢者への扶助はかなり大きなものである．筆者の調査では，街路の清掃を担当する老人は，ほかの扶助も加えると，月に1000元前後の収入を得られる．重い病気がない限り，生活コストもほとんどかからないし，農村の老人にとってはこの金額で十分余裕のある生活を送れる．

　医療面では，新しいタイプの組合医療制度を推進し，農村戸籍の村民（2097人）に1人当たり年間80元の保険料で医療保険をかけている．これは房山区における農村組合医療保険のなかで最も有利な水準であり，集団から全員の医

療費を支払っている．この基準では，医療保険加入者の医療費自己負担率は30％，老人なら25％になる．村には医院があるが，村民はより高い医療サービスを求めるため，病気の時はいつも鎮あるいは区の病院に行く．

ほかにも次のような福利厚生がある．毎年，村の集中暖房のために1000万元あまりを投資しているが，村民全体の負担額は50万元未満である．両親とも農村戸籍で子供が1人の夫婦は，一人っ子手当として毎年600元受給するとともに1000元の養老貯蓄ももらえる．夫婦の片方が農村戸籍の場合は，500元の養老貯蓄を受給できる．

村集団と韓建グループは共産党員の生活状況についても非常に重視している．新中国成立以前に入党した共産党員には年間1人当たり2000元の手当がつく．兵役年齢の青年が志願して入隊すれば，上級部門の手当のほか，村から年間2000元の手当が支給され，また8月1日の人民解放軍の建軍節には200元の手当が支給される．現在，韓村河には2つの給水システムがあり，そのうち，地下水は無料で村民に供給するが，山の泉から引いた水道は村民の飲料水として毎月1人当たり0.5トンの無料分があり，それを超えると1トン5元で料金を徴収する．春節（旧正月）になると，1人当たり100元の肉食手当が支給される．

6 韓村河の経験と今後の展望

(1) 韓村河の都市化の経験

韓村河が昔の「寒心河（がっかりさせる河）」から「京郊首富村（北京郊外第一の豊かな村）」へ一挙に変身できた根本的な理由は，共産党書記の田雄を始めとする優れたリーダーがいたからである．彼らは共産党員として滅私奉公で苦心して創業し，村民のために腐敗のない政治を進め，思想の解放，大胆な改革，進取の精神によって民衆を共産党組織の周りに団結させ，一心に経済建設に取り組んできた．

経済発展の根本的な目的は貧困をなくし，共同富裕を実現することである．改革開放以降，韓村河は一貫してその目的を貫き，集団経済の発展を主体とし，労働に応じて分配し，多く働いた者が多くの収入を得られ，怠惰な思想に反対

し，共同経営，共同富裕の道を切り開いてきた．

① 村の一元的指導の堅持

韓村河の発展の経験できわめて重要なのは，指導部が一元的な政策決定と指示を行い，村民もその変革の利益を享受できるため，おおむねこれを受け入れたということである．韓村河の建設には多くの困難な問題があり，たとえば家屋の立ち退き，村への土地の編入など，大きな利害対立に関わるさまざまな要求をバランスよく調整することは相当に難しかった．しかし，村の党支部と韓建グループの指導部が一体であり，同じ人々が担当することによって，企業の利益や考え方が村の政策決定と一致するようになった．指導という面では，ある者が他の者に従ったり，他の者を指導したりすることがなかった．村民と村の方針が対立するときには，リーダーは村民自身の利益を十分に考慮し，村民が村の発展の成果と利益を十分に享受できるように配慮した．こうして韓村河には良い循環が生まれた．

村の幹部と企業の経営者は，村の発展に尽くしていることを実際の行動であらわした．村民は利益を享受し，次第に村幹部の発展への理念や決定を信頼できるようになり，村全体の各種の事業も一層よく実行されるようになった．したがって，韓村河では幹部と大衆の矛盾は少なく，村民は自分の生活に満足しており，それはすべて堅実なリーダーが村民の思いを結集できたからである．

② 集団経済の堅持

韓村河が共同富裕を実現できた物的基盤は集団経済であり，集団経済の発展がなければ共同富裕の拠り所はなかった．韓村河のリーダーである田雄はこのことを十分に把握して，集団経済を絶えず強化しながら大きく成長させた．蓄積は大きく進め，分配は少しずつ進めるという原則によって，生産の伸びは常に消費の伸びを上回っている．1985年以降，村の集団経済の純収入は年平均4.5％ずつ増加し，1人当たりの年間分配額は年平均24.5％ずつ増加しており[訳注18]，集団の固定資産は6800万元に達した．集団経済は村の経済総量の

訳注18〕 2つの増加率が矛盾するが，そのまま訳した．

97.2％を占め，村民の主な収入源となり，人々の物質的な生活水準の持続的向上を保障した．集団経済の急速な発展と同時に，他の所有形態による経済活動の発展も承認し奨励された．技術や経営能力を持つ人に対しては，私営個人企業の起業をすすめた．経営不振になったり経営を続けたくなかったりする個人経営者は，集団企業に戻って就業することもできる．こうして，私営個人企業の補完的な役割を活かすとともに，集団経済の優位性と魅力も十分にあらわれている．

③　リーダーの視野と能力

　韓村河の村民にインタビューした時，村民はみなこういった．農村の発展には，良い政策のほか優れたリーダーが不可欠で，村が1つになろうという気持ちがなければ村民の団結はあり得ない．華西村[訳注19]のリーダー呉仁宝のように，田雄も韓村河のリーダーである．「われわれ党幹部の行動を通じて人々に共産党を認めてもらい，共に歩んでいく．われわれが喜んで人民の公僕として働くからこそ，人々に心から党を評価してもらえるのだ」と田雄は常々語っている．韓村河はすでに北京市郊外で一番豊かな村になったが，田雄は率先して中級幹部の平均賃金相当しか受け取っていないので，村民から無欲な人だと評価されている．請負契約に基づいて先年上級機関から許可された数百万元のボーナスまで，田雄は村集団の会計に入れて公共事業のために使った．企業改革によって韓村河を離れれば，韓建グループは重荷を負わずに済むが，それにもかかわらず集団企業としての性格を一貫して維持している．田雄が韓建グループを集団企業とみなすのは，それが全村民のものであることを意味するからだ．彼は村外で稼いだ金を農村建設に投入し，村民に実益をもたらしたい一心である．「私にとって，村への貢献は一種の楽しみだ．みんなを率いて豊かになるのは，共産党員の責務だ．村民が豊かになるなら，私も貧乏になるはずはない」と田雄は語った．

訳注19〕　第3章訳注25を参照されたい．

④ 制度建設の強化

韓村河村の集団経済はますます繁栄し，村民は共同富裕の道を順調に進んでいるが，その理由は韓村河が制度面で優れていたからで，制度建設がすべてのことに基準を提供した．韓村河の各級リーダーは民主生活会[訳注20]をしっかりと実行し，常に批判と自己批判を展開し，謙虚に大衆の意見を受け入れるという良い習慣を身につけている．重要な政策は党委員会で決定され，政務・財務の責任を明確にして，指導層の仕事の透明性を高めながら力強い集団指導体制を形成した．指導者に対して，韓村河では監督・考課制度を制定したが，その内容は具体的で実効力がある．さらに，定期的な監査を実行し，仕事やそのやり方を同時に研究・手配・評価・奨励する．

⑤ 教育と人材の重視

韓建グループが急速に台頭し，建設業界で一定の地位を築くことができたのは，人材育成の重視と関わっている．韓村河は人材が無く資質が低いことで損をして，人材があり資質が高いことで得をした経験がある．長年にわたって，韓建グループは人材を経済社会発展の決定的な要因だとみてきた．投資しなければ人材が育たないというのが，田雄をはじめとする経営者の考えである．そのため，彼らは1990年以降3000万元あまりを人材育成に投資してきた．在職中の自己研修も，外部での職業訓練も，すべて村の集団が資金を出す．また，小学校教師に1人当たり月額100元の補助を与えるとともに，124万元を投資して1650平方メートルの教職員家族宿舎を建設した．

⑥ 近代的な企業管理と組織構造

韓村河は，社会主義市場経済の発展の原則に従い，報奨と統制を統一した企業経営の仕組みを確立した．

第1に，人材管理に競争原理を導入し，報奨の仕組みを作り上げた．まず，韓建グループは人材管理の面で均等な競争の機会を与え，優れた才能や能力を持つ者が力を発揮できる場を設けて，実際に成果を出せば評価されるようにし

訳注20〕 共産党幹部が，共産党支部やグループで相互批判や自己批判を行う制度．

た．人材の選考と任用の面では，有能な者を無能な者より優先し，出身村や年齢の枠を超えて形式にとらわれずに人材を選考して任用する．現在，村には各分野の管理職と技術者が1100人余りいる．このうち35歳以下が80%を占め，他の村からも350人を招いており，素質が高く能力も優れたチームになっている．次に，韓建グループは企業発展を促進するために，年間売上高2000万元を達成した工程処は，会社に昇格させる．その他，実力や年間売上高が既定の基準を満たした工程隊も，遅滞なく昇格させる．このような措置の実行によって，他に後れを取らぬように先を争い，競争によって発展する状況がグループ全体にもたらされた．

　第2に，厳格な規則を樹立し，完全な統制の仕組みを作った．経済の急成長で直面した問題に対し，韓建グループは主として教育を基本に，各種制度の確立と充実によって問題を解決して欠点を克服した．「財務管理制度」「内部会計監査制度」など36項180条あまりの「企業憲法」を制定し，あらゆる管理方法と操作規程を明文化した．たとえば，財務管理は収支2本立ての制度として，分散管理から集中管理に切り替える．建設公司の工程隊には経理課を置かずに現金出納係だけ配置し，経理は上級の工程処または建設公司が処理する．工業公司，農服商公司，村の行政機関の経理は一本化し，総公司が村全体の経理を統一的に制御，監督することによって，管理上の抜け道をなくした．

(2) 韓村河の未来
① 韓村河の都市化戦略

　小都市（小城鎮）の発展の現状を眺めると，他の村へのデモンストレーション効果にせよ，客観的条件による制約にせよ，経済発展が小都市の建設と繁栄を保証し，繁栄した小都市がさらなる経済発展の前提となっている．経済的繁栄がなければ小都市は発展できず，小都市によるインフラや投資環境の整備がなければ一層の経済発展も難しい．たとえば，韓村河を維持するために韓建グループは毎年3000万元以上も使っている．ほかの新村も，これほど巨額ではないにせよ資金が大きな問題である．小都市の建設の根本は経済を発展させることであり，経済を発展させる柱は工業企業である．現在，韓建グループは韓村河の中心小都市の社会的責任を積極的に引き受けているが，こうした配慮と

現実をみれば，韓村河は建設業をリーディング産業としながら第一・二・三次産業の連関と協調による発展の方針を確立し，公共事業，医療，衛生，文化，商業施設などを含めたインフラとサービスの配置された現代的な小都市の建設に着手すべきだろう．周辺の村の住民を韓村河の中心小都市に吸収して，5万人規模の現代的な小都市を形成し，村民が都市住民の待遇を享受できるようにして農民の生活水準を全面的に向上させなければならない．

現在，韓村河の鎮政府は韓建グループと手を携え，韓村河村を中心区とし，周辺のいくつかの農村を統合した韓村河中心鎮を建設する都市計画を樹立している．

② 韓村河の発展の困難

総じていえば，韓村河の発展の大きな要因は，田雄という優秀なリーダーの存在である．華西村の呉仁宝のように，田雄も農村建設をめざし，企業によって豊かになってから，全村の経済と社会生活の発展を引き出すというタイプの農村リーダーである．彼らの行動力は，まず豊かになった者が，さらに他人にも富をもたらすという社会主義の可能性を代表し，彼らの精神は社会主義の思想・文化の先進性を代表している．しかしこういう典型的な人物はめったになく，マックス・ウェーバーのいうカリスマ的な人物にあたる．このような支配と指導の類型の基礎にあるのは，個人や，個人が啓示し制定した規範モデルと秩序の超越性，英雄的な気概，非凡な資質による献身である[7]．ウェーバーはさらにカリスマ的支配の登場，転換，滅亡までの全過程を分析し，その支配が一時的だという特徴を指摘した．カリスマ的な指導者がいる間は組織全体の均衡を維持できるが，指導者の姿が消えれば組織の潜在的な矛盾が徐々に表面化してくる．したがって，支配の安定を保障するためには，適切な規定や制度を設け，整備された合理的な組織を設立するのが必然的な選択肢になる．このような転換によって，カリスマ的支配は徐々に合法的支配または伝統的支配へ，あるいはその両方が結合したものへ変化する．

しかし上述のような農村の基本的状況をみれば，カリスマ的な指導者も合法的，伝統的な基礎を兼ね備えている．彼らは農村を豊かにしたリーダーとして共産党村支部書記の地位につき，法律や農村の秩序に基づくことによって村を

よく統治，管理できる．それは村民が中国共産党の指導に従い，法を遵守するということに基づく合法的支配である．また，農村の指導者として，彼らは伝統に基づく地位や，他人を服従させる権威を持つ．農村では，それは伝統的な習慣の定める義務として，人々が農村リーダーに従うことを認めるということを意味している．

　村民を牽引して豊かにしたカリスマ的な人物が姿を消したあと，誰がその事業を受け継ぐのかということは，注目を集める話題である．中国のいくつかの富裕村，たとえば華西村の後継者は，前のリーダーの息子である．筆者の調査した韓村河ではまだ継承が実現していないが，事情通によれば田雄の息子が韓建グループの後継者になるという．もちろん，このようなやり方を非難すべきではない．なぜなら，中国には1つの家系が天下を支配するという伝統があり，企業はリーダーが自分の手で作り上げたものだから，息子に能力があればそれを継がせるのはもっともなことである．しかし，そこで民主という課題が再び提起される．これに対して，韓村河の関係幹部によれば，韓村河では民主化も模索中で，どちらがいいのかはやってみなければわからないという．

　いずれにせよ，農村のリーダーが企業を経営してその利益で農村の建設を進め，村民を豊かにすることによって，彼らが村でさまざまな政策を実施することの合法性は固められた．このような指導と服従の関係には村の利益が集約され，利益配分のトラブルを免れながら，以前にも増した新農村の発展をなしとげた．いま，村長選挙を行ったとしても，村民は韓建グループを経営できる人に自発的に投票するに違いない．韓建グループの支持と千万元単位の援助がなければ，韓村河の発展は停滞するどころか，崩壊してもおかしくない．その理由は，現在の韓村河は韓建グループによって養われており，集中暖房，不動産管理，観光，蔬菜公司など，いずれも韓建グループが投資しているが，儲かるどころか赤字が出る事業である．そしてこれらは韓村河の対外的な看板でもあり，韓建グループが韓村河に投資を続けないと，発展は行き詰ってしまう．したがって，田雄は韓建グループを通して韓村河を「請負い」，韓村河は改革開放前の「単位」を基本とする社会[訳注21]に存在した「社区」のようなものにな

訳注21〕　第6章訳注24参照．

った.単位社会の社区と違い,韓村河の村民はすべて韓建グループで働いているわけではないが,韓建グループが村にもたらした恩恵を享受している.これは田雄が提起した「怠け者を養わない」という思想で,村民が勤労によって豊かになることを促すものである.

③ 韓村河はいつまで企業に依存できるのか

韓村河の公園を散歩していた村民は,「韓建グループが投資してくれれば,私の村にはほとんど問題がない.でも,投資してくれないと,村民は毎年千万元以上の暖房費さえ払えない」と話していた.もし韓建グループの投資がなくても,現在の生活水準,あるいはほぼ同等の水準が維持できるなら,その方法を模索して広めることの意義は大きい.現在のように,韓村河が韓建グループの一部として指導を受けている状態は,村の建設に一定の役割を果たし,将来に継続する資金を提供している.しかし,これは韓村河にとって長期的な戦略とはいえない.韓建グループは韓村河に「輸血する」のみならず,「造血する」必要があり,より多くの機会と可能性を提供すべきである.

このような考えも踏まえ,中央政府の小都市(小城鎮)建設の呼びかけに応じて,これから何年かは田雄の指導のもとで,韓村河は鎮政府とともに韓村河中心鎮という小都市を建設しようとしている.この計画には多額の資金が必要で,政府部門の支援だけでなく,韓建グループの負担も決して少なくない.したがって,韓建グループが持続的に発展し,韓村河地域に「輸血」することが要請される.しかし,建設市場や不動産市場は不安定で流動的である.H.アップルバウム[訳注22]は,他の産業と異なる建設業の特性として,地方性,非標準化,工期の限定,不確実性の4点をあげた[8].建設業の地方性は企業の発展する空間や市場を限定してコストにも制約をもたらし,非標準化は企業経営に潜在的な脅威をもたらす.さらに工期が限定されるため,稼働時期や資金繰りなどの面で不確実性がある.このため,韓建グループも企業改革を進めて形態の転換を図り,市場を開拓して持続的発展を図っている.韓村河の安定・調和

[訳注22] H.アップルバウム(Herbert Applebaum)はアメリカの文化人類学者で,建設労働者についてのケーススタディがある.

は韓建グループの企業収益次第であるため，両者は一体であり，あたかも韓建グループが韓村河を「拉致」していると考えてもよいだろう．したがって，全村民は韓建グループの発展に大きな関心を寄せ，韓建グループが順調に発展してこそ，韓村河が繁栄することができると考えている．

7　産業都市化モデルの発展

(1)　都市化モデルの考察

　モデルとは経験によって形成された方法と戦略であり，小都市（小城鎮）発展モデルの構造と特徴を総括し比較するのは，行動と戦略の内的連関を理解するためである[9]．ここで，われわれが使用するのは1つの発展モデルであり，「一定の地域，一定の歴史的条件の下で，特色を持つ発展の道」を指す．「各地の農民が住む地域は異なり，条件に違いがあり，収入を得るために切り開いた道は必然的に多種多様なため，農村経済発展の異なるモデルが形成されてきた」[10]．発展モデルの比較と分析を行う主たる意義は，経験や事実によって発展に内在する論理と法則への認識と理解を深め，自身の条件に合った特色ある発展の道を探ることにある．韓村河で実施された小都市発展モデルは，中国の数多い農村が都市化を実現するための1つの方法にすぎない．このような発展モデルの特徴，動因，問題点，普及の可能性を認識することが，当面われわれが模索し研究すべき課題である．このモデルが特殊なのか典型的なのか，それによって普及する意義が問われる．韓村河は，企業が村を抱えた典型的な事例で，リーダーの出現，後継者の選出，制度の整備，民主的で平等な選挙，企業発展の持続性などさまざまな面で，厳しい疑問が出ている．もし，これらの問題を解決できず，実行可能な発展計画を提起できなければ，このモデルを参照し取り入れることは難しい．

　費孝通は蘇南（江蘇省南部）と温州の農村における実態調査に基づいて「モデル」の概念を指摘し，これらの農村の類型から「温州モデル」，「蘇南モデル」「珠江モデル」を提起した．モデルという概念を理解するとき，モデルはそのまま模倣して移植できる見本であるという認識にこだわってはならない．実際には，どのようなモデルにも特殊性があり，地域・人文・歴史・一定の契

機と連動している．韓村河の都市化は，他の農村の都市化と相違点がある．同じく産業化によって推進された安徽省鳳陽県小崗村が外部資源推進モデルだったのに対して，韓村河は現地エリートによって推進された都市化モデルだった．韓村河も華西村もエリート推進モデルを採用したが，両者には本質的な相違点がある．同じく企業が村を養っているとしても，華西村は多角経営で産業を大きく強いものにして，その波及効果は周辺の十幾つの村まで及んでいるが，韓建グループは自分の村しか負担していない．華西村の産業は比較的強い安定性と蓄積性を持ち，現在，全村で58社の企業がパイプ・毛織物など6系列，1000以上の品種で，1万余りの製品を生産できる．そのサプライチェーンは季節的な影響を受けない．上述のように，不動産開発および建設業を主要部門とする韓建グループは，市場や運転資金などの難題の多い業界なので，不安定性や予測不能性がある．2つの村はどちらもエリートに指導され，村民を富裕への道に導いたが，その具体的な発展において直面する問題には相違点がある．

(2) 産業推進モデルの特徴

　産業の発展によって都市化を推進するのは，多くの農村が都市化に向かう場合の必然的な道だが，農村における産業発展の特徴は以下のようにまとめることができる．

　第1に，農村産業化の発展は特定の資源を見出すことで始まり，そのような資源に依存して企業を設立し，関連産業の発展を推進して経済目標を実現できる．資源の利用は2種類に分けられる．1つは資源志向型で，もし農村現地に直接利用できる資源，例えば観光資源，鉱物資源，生態資源，文化資源などがあれば，村はこれを使って企業を誘致したり，村民が請け負って経営したりしながら，全村の発展を実現できる．しかし，資源志向型発展モデルには固有のリスクが存在し，近視眼的な行動に起因する農村の生態バランスの破壊がありうるが，これは持続可能な発展ではない．もう1つは市場志向型で，村の人的資源や立地条件に大きく依存する．たとえば，韓村河には利用可能な資源がほとんどなかったが，村の煉瓦職人が建設企業設立の基盤を作り，市場の開拓を通じて現在の規模を実現した．他の村の中には立地条件に恵まれ，物流の集散・中継地となり，都市部の発展計画に含まれる可能性を持つ村もあり，そう

なると外部と接触する機会が多くなり，企業創立の可能性が大きくなって都市化はより順調になるだろう．

第2に，農村産業化の発展は，国家の発展という大きな背景と結びつかなければならない．各地の成功経験を見渡せば，農村の富裕化は国の経済発展という大きな背景の追い風を受けて，村内の関連産業の振興を実現している．温州農村の家内作業場にせよ，韓村河の建築隊にせよ，国の経済発展の趨勢に合わせることによって市場で有利な地位を占めることができた．そうでなければ，迅速な発展は非常に難しい．農村産業の優位性は労働力コストが相対的に低いということであり，地元で発展を図る場合の難点は市場の開拓である．しかし中国の労働市場の流動化は日増しに強まり，商品流通の発達は農村産業が発展する良い契機となりうる．農村産業は地元の労働力と立地の優位性を生かし，特定の商品や産業によって外部に向けて市場を開拓すれば，その後は雪玉を転がすように規模の拡大を図ることができるだろう．最終的には作業場から企業への転換を実現し，サプライチェーンも次第に整備され，労働力需要は増大して，産業集積の効果により農村の都市化が推進される．

第3に，農村産業化モデルは，最終的に都市に依存しなければならない．農村は農村産業の発祥地だが，都市こそが農村の拠り所や受け皿になりうる．都市は農村産業化に対して資源・通信・財政・公共サービスなど基本的なサービスのプラットフォームを提供できる．また，立地，技術，財力，交通，文化などの面で優位性を持つため，農業の大規模経営を可能にするような特定の条件を作ることができる．たとえば，山東省威海市には60平方キロに1つの割合で，加工業が密集して交通通信が比較的に便利な建制鎮があり，これらの小都市の勃興は地域の産業化進展に重要な役割を果たしている[11]．都市は農村人口を受け入れ，人口が多く土地が少ないという農村の矛盾を効果的に解決し，農産物の需要を拡大し，農業の産業構造を最適化し，農業分野の先進的企業の発展と強化に役立つ．そのほか，農村都市化は都市の物質と文明の流入を推進し，農民の生産様式と生活様式を変化させる．これらはいずれも農民の伝統的な郷土意識の転換に役立ち，現代的な公民を創造する基盤を作る．農村都市化と農村産業化は不可分であり，相互促進，協調発展，都市と農村の資源の合理的配置と活用や等価交換に役立つとともに，資源の優位性を経済の優位性へ転換さ

せることにも役立つ．実際には，都市化推進の基盤は都市経済と農村経済との整合補完である．先進国でも発展途上国でも都市化の実践が証明しているのは，都市化と産業化のバランスのとれた運営が都市と農村の二重経済の対立を解消し，都市と農村の格差を縮小させ，相互作用，相互交流，相互補完という良好な運営と調和のとれた発展の実現に役立つということである．

第 3 篇　多元的都市化と都市社会の変化

第11章
都市化過程における人口移動の実証分析

　都市化の水準向上は，都市人口の総人口に対する割合の上昇，住民の資質の向上，都市規模の空間的拡大，市・鎮の数の継続的な増加などにあらわれている．中国は現在，まさに都市化の急速な発展期にあたり，かつてない大規模な人口移動が生じて，都市のインフラ整備や公共サービス，社会管理などの面で厳しい課題に直面している．堅実で秩序ある人口移動を実現するには，地域に即した都市化発展モデルが必要であり，中国の「流動人口」の現状，特徴，法則，移動過程の問題点などを十分に検討し，「多元的都市化」の枠組みの下で人口移動のモデルと基本的趨勢を予測しなければならない．

　本章では，まず戸籍人口の変化に着目し，全国と都市という2つのレベルから，中国の都市化過程における人口移動の現状を考察する．全国レベルでは農村から都市への人口移動の分析に焦点をあて，都市レベルでは規模と地区が異なる都市における純転入者数の現状分析に焦点をあてる．また，2005年の全国1％人口抽出調査の結果に基づいて，都市化過程における流動人口の状況を分析し，とくに規模や地区が異なる都市における流動人口の特徴に重点を置いて検討する．最後に，中国の都市化過程における中小規模の都市の発展状況を分析し，今後の都市化過程では中小都市の役割を重視すべきだと提起する．

1　中国都市化の進展と趨勢[訳注1]

(1)　データの出所と処理

　『中国統計年鑑2001』『同2011』の関連データ[訳注2]から，1990-2010年の中国の都市化率の推移と，農村から都市への移動者数が算出できる（表11-1）．

表 11-1 都市化率の推移と農村から都市への移動者数 (1990-2010 年)

年	都市化 都市化率 (%)	都市化 上昇率 (%)	都市人口 (万人) 総人口	都市人口 (万人) 人口増加	自然増加率 (‰)	自然増加 人口 (万人)	自然増加 寄与率 (%)	農村から都市への純転入 人口 (万人)	農村から都市への純転入 寄与率 (%)
1990	26.41	0.76	30,195	655	10.43	308.10	47.04	346.90	52.96
1991	26.94	2.01	31,203	1008	9.99	301.65	29.93	706.35	70.07
1992	27.46	1.93	32,175	972	9.70	302.67	31.14	669.33	68.86
1993	27.99	1.93	33,173	998	9.38	301.80	30.24	696.20	69.76
1994	28.51	1.86	34,169	996	9.60	318.46	31.97	677.54	68.03
平均値		1.70		926		306.54	34.06	619.26	65.94
1995	29.04	1.86	35,174	1005	9.23	315.38	31.38	689.62	68.62
1996	30.48	4.96	37,304	2130	8.82	310.23	14.57	1819.77	85.43
1997	31.91	4.69	39,449	2145	8.94	333.50	15.55	1811.50	84.45
1998	33.35	4.51	41,608	2159	8.36	329.79	15.28	1829.21	84.72
1999	34.78	4.29	43,748	2140	7.67	319.13	14.91	1820.87	85.09
平均値		4.06		1916		321.61	18.34	1594.19	81.66
2000	36.22	4.14	45,906	2158	7.58	331.61	15.37	1826.39	84.63
2001	37.66	3.98	48,064	2158	6.95	319.05	14.78	1838.95	85.22
2002	39.09	3.80	50,212	2148	6.45	310.01	14.43	1837.99	85.57
2003	40.53	3.68	52,376	2164	6.01	301.77	13.95	1862.23	86.05
2004	41.76	3.03	54,283	1907	5.87	307.45	16.12	1599.55	83.88
2005	42.99	2.95	56,212	1929	5.89	319.73	16.57	1609.27	83.43
平均値		3.60		2061		311.60	15.17	1749.60	84.83
2006	44.34	3.15	58,288	2076	5.28	296.80	14.30	1779.20	85.70
2007	45.89	3.49	60,633	2345	5.17	301.35	12.85	2043.65	87.15
2008	46.99	2.40	62,403	1770	5.08	308.02	17.40	1461.98	82.60
2009	48.34	2.88	64,512	2109	4.87	303.90	14.41	1805.10	85.59
2010	49.95	3.33	66,978	2466	4.79	309.01	12.53	2156.99	87.47
平均値		3.05		2153		303.82	14.30	1849.38	85.70

(出所)《中国統計年鑑 2001》《中国統計年鑑 2011》.

訳注1〕 本章で挙げた年鑑の人口データは戸籍人口であり,常住人口ではない.そのため,本節で定義した都市化における人口移動は,戸籍人口でとらえた狭義の人口移動である(第10章の原注は引用文献よりも本文を補足する注が多いので,これを脚注に移した.訳注4, 10, 11を除いて,原注の翻訳である).

訳注2〕 関連の都市統計資料には,香港,マカオ,台湾とチベットは含まれていない.

また,「都市人口の自然増加数」を「前年末の都市人口に当年の都市人口の自然増加率を乗じたもの」と定義し,「都市人口の新規増加数から自然増加数を差し引いた人数」を「農村から都市への純転入者数」とみなし,「自然増加の寄与率」を「都市人口の自然増加数」が「都市人口の新規増加数」に占める割合と定義し,「農村から都市への純転入の寄与率」を「農村から都市への純転入者数」が「都市人口の新規増加数」に占める割合と定義する[1]．

表11-1における「都市化率」の出所は『中国統計年鑑2011』,1990-99年の都市人口の自然増加率の出所は『同2001』であり,2000年以降の都市人口の自然増加率については関係データがないため,『中国統計年鑑2011』における各年の全国の自然増加率で代替した．学界の一般的認識と中国の実情からすると,通常は都市人口の自然増加率は農村を含む全国平均を下回るので,実際には表11-1の数値より小さいはずである．その他のデータは,前述の定義に基づいて算出されたものである．

(2) 中国の都市化進展の特徴と趨勢

表11-1から,以下の結論を得ることができる．

第1に,都市化率の上昇速度は比較的に速いが,近年は鈍化する趨勢にある．中国の都市化率は,1981年の20.16％から1996年の30.48％へと10.32ポイント上昇して,年平均0.688ポイントの伸びとなった．つまり,20％から30％へと増加するのに,15年間かかったことになる．また,2003年には,40.53％に達して年平均1.44ポイントの伸びで,30％から40％になるのに7年間かかっている．2010年には既に50％に近付いて49.95％に達しており,2003-10年は年平均1.35ポイントの伸びである．これらのデータをみれば,中国の都市化率は30％に達したあと成長速度が比較的高い水準を維持しており,これは世界各国の都市化の一般的傾向に合致していると考えられる．

中国の都市化過程で,都市化率の上昇速度が最も速かったのは1990年代の末期であり,1996-2000年の上昇率は毎年4％を超えて年平均4.5％の伸びであった．都市化率の絶対値をみると,1995年末から2000年末までの年平均1.436ポイントの伸びは,1981-1996年の年平均0.688ポイントを大きく上回っている．しかし,21世紀に入ると都市化率の上昇速度が徐々に鈍化し,

2001-05年には，年平均上昇率が3.49％で，都市化率が年平均1.354ポイントの伸びであったのに対して，2006-10年には，それぞれ3.05％の成長率と1.121ポイントの伸びにとどまった．

図11-1は2000-10年の都市化率の相対上昇率（年間上昇率）と絶対速度（都市化率の年間増加量）との対比図である．この図から直観的にみて取れるのは，全体的に相対上昇率も絶対速度も鈍化する傾向にあるが，2008年以降は回復する傾向がみられることであろう．

表11-1の第2の結論は，農村から都市への純転入人口，都市新規増加人口，都市人口の増加に対する農村からの純転入の寄与率は，21世紀最初の5年間に低下傾向をみせたが，そのあと数年は持ち直しているということである．

都市人口は2000年の4億5906万人から2005年の5億6212万人へと増加し，新規増加人口は年平均2061万人で90年代の1420.80万人を上回っているが，直前の1996-99年の年平均2143.50万人より少ない．2000年から2005年まで，新規増加人口は次第に減少する傾向にあり，2158万人から1929万人まで減少した．しかし，2006年以降は再び増加し，2008年を除いて，2007-10年に都市人口の新規増加数は年平均2100万人を超え，とりわけ2010年には2466万人まで達し，過去最高を記録した．

2000-05年には，農村から都市への純転入人口は年平均1749.60万人で，

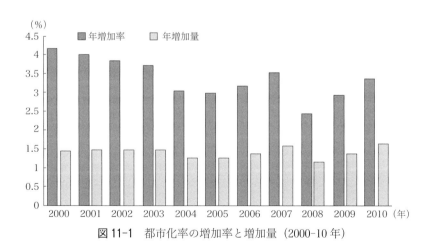

図11-1　都市化率の増加率と増加量（2000-10年）

1990年代の1106.73万人を上回ったが,直前の1996-99年の年平均1820.34万人より少ない.2000年から2005年まで,純転入人口は次第に減少する傾向にあり,1826.39万人から1609.27万人へと減少した.前述の新規増加人口と同様に,純転入人口も2006年以降再び増加し,2008年を除いて,2007-10年にはいずれも1800万人以上となっており,そのうち2007年と2010年はともに2000万人を超えている.

新規増加人口に対する純転入人口の寄与率は,2000-05年に84.63%から83.43%へと低下したが,2006年以降は再び84%以上になり,とくに2010年は87.47%に達した.中国の都市化率上昇の主要因は農村からの純転入人口であり,都市人口の自然増加率の低下に伴って,さらにその傾向が強まるだろう.純転入人口の寄与率は,1995-99年の平均が81.66%で,2000-05年には84.83%,2006-10年には85.70%である.21世紀に入ると人口高齢化が一貫して加速し,また都市人口の自然増加率が実際には全国平均の自然増加率を下回るという状況を考慮すれば,上述の転入人口の寄与率は実際にはさらに高い数値になるはずである.

図11-2は,2000-10年の都市化率と,農村から都市への純転入人口の推移を棒グラフにしたものである.この図から,2000年以降,中国の都市化率は年を追って上昇しているが,農村から都市への純転入人口は2006年まで下降する趨勢をみせ,2006年以降に再びやや強く上昇に転じたことがわかる.

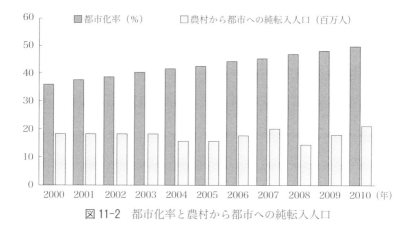

図11-2 都市化率と農村から都市への純転入人口

2 都市化過程における都市への人口移動の状況

(1) データの出所と処理

『中国都市統計年鑑（中国城市統計年鑑）』(1999-2009) の関連データ[訳注3]に基づき，各年の地級市[訳注4]以上の都市[訳注5]を標本として，各都市を年末時点の規模別[訳注6]・地区別に分類し，純転入人口と，純転入人口の寄与率，純転入率を計算した．そのうち，「純転入人口」は「都市の新規増加人口[訳注7]と都市人口の自然増加数との差」，「純転入人口の寄与率」は「都市の新規増加人口」に占める「純転入人口」の割合，「純転入率」は「都市の総人口」に占める「純転入人口」の割合と定義する．実際には，都市の行政区画の変更によって，都市人口の統計にかなり大きな変動が生じると考えられる．この要因の影響を避けるため，データ処理にあたって，人口が前年度比30％以上増加した都市を対象外とした．また，分析の統一性を確保するために，暦年データの不揃いな都市も標本の対象外とした[2]．そのため，実際の分析に使われた 1999-2008年の中国の地級市およびそれ以上の都市の数はそれぞれ，222，231，254，252，255，278，270，279，267，266である．規模別・地区別の標本数はそれぞれ表11-2と表11-3を参照されたい．

(2) 都市への人口移動の特徴

表11-2のデータを，移動人口の転入先である都市の側からみると，2000年

訳注3〕《中国城市統計年鑑2010》は市轄区の非農業人口の状況を掲載していないので，分析の対象としない．

訳注4〕第1章訳注6を参照されたい．

訳注5〕各年の《中国城市統計年鑑》には県級市の非農業人口への言及がなく，県級市の非農業人口の自然増加率のデータもないため，県級市は分析の対象としない．

訳注6〕都市市街地の非農業人口の規模に基づき，超大都市は人口200万，特大都市は100万〜200万，大都市は50万〜100万，中等都市は20万〜50万，小都市は20万以下として分類した．以上は本章に関する原書の基準だが，一般的な都市規模については，第2章訳注5も参照されたい．

訳注7〕本節では，都市化の実態をより正確にあらわすため，都市の区画と職業別の特徴に基づいて，都市人口を「市轄区における非農業人口」と定義する．

第 11 章 都市化過程における人口移動の実証分析

表 11-2 都市規模別にみた純転入の状況 (1999-2008 年)

都市規模		1999 年	2000 年	2001 年	2002 年	2003 年	2004 年	2005 年	2006 年	2007 年	2008 年
超大都市	都市への純転入人口 (万人)	149.93	182.73	161.52	319.94	213.71	305.83	361.67	286.50	291.84	193.30
	純転入人口の寄与度 (%)	98.89	97.81	98.50	98.59	99.12	98.15	97.70	97.57	95.92	95.87
	純転入率 (%)	2.79	3.85	3.03	6.76	3.67	4.30	5.66	3.76	3.34	2.25
	市街地の非農業人口 (万人)	5021.30	5207.50	5370.00	6080.10	6882.19	8012.88	8209.10	8502.36	9007.95	9209.58
	標本数 (個)	13	13	13	15	18	20	20	20	21	21
特大都市	都市への純転入人口 (万人)	60.04	94.77	126.27	183.70	124.55	70.25	143.26	125.16	91.52	36.45
	純転入人口の寄与度 (%)	95.79	94.04	95.22	95.19	96.92	97.12	95.60	95.34	95.45	95.28
	純転入率 (%)	1.93	2.86	3.81	5.16	4.15	1.95	4.08	2.89	2.18	0.91
	市街地の非農業人口 (万人)	3153.10	3349.44	3536.50	3849.00	3433.57	3673.87	4006.40	4489.19	4114.14	4097.02
	標本数 (個)	24	25	26	28	26	27	29	32	30	29
大都市	都市への純転入人口 (万人)	55.95	83.70	108.32	107.66	133.83	113.71	85.91	-258.68	2.51	48.76
	純転入人口の寄与度 (%)	95.18	93.52	94.97	95.47	96.17	95.49	95.71	95.58	95.22	95.29
	純転入率 (%)	1.70	2.48	3.38	3.26	4.08	2.47	1.99	0.98	0.37	1.19
	市街地の非農業人口 (万人)	3289.30	3530.38	3677.30	3751.70	3824.67	4842.61	4796.80	5368.84	4760.01	4949.09
	標本数 (個)	49	53	57	58	58	72	70	78	70	71
中等都市	都市への純転入人口 (万人)	38.71	80.74	100.01	107.11	97.94	95.08	57.88	68.60	45.72	54.36
	純転入人口の寄与度 (%)	94.00	92.56	94.46	94.74	94.70	94.63	94.82	93.46	93.34	93.60
	純転入率 (%)	1.39	2.32	2.66	3.04	2.89	2.66	1.67	2.21	1.54	1.71
	市街地の非農業人口 (万人)	3734.10	3830.20	3943.90	3836.30	3667.05	3668.82	3450.70	3514.00	3525.54	3568.82
	標本数 (個)	112	116	124	119	113	114	107	106	107	107
小都市	都市への純転入人口 (万人)	-48.92	-18.04	3.66	18.37	10.77	-304.14	-326.86	-146.15	15.99	11.28
	純転入人口の寄与度 (%)	92.72	89.03	93.79	94.07	94.23	92.55	93.14	92.79	91.92	92.19
	純転入率 (%)	-4.92	-0.30	1.42	3.99	1.97	-6.68	-0.65	-2.07	3.13	2.00
	市街地の非農業人口 (万人)	342.00	365.37	510.20	487.70	578.26	564.02	594.40	570.05	548.74	541.52
	標本数 (個)	24	24	34	32	40	45	44	43	39	38

(出所)《中国城市統計年鑑》1999-2009.

以降の中国の人口移動には規模別・地区別に以下のような特徴がみられる．

まず規模別にみると，都市の規模が大きくなるほど転入者数が多くなり，同時に都市人口の増加に対する転入人口の寄与率も高くなる．純転入率をみると，ほとんどの年で，相対的に規模の大きな都市の純転入率が，小さな都市を上回るという特徴がみられる．純転入率が最も高いのは 2002 年の超大都市の 6.76％であり，最も低いのは 2004 年の小都市の −6.68％である．

また，図 11-3 から都市規模別の純転入率の推移がはっきりわかる．ほとんどの年で，超大都市の純転入率が最も高く，小都市が最も低い．規模の異なる都市の間では，基本的に都市の規模が大きいほど，純転入率が高くなる傾向がみられる．留意すべきなのは，超大都市，特大都市，小都市では純転入率の変動が比較的大きく，しかもグラフの形状もほぼ同じだという点である．このことは，この 3 者の間に何らかの内在的な関連性がある可能性を示唆している．

また表 11-2 から，1999-2003 年と 2004-08 年の都市規模別の平均純転入率を計算し，図 11-4 に示した．2 つの時期の平均純転入率も，上述のように，都市の規模が大きいほど純転入率が高くなる傾向がみられる．1999-2003 年には，超大都市，特大都市，大都市の平均純転入率はそれぞれ 4.02％，3.58％，2.98％であるのに対して，中等都市と小都市はそれぞれ 2.46％と 0.43％である．一方，2004-08 年には，超大都市，特大都市，大都市の平均純転入率はそれぞれ 3.86％，2.40％，1.40％であるのに対して，中等都市と小都市はそれぞれ

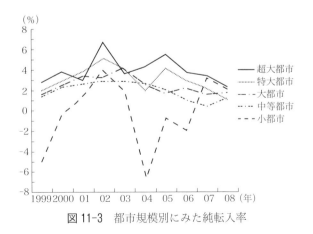

図 11-3　都市規模別にみた純転入率

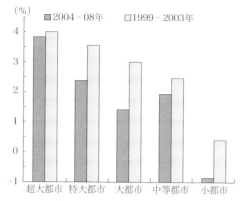

図 11-4　1999-2003 年と 2004-08 年の都市規模別の純転入率の比較

1.96％と -0.85％である．

　純転入率が高いということは，都市人口1単位当たりの転入人口が多いということだから，都市人口が多くなるほど，転入人口の絶対量の増加はさらに大きくなる．図11-4 からわかるように，1999-2003 年に比べて，2004-08 年には都市規模別の平均純転入率がある程度低下している．つまり，都市の総人口に占める純転入人口の割合が低下する傾向を示している．また，小都市と大規模な都市の間で平均転入率にかなり大きな差があり，小都市は外来人口の吸引力が乏しいことが明らかである．それどころか，2004-08 年には小都市からの転出人口が多く，その平均転入率は -0.85％になっている．そして，都市規模別の純転入率の標準偏差は，1999-2003 年の 1.40 に対して，2004-08 年は 1.72 である．これは，1999-2003 年には規模の違いにかかわらず都市の発展は均衡していたが，2004-08 年になると都市の規模によって外来人口の吸引力の違いが大きくなり，超大・特大都市と中小都市との格差が一貫して拡大していることを示す．

　そして，図 11-5 で都市人口の増加に対する純転入人口の寄与率をみると，1999-2008 年には，都市の規模が大きいほど新規増加人口に占める純転入人口の割合が高くなり，転入人口の寄与率が高くなっていることがわかる．超大都市の寄与率は一貫して最も高く，最大値は 2003 年の 99.12％である．一方，小都市は一貫して最も低く，最小値は 2000 年の 89.03％である．都市規模別

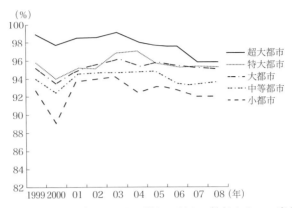

図11-5 都市規模別にみた人口増加に対する純転入人口の寄与率

に寄与率の推移をみると，2003年以前はほぼ同じ動きで，全部上昇傾向を示している．これに対して2003年以降は，超大都市の寄与率は明らかに減少傾向になっているが，その他の都市は横ばいである．

図11-6に示した1999-2003年と2004-08年の都市規模別の純転入人口の平均寄与率をみると，1999-2003年には超大都市が98.58％，特大都市が95.43％，大都市が95.06％，中等都市が94.09％，小都市が92.77％である．一方，2004-08年には超大都市が99.12％，特大都市が97.12％，大都市が96.17％，

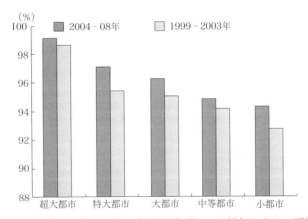

図11-6 1999-2003年と2004-08年の都市規模別にみた純転入人口の平均寄与率の比較

中等都市が94.82%，小都市が94.23%である．これらのデータから，都市の規模が大きいほど人口の自然増加率は低下する傾向がみられ，都市人口の増加に対する転入人口の作用が大きくなっている．とくに，超大都市の純転入人口の寄与率は明らかにその他の規模の都市を上回っており，1999-2003年と2004-08年の年平均寄与率はいずれも98.5%を超えた．これは，超大都市の人口増加が，すでに外来人口の転入に完全に依存していることを示している．

図11-7が示すように，1999-2008年に標本とした都市のうち，純転入人口がマイナスだった中小都市の数は，それぞれ13，17，11，10，15，27，26，16，14，15であり，なかでも中等都市が最も多い．他方，超大・特大都市の数はそれぞれ，1，0，2，4，4，3，4，5，4，5である．このうち，超大都市は広州（2003年），成都と武漢（2006年），瀋陽（2007年），長春とハルビン（2008年）だけである．これらのことから，中小都市は転入率が低く，場合によっては人口の純転出元であり，これに対して超大・特大都市は毎年数多くの転入人口を吸収していることがわかる．

次に地区別にみると，東部・西部地区にある都市の純転入率は，中部・東北地区の都市を上回っている．表11-3に示すように，地区別[訳注8]の純転入率をみると，多くの年で東部地区の都市の純転入率が最も高く，東北地区は最も低

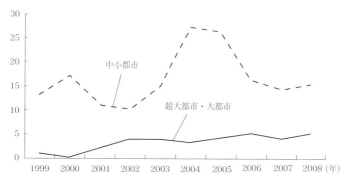

図11-7　都市規模別にみた純転入人口がマイナスの都市数（1999-2008年）

訳注8〕　第11次五カ年計画や一般的な分類法を参考にして，本章では中国の都市の属する区域を東部・中部・西部・東北という4大地区に分けた．東部には，北京・

いことがわかる．純転入率が最も高いのは 2002 年の東部の 6.32％，最も低いのは 2004 年の中部の -1.01％である．

図 11-8 を地区別にみると，基本的に東部と西部の都市の純転入率がやや高く，中部がやや低く，東北が一番低い，という傾向がみられる．留意すべきなのは，東部・西部・中部では純転入率の変動が大きいが，東北ではかなり小さいという点である．これは，東北地区が都市発展の活力に欠けることを反映している．

表 11-3 から，1999-2003 年と 2004-2008 年の地区別の平均純転入率を算出したものが，図 11-9 である．この 2 つの時期の 5 年平均純転入率にも，上述のような傾向があらわれている．つまり，どちらの時期も東部と西部にある都市の純転入率が高く，中部がやや低く，東北が最も低いということである．1999-2003 年には東部・西部がそれぞれ 3.71％，2.51％，中部が 1.99％，東北が 1.25％で，2004-2008 年には東部・西部がそれぞれ 1.55％，2.31％，中部が 1.02％，東北が 0.93％である．

図 11-9 では，1999-2003 年に比べて，2004-08 年の平均純転入率がある程度下がっている．これは，この時期にそれぞれの地区で，都市の総人口に占める

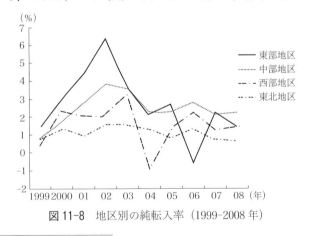

図 11-8 地区別の純転入率（1999-2008 年）

天津・河北・上海・江蘇・浙江・福建・山東・広東・海南が含まれる．中部には，山西・安徽・江西・河南・湖北・湖南が含まれる．西部には，内蒙古・広西・重慶・四川・貴州・雲南・西蔵・陝西・甘粛・青海・寧夏・新疆が含まれる．東北には，遼寧・吉林・黒竜江が含まれる．

第 11 章 都市化過程における人口移動の実証分析

表 11-3 地域別にみた純転入の状況（1999-2008 年）

地域別		1999 年	2000 年	2001 年	2002 年	2003 年	2004 年	2005 年	2006 年	2007 年	2008 年
東部地域	都市への純転入人口（万人）	135.45	241.14	293.02	451.95	262.01	177.36	56.90	-247.38	304.21	164.63
	純転入人口の寄与度（％）	94.48	93.11	95.00	95.32	96.14	95.29	95.21	94.92	94.94	94.26
	純転入率（％）	1.45	2.91	4.31	6.32	3.57	2.10	2.67	-0.66	2.18	1.46
	市街地の非農業人口（万人）	6551.60	6854.35	7007.70	7461.30	7423.23	9517.84	9505.60	10342.20	9475.40	9789.02
	標本数（個）	79	80	82	73	68	83	77	84	68	69
中部地域	都市への純転入人口（万人）	64.04	78.77	95.14	93.02	135.69	-69.76	70.63	47.56	47.53	60.22
	純転入人口の寄与度（％）	94.17	91.71	94.09	94.43	94.38	94.37	94.14	92.91	92.79	93.28
	純転入率（％）	0.37	2.33	2.00	2.01	3.25	-1.01	1.26	2.20	1.25	1.40
	市街地の非農業人口（万人）	3305.50	3535.89	3883.00	4117.00	4343.57	4192.27	4276.90	4595.21	4787.21	4851.37
	標本数（個）	60	64	77	79	80	79	75	79	81	81
西部地域	都市への純転入人口（万人）	37.14	63.17	84.55	154.14	144.10	113.44	163.53	186.31	96.88	97.33
	純転入人口の寄与度（％）	93.91	92.32	94.20	94.59	94.64	94.02	94.48	93.87	92.99	93.32
	純転入率（％）	0.78	1.64	2.77	3.81	3.57	2.22	2.29	2.75	2.08	2.22
	市街地の非農業人口（万人）	2893.40	3061.13	3259.60	3500.30	3653.42	4026.35	4218.00	4387.79	4528.55	4538.10
	標本数（個）	50	54	61	66	73	82	84	83	84	82
東北地域	都市への純転入人口（万人）	19.07	40.82	27.06	37.68	38.99	59.69	30.79	88.95	-1.04	21.96
	純転入人口の寄与度（％）	96.75	95.43	96.78	97.17	98.71	98.21	98.33	98.46	97.99	98.49
	純転入率（％）	0.83	1.35	0.94	1.55	1.56	1.25	0.81	1.31	0.69	0.60
	市街地の非農業人口（万人）	2789.30	2831.52	2887.50	2926.20	2965.52	3025.74	3056.90	3119.24	3165.22	3187.54
	標本数（個）	33	33	34	34	34	34	34	33	34	34

（出所）《中国城市統計年鑑》1999-2009.

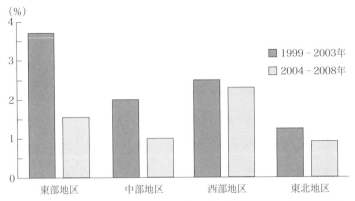

図 11-9 1999-2003 年と 2004-08 年の地区別平均純転入率の比較

純転入人口の割合が減少傾向に転じたことを意味している．とくに東部と中部の下げ幅が大きく，それぞれ 2.16 ポイントと 0.97 ポイント低下した．これに対して，西部と東北の下げ幅は小さく，とりわけ西部は 2004-08 年に外来人口の吸引力がかなり強くなった．また純転入率の標準偏差は，1999-2003 年には 1.04，2004-08 年には 0.63 であった．1999-2003 年には，地区によって外来人口の吸引力にやや大きな違いがあり，東部地区は明らかにその他の地区より強かった．一方，2004-08 年には各地区の都市が同じように成長したため，西部と中部の吸引力も強くなっている．

図 11-10 で，都市人口の増加に対する純転入人口の寄与率をみると，1999 から 2008 年では東北地区の寄与率が最も高く，最高は 2003 年の 98.71％である．次に高いのが東部，一番低いのは中部と西部で，最低が 2000 年の中部地区の 91.71％である．また，この寄与率の推移からみれば，2003 年までは四つの地区の変動はほとんど同じパターンで，いずれも上昇傾向をみせていたが，2003 年以降は，東部・西部・中部が減少傾向であるのに対して，東北地区は横ばいとなった．

1999-2003 年と 2004-08 年の地区別の純転入人口の平均寄与率を図 11-11 でみると，1999-2003 年には東北が 96.99％と最も高く，東部が 94.81％，西部が 93.93％，最も低い中部が 93.76％である．一方 2004-08 年には，東北が 98.30％で依然として最も高く，東部が 94.92％，西部が 93.74％，最も低い中部が

第11章 都市化過程における人口移動の実証分析

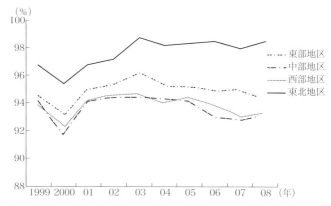

図11-10 地区別の都市人口増加に対する純転入人口の寄与率（1999-2008年）

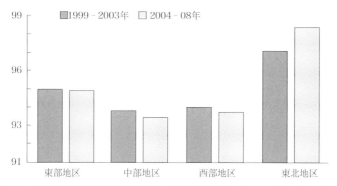

図11-11 1999-2003年と2004-08年の地区別純転入人口の平均寄与率の比較

93.50％である．これらのデータは，東北地区と東部地区では人口の自然増加率が低下する傾向にあるため，人口増加に対して転入人口がより重要な作用を及ぼしたことを示す．とくに東北地区では純転入人口の寄与率が他の地区を大きく上回り，2つの時期とも97％を超えている．これは，東北地区の都市の人口増加が外来人口の転入にかなり依存していることを意味する．

3　都市化過程における人口移動の状況

　以上，戸籍人口の変化を示すデータを使って，規模別と地区別に，都市化過程における人口吸引の状況を分析した．分析の結果，2000年以降に中国の人口移動には以下の特徴がみられることがわかった．1つは，都市の規模が大きいほど，転入人口の吸引力が大きくなり，都市人口の増加に対する転入人口の寄与率も高くなることである．もう1つは地区別にみると，東部・西部地区は転入人口の吸引力がやや高く，中部地区はやや低く，東北地区は最も低い，という趨勢がみられることである．

　ただし，戸籍人口の変化から都市化をとらえるのは，少々視野が狭いことを認めなければならない．改革開放以来，中国の都市化の過程で際立った社会現象の1つは，「人戸分離」（現住地と戸籍地が分離）した流動人口が大量に発生したことである．2000年に行われた第5回人口センサスでは，戸籍登録地から半年以上離れている流動人口が，全国で1億人を超えたという[3]．2005年全国1％人口抽出調査（以下，2005年抽出調査と略す）の結果によると，2005年11月時点で，全国の流動人口が1億4700万人以上になった[4]．また，2010年の第6回人口センサスでは，全国の流動人口[訳注9]が261,386,075人に達し，2000年に比べて1億1700万人，81.03％も増加した[5]．これらのデータは，中国の都市化進展の加速に伴い，流動人口が大幅に増加しており，無視できない重要な部分となったことを示している．本節では，規模別・地区別の視角から，都市化の過程における流動人口の状況を分析し，前節で述べた戸籍人口に基づく転出入の分析も確認しながら，中国の都市化の過程における人口移動の特徴と課題をさらに分析していきたい．

(1)　データの出所と処理

　2005年抽出調査は，中国の人口移動状況を示すものとしては，入手可能で

訳注9]　居住地と戸籍登録地がそれぞれ所在する郷・鎮・街道が一致せず，しかも戸籍登録地から半年以上離れた人口を指している．

最新かつ最も包括的な資料である[訳注10]．この節では，段成栄ほか［2008］と郭志剛［2010］で流動人口を分析する際に用いられた定義と方法を参照し，「流動人口」を「調査時点の居住地（調査項目R7）は調査対象となった住宅地区だが，戸籍登録地（調査項目R6）は当該郷・鎮・街道ではなく」，同時に「市街地（市区）の『人戸分離』人口を除外した」人口とする[6]．また，2005年抽出調査には，調査対象者の居住する都市の総人口などの情報がないため，『2006年中国都市統計年鑑（2006年中国城市统计年鉴）』を使い，関連データを補足した．

(2) 人口移動の特徴についての分析

① 地区別にみた人口移動の特徴

2005年抽出調査によると，全国の流動人口のうち省間移動は4779万人だが，流動人口総数は1億4700万人を超えている[7]．このことは，中国における人口移動のパターンが，主に省内における移動であることを示している．地区別に転入人口を分析しても，表11-4に示されるように，4地区とも省内移動の割合が50％以上と相対的に高かった．そのうち，中部地区と東北地区の割合はいずれも70％以上になった．他方，省間移動については，東部地区が48.98％と最も高く，その他の3つの地区を大きく上回った．これに対して，中部地区の転入人口のうち省間移動はわずか8.97％である．

表11-4 地区別にみた転入人口の移動パターン

単位：％

	市内県間移動	省内市間移動	省間移動	合計
東部地区	37.79	13.22	48.98	100.00
中部地区	76.13	14.89	8.97	100.00
西部地区	65.47	17.04	17.49	100.00
東北地区	70.99	15.58	13.43	100.00
合計	51.85	14.42	33.74	100.00

（出所）2005年全国1％人口抽出調査データより筆者作成．

[訳注10] 原文の執筆時点では2005年調査が最新だったが，その後2015年にも実施されている．

表 11-5 で省別にみると，流動人口は主に広東省や江蘇省，浙江省など経済発展している地域に集中しており，流動人口の総数に占める割合はそれぞれ 18.57％，7.24％，7.17％である．広東省は省間移動の 33.30％を占めて最も高いが，省内の人口移動も活発で，省内の市境を跨ぐ移動（市間移動）の

表11-5 省（自治区・直轄市）別にみた転入人口の移動パターン

単位：％

	市内県間移動	省内市間移動	省間移動	合計
広東	7.29	24.71	33.30	18.57
江蘇	5.61	10.04	8.54	7.24
浙江	5.04	3.25	12.12	7.17
山東	6.52	5.85	2.42	5.04
福建	4.44	5.15	5.74	4.98
上海市	3.01	0.43	9.32	4.77
遼寧	5.99	3.46	2.08	4.31
四川	5.47	5.12	1.11	3.95
北京市	2.99	0.14	6.71	3.84
河北	4.66	1.55	1.52	3.15
内蒙古	3.96	3.46	1.44	3.04
湖北	4.16	3.92	0.89	3.02
安徽	4.52	2.97	0.67	3.00
湖南	4.33	3.36	0.60	2.93
河南	3.67	2.83	0.60	2.52
黒竜江	3.02	4.40	0.68	2.43
雲南	2.54	3.44	1.62	2.36
山西	2.76	1.77	0.86	1.97
江西	3.17	1.05	0.48	1.95
広西	2.54	2.57	0.67	1.91
吉林	2.63	1.33	0.62	1.77
陝西	2.21	1.77	0.77	1.66
貴州	2.12	1.73	0.76	1.61
重慶	2.17	1.37	0.69	1.55
新疆	1.24	1.25	2.08	1.53
天津	1.23	0.07	2.30	1.42
甘粛	1.19	1.01	0.31	0.87
海南	0.65	0.96	0.56	0.66
寧夏	0.47	0.46	0.23	0.39
青海	0.36	0.47	0.24	0.33
チベット	0.07	0.12	0.07	0.08
合　計	100	100	100	100

(出所) 表 11-4 と同じ．

24.71%，市内の県境を跨ぐ移動（県間移動）の7.29%を占めている．このほか省間移動の割合が高いのは，浙江省，上海市，江蘇省であり，それぞれ12.12%，9.32%，8.54%である．この4つの地区で省間流動人口の63.28%を吸引しているが，これは転入地が経済発展の進んだ東南沿海部に集中していることを示す．一方，チベットや青海，寧夏など未発達の西部地区では，吸引した流動人口の総数でも類型別でも最も割合が低く，流動人口の総数に占める割合はそれぞれ0.08%，0.33%と0.39%にすぎない．

表11-6で転出人口の移動状況を地区別にみると，省間移動の割合が最も高いのは中部地区の73.80%で，次に高いのが西部地区の63.27%である．一方，東部地区は短距離の移動が中心で，省間移動の割合は26.48%と最も低い．

さらに表11-7で地区別の人口移動パターンを分析してみると，東部地区と東北地区の人口移動は，それぞれの地区内に集中していることがわかる．東部地区から転出した人口の93.78%が地区内の都市に転入し，東北地区では

表11-6 地区別にみた転出人口の移動パターン

単位：%

	市内県間移動	省内市間移動	省間移動	合計
東部地区	35.21	38.30	26.48	100.00
中部地区	15.10	11.10	73.80	100.00
西部地区	18.53	18.19	63.27	100.00
東北地区	34.67	27.04	38.29	100.00
合　計	23.84	22.80	53.36	100.00

(出所) 表11-4と同じ．

表11-7 地区間の人口移動パターン

単位：%

転出元	転入先				合計
	東部地区	中部地区	西部地区	東北地区	
東部地区	93.78	2.17	2.82	1.24	100.00
中部地区	66.31	28.60	4.37	0.71	100.00
西部地区	49.97	2.33	46.71	0.99	100.00
東北地区	23.51	0.81	2.27	73.41	100.00
合　計	66.86	10.75	15.81	6.59	100.00

(出所) 表11-4と同じ．

73.41％が地区内の都市に転入している．他方，中部地区の転出人口の多くは東部地区へ向かい，それが66.31％に達した．西部地区の事情はやや特別で，東部地区への移動が比較的多く49.97％だが，地区内の移動も46.71％にのぼっている．

省内移動が中国の人口移動の主要なパターンであることを考慮すると，流動人口の他省・他地区への転出に限定して把握するには，省内移動を差し引かなければならない．そこで省内移動を取り除いた表11-8をみると，ここでも東部地区が主要転出先であり，中部・西部・東北地区の省間流動人口は隣接の省へ転出せず，ほとんど東部地区へ移動していることがわかる．これに対して，東部地区では地区内で移動している．これは，急速な経済成長を遂げた東部地区が，流動人口に対する強い吸引力を持つことをあらわしている．注目すべきなのは，西部地区が省間移動の第2の目的地となっている点で，近年の西部地区の急速な発展によって相当な人数の流動人口を吸引したことを示している．

人口の転出元の省別でみると，江西省，重慶市，安徽省，河南省，湖南省などから移動した人口は省間移動が多く，それぞれ83.23％，80.27％，78.66％，77.46％，73.82％と高い．一方，省間移動の割合が低いのは広東省，上海市，北京市で，それぞれ6.25％，9.72％，11.57％である．そして，省間移動の転出元は分散しており，最も高いのは四川省の11.77％，続いて安徽省の11.73％，湖南省の9.4％，河南省の9.2％である．全国の省間流動人口に占める4地区の割合は，42.10％である．

関連データによれば流動人口は主に農村から転出し，農村戸籍の者が

表11-8　地区別にみた人口移動パターン（省内移動を除く）

単位：％

転出元	転入先				合計
	東部地区	中部地区	西部地区	東北地区	
東部地区	76.50	8.20	10.63	4.67	100.00
中部地区	89.85	3.25	5.93	0.97	100.00
西部地区	78.98	3.68	15.78	1.56	100.00
東北地区	61.40	2.11	5.92	30.57	100.00
合　計	82.53	4.10	9.99	3.38	100.00

（出所）表11-4と同じ．

第 11 章　都市化過程における人口移動の実証分析

表 11-9　省別にみた人口移動パターン

単位：%

	市内県間移動	省内市間移動	省間移動	合計
江西	11.37	5.39	83.23	100.00
重慶	10.08	9.65	80.27	100.00
安徽	12.83	8.51	78.66	100.00
河南	12.37	10.17	77.46	100.00
湖南	14.90	11.28	73.82	100.00
四川	12.73	13.69	73.59	100.00
貴州	15.03	11.44	73.53	100.00
広西	14.85	14.17	70.98	100.00
湖北	19.11	15.40	65.50	100.00
甘粛	17.62	19.26	63.13	100.00
陝西	24.75	19.50	55.75	100.00
河北	36.68	12.16	51.16	100.00
黒竜江	18.08	30.96	50.96	100.00
吉林	36.48	17.61	45.91	100.00
浙江	35.66	23.84	40.50	100.00
山東	28.67	33.72	37.61	100.00
チベット	15.24	48.57	36.19	100.00
青海	34.79	31.98	33.23	100.00
海南	28.03	38.83	33.15	100.00
江蘇	29.65	38.39	31.96	100.00
山西	37.79	30.41	31.80	100.00
雲南	34.88	33.60	31.52	100.00
寧夏	30.74	38.14	31.12	100.00
内蒙古	33.44	35.50	31.05	100.00
福建	36.19	34.37	29.44	100.00
新疆	35.61	39.81	24.58	100.00
天津	77.72	3.06	19.22	100.00
遼寧	52.88	28.30	18.82	100.00
北京市	86.05	2.38	11.57	100.00
上海市	84.12	6.16	9.72	100.00
広東	20.66	73.09	6.25	100.00

(出所) 表 11-4 と同じ．

60.1% であるのに対して，都市戸籍は 39.9% である．表 11-10 に示すように，省間流動人口では農村戸籍が 82.73% を占めているが，都市戸籍は 17.27% にとどまっている．また，農村戸籍のうち省間移動の割合は 46.40% だが，都市戸籍の場合はわずか 14.62% である．

　表 11-11 でこれを地区別にみれば，東部地区の吸引した人口は農村からの移

表 11-10　戸籍別にみた人口移動パターン

単位：%

	市内県間移動	省内市間移動	省間移動	合計
農村戸籍	41.74 (35.98)	73.51 (17.62)	82.73 (46.40)	60.15 (100.00)
都市戸籍	58.26 (75.80)	26.49 (9.58)	17.27 (14.62)	39.85 (100.00)
合計	100.00 (51.85)	100.00 (14.42)	100.00 (33.74)	100.00 (100.00)

(出所) 表 11-4 と同じ．

表 11-11　地区別にみた流動人口の戸籍

単位：%

	農村戸籍	都市戸籍	合計
東部地区	65.82	34.18	100.00
中部地区	50.14	49.86	100.00
西部地区	58.55	41.45	100.00
東北地区	43.93	56.07	100.00
合計	60.15	39.85	100.00

(出所) 表 11-4 と同じ．

動が主であり，農村戸籍人口の割合が 65.82％に達した．一方，東北地区と中部地区の吸引した流動人口のうち，都市人口の割合はそれぞれ 56.07％と 49.86％と比較的に高い．

移動の原因を分析すれば，この相違をさらに明らかにすることができる．各地区における転入人口は，いずれも出稼ぎ（务工経商[訳注11]）の割合が最も高いが，東部地区ではこれがその他の地区を大きく上回り，54.18％に達している．これに対して，東北地区の出稼ぎはわずか 22.33％で最も低い（表 11-12）．

また，流動人口の収入について，2005 年には，東部地区の流動人口の収入が他の地区より明らかに高く，月収が 796.24 元に達している．これに対して，中部，西部，東北は 400 元余りで大きな違いはなく，それぞれ 434.69 元，

[訳注11] 出稼ぎ農民（農民工）の就業形態をあらわす言葉で，単純労働や個人営業に従事することを指す．

表11-12 地区別にみた流動人口の移動原因

単位：%

	東部地区	中部地区	西部地区	東北地区	合計
出稼ぎ（务工经商）	54.18	25.99	30.04	22.33	42.48
転勤	1.92	4.88	4.02	2.41	2.82
新規採用	0.61	1.02	0.93	0.49	0.72
進学研修	2.87	5.69	4.23	2.71	3.55
立退き転居	8.88	11.65	9.61	20.15	10.41
結婚	6.45	11.04	12.78	12.05	8.86
家族に随伴	11.62	19.22	19.02	19.46	14.88
親戚・友人宅に寄留（投亲靠友）	7.08	8.54	9.70	11.84	8.22
企業・学校等に寄留（寄挂户口）	2.02	2.39	1.66	3.15	2.11
出張	0.26	0.41	0.46	0.17	0.31
その他	4.09	9.18	7.55	5.23	5.64
合計	100.00	100.00	100.00	100.00	100.00

(出所) 表11-4と同じ．

459.51元，417.56元である．

　流動人口はますます「流而不動（一度移動したら，移動先に常住するようになり，再度移動しない）」という状況が長期化する様相をみせている（表11-13）．中国国内における流動人口のうち，戸籍地を離れて5年以上たつ者が32.62％で3分の1近くを占め，3年以上5年未満は約16％，1年未満はわずか20.38％である．地区別にみれば，東北地区，西部地区，中部地区への転入人口は戸籍地を離れている期間が比較的に長く，たとえば東北では38.01％だが，東部地区は1年以上3年未満が主で32.79％を占めた．

　これは，経済が発展して都市が繁栄を遂げた東部地区は，新世代の流動人口を吸引する力が強く，一方で戸籍地を長く離れた流動人口が戸籍地の近くに戻って定住することも可能であることを意味している．戸籍地を5年以上離れた人口の移動パターンを表11-14でみると，各地区とも地区内の移動が多く50％を超えており，東北・西部・中部ではいずれも84％を超えている．東部・西部・東北からの転出先をみても，地区内が多く，それぞれ93.33％，54.81％，

表 11-13 転入人口が戸籍地を離れてからの期間（地区別）

単位：%

	1年未満	1年以上3年未満	3年以上5年未満	5年以上	合計
東部地区	19.99 (55.75)	32.79 (60.14)	16.45 (58.45)	30.76 (53.60)	100.00 (56.84)
中部地区	22.79 (17.21)	27.92 (13.87)	14.26 (13.72)	35.03 (16.53)	100.00 (100.00)
西部地区	20.07 (18.96)	30.13 (18.73)	16.00 (19.26)	33.80 (19.96)	(15.39) (100.00)
東北地区	19.38 (8.08)	26.49 (7.26)	16.13 (8.57)	38.01 (9.90)	(19.26) (8.50)
合計	20.38 (100.00)	30.99 (100.00)	16.00 (100.00)	32.62 (100.00)	100.00 (100.00)

(出所) 表 11-4 と同じ．

表 11-14 戸籍地を5年以上離れている人口の地区間移動パターン

単位：%

転入元	転出先				合計
	東部地区	中部地区	西部地区	東北地区	
東部地区	93.33 (50.86)	2.39 (6.68)	2.82 (5.39)	1.45 (5.62)	100.00 (33.61)
中部地区	58.23 (27.64)	35.75 (86.93)	5.36 (8.91)	0.67 (2.25)	100.00 (29.27)
西部地区	41.31 (18.19)	2.65 (5.97)	54.81 (84.56)	1.24 (3.86)	100.00 (27.15)
東北地区	20.44 (3.31)	0.51 (0.42)	2.02 (1.14)	77.03 (88.28)	100.00 (9.97)
合計	61.66 (100.00)	12.04 (100.00)	17.60 (100.00)	8.70 (100.00)	100.00 (100.00)

(出所) 表 11-4 と同じ．

77.03％である．ただし中部地区だけは他地区と違って，東部地区への転出割合が58.23％と相対的に高い．これらのデータは，流動人口が最終的に出身地近くに還流している可能性を裏付けている．

② 都市規模別にみた人口移動の特徴

表 11-15 に示すように，超大都市と特大都市は主に省間移動の人口を吸引している．中小都市の発展が市内県間移動の人口に依存しているのに対して，超大都市と特大都市への転入人口に占める省間移動の割合は，それぞれ 45.74% と 40.65% であり，いずれもその他の規模の都市を大きく上回っている．

省級行政単位（省・自治区・直轄市など）ごとにみれば，上海市・広東省・北京市・浙江省・天津市の流動人口では省間移動の占める割合が最も高く，それぞれ 66.00%，60.49%，59.02%，57.04%，54.59% である．一方，黒竜江省・江西省・河南省・安徽省・湖南省は，省内移動の割合が省間移動を大きく上回り，それぞれ 90.56%，91.76%，91.91%，92.49%，93.10% である．

地級市ごとにみると，省間移動の割合が高いのは，東莞市・嘉興市・中山市・深圳市・寧波市であり，それぞれ 85.17%，81.78%，79.51%，70.89%，67.16% である．これに対して，邵陽市・楡林市・周口市・南陽市・邯鄲市の人口移動は，市内区間移動が典型的であり，それぞれ 93.93%，92.97%，92.94%，91.90%，91.31% を占めている．

また表 11-16 で転入人口の戸籍の内訳をみると，都市規模にかかわらず農村戸籍の割合が相対的に高く，都市規模が小さくなるほど農村戸籍の割合が高くなる傾向をみせている．小都市の転入人口に占める農村戸籍の割合は 74.90% に達したが，都市戸籍の割合は 25.10% にすぎない．一方，特大都市の転入人口に占める農村戸籍の割合は 55.31% であり，都市戸籍の割合が 44.69% に達

表 11-15　都市規模別にみた転入人口の移動パターン

単位：%

都市規模	移動パターン			合計
	市内県間移動	省内市間移動	省間移動	
超大都市	40.49	13.77	45.74	100.00
特大都市	39.82	19.53	40.65	100.00
大都市	60.66	13.72	25.61	100.00
中等都市	69.79	10.35	19.86	100.00
小都市	58.17	14.88	26.95	100.00
合計	51.34	14.44	34.23	100.00

(出所) 表 11-4 と同じ．

表11-16 都市規模別にみた転入人口の戸籍内訳

単位：%

都市規模	農村戸籍	都市戸籍	合計
超大都市	55.31	44.69	100.00
特大都市	63.73	36.27	100.00
大都市	56.91	43.09	100.00
中等都市	60.85	39.15	100.00
小都市	74.90	25.10	100.00
合計	59.86	40.14	100.00

(出所) 表11-4と同じ．

表11-17 戸籍別にみた転入先

単位：%

都市規模	農村戸籍	都市戸籍	合計
超大都市	29.02	34.97	31.40
特大都市	23.64	20.07	22.21
大都市	19.16	21.64	20.16
中等都市	20.09	19.27	19.76
小都市	8.09	4.04	6.47
合計	100	100	100

(出所) 表11-4と同じ．

した．

表11-17から農村戸籍・都市戸籍の人口がそれぞれどのような規模の都市に流入したかをみると，農村戸籍も都市戸籍も，いっそう規模が大きな都市へ移動する傾向がみられ，超大都市への移動がそれぞれ29.02％と34.97％を占める．しかし，農村戸籍のかなりの部分は中小都市への移動を選び，その割合は28.18％である．一方，都市戸籍は超大・特大都市へ移動する傾向が目立ち，その割合が55.04％に達した．

規模の異なる都市間の移動は出稼ぎを主な目的としているが，より大きな都市への移動を促したのは収入の格差である．表11-18のように，超大都市の流動人口の平均月収は813.22元であるが，小都市の方は543.23元にすぎない．

また，表11-19からわかるように，中小都市への転入人口は戸籍地を離れてからの期間が長く，中等都市と小都市で戸籍地を5年以上離れている転入人口

表11-18 都市規模別にみた転入人口の平均月収

単位：元

都市規模	平均月収	都市規模	平均月収
超大都市	813.22	中等都市	460.12
特大都市	754.31	小都市	543.23
大都市	530.84	合計	655.98

(出所) 表11-4と同じ．

表11-19 転入人口が戸籍地を離れてからの期間（都市規模別）

単位：％

都市規模	1年未満	1年以上3年未満	3年以上5年未満	5年以上	合計
超大都市	19.54	32.34	16.41	31.71	100.00
特大都市	19.78	32.50	16.59	31.12	100.00
大都市	19.57	29.36	15.72	35.36	100.00
中等都市	23.40	29.55	15.01	32.05	100.00
小都市	20.00	30.49	15.94	33.59	100.00
合計	20.39	31.10	16.00	32.50	100.00

(出所) 表11-4と同じ．

の割合は，それぞれ32.05％と33.59％である．一方，超大都市と特大都市への転入人口の多くは戸籍地を離れてから3年未満であり，その割合はそれぞれ51.88％と52.28％である．

4 中小都市の集積効果の発揮と都市化の健全な進展の促進

(1) 超大・特大都市に比べて全面的に遅れる中小都市の都市化進展

1980年代以降，中国では中小都市の発展を促進するために，一連の政策を打ち出した．第8次五カ年計画の期間に，政府ははじめて「都市化」戦略を提出して1980年代の政策の方向性を示し，「大都市の発展を抑制し，中等都市を適度に発展させ，小都市の発展を促進する」ことを目指した．また，第9次五カ年計画では，政府はそれまでの政策を踏襲し，大都市の発展の抑制をより一層強調しながら，「大都市の発展を厳しく抑制し，中小都市を合理的に発展させる」という方針を打ち出した．第10次五カ年計画では，「中国の国情に合わ

せ，大中小都市と小城鎮の調和のとれた発展による多様な都市化の道を歩み，合理的な都市体系を徐々に形成する．小城鎮を重点的に発展させ，中小都市を積極的に発展させ，地区中心都市の機能を整備し，大都市に波及・牽引作用を発揮させ，都市部の密集区域の秩序ある発展を導く．大都市の，やみくもな規模拡大を防止する」と提起した．

しかし，これらの政策によって，実際に中小都市の全面的な発展を促進することはできなかった．前述の分析で示したように，中国の都市化の速度や転入人口の規模は，中西部地区より東部地区，中小都市より超大・特大都市の方がはるかに上回っていた．規模別・地区別の都市化進展の格差は，かなり大きい．1999-2003年と2004-08年の規模別・地区別の純転入状況を比較すると，都市化進展には以下のように均衡化と相違化が交互にあらわれたことがわかる．

第1に，都市の規模によって，外来人口を吸収する能力の差が次第に大きくなった．1999-2003年には，都市規模が異なっても発展は比較的均衡していたが，2004-08年になると，規模に応じて流動人口を吸収する能力の差が拡大し，超大・特大都市と中小都市との差が次第に大きくなった．また，この2つの期間を通じて，標本とした都市の中で，純転入人口がマイナスになった中小都市の数は，その他の規模の都市を大きく上回った．これは，中小都市は転入率が低くて人口の純転出元であったのに対して，超大・特大都市は毎年多くの転入人口を吸収したことを意味する．第2に，異なる地区の都市間では，外来人口を吸収する能力の差が小さくなりつつある．1999-2003年には，地区によって外来人口を吸収する能力の差が相対的に大きく，東部地区の吸引力がその他の地区よりはるかに大きかった．一方，2004-08年には，異なる地区の都市の発展が均衡し，西部・中部地区の吸引力も強くなり，とりわけ西部地区は2004-08年には外来人口に対するかなり強い吸引力をみせた．このほか，留意すべきなのは，1999年から2008年にかけて，東部・中部・西部地区における純転入率の変動が大きかったのに対して，東北地区の変動は相対的に小さく，東北の都市発展の活力低下が示されたという点である．

これらの事実は，中国の都市化戦略の転換と密接に関連していることを認識しなければならない．第11次五カ年計画では，「都市群（城市群）を都市化の主体とするよう推進する」，「都市群が発展できる条件を備えた地域では，統一

的な計画を強化し，超大都市と大都市を先頭に中心都市の役割を活かす」という政策が提起された．この戦略によって，人口の増加，既開発地の面積増加，域内総生産の成長などの面で，中小都市の発展は超大・特大都市よりもさらに大きく立ち遅れるようになった．

まず，表 11-20 で市轄区[訳注12]の人口増加をみると，2005 年に全国の市轄区人口の 48.46％を超大・特大都市の市轄区が占め，中等・小都市の市轄区は 29.75％にすぎない．一方，2009 年には超大・特大都市の同割合が 47.89％，中等・小都市は 29.55％となった．2005 年から 2009 年にかけて，都市人口の増加幅が最も大きかったのは大都市と特大都市であり，それぞれ 8.81％と 6.79％に達した．中小都市はある程度伸びたが，全国の市轄区の人口増加に対する寄与率という点では，その影響は限定的である．この期間に，都市人口の増加に対する寄与率が最も大きかったのは大都市と特大都市で，それぞれ 37.80％と 22.29％，合わせて全国の市轄区の人口増加分の 60.09％を占めている．一方，中等・小都市の寄与率は，それぞれわずか 17.85％と 7.76％である．

次に表 11-21 で市轄区の既開発地（建成区）面積をみると，2005 年には超大・特大都市の既開発地面積は 1 万 2760 平方キロメートルで，全国の既開発地の面積の 51.22％を占めていた．これに対して中等・小都市の既開発地の面積は 6291 平方キロメートルで，全国の 25.25％である．さらに，2009 年には，

表 11-20　都市規模別にみた 2005 年と 2009 年の市轄区の人口

2005 年の都市規模	2005 年末人口			2009 年末人口			増加人口（万人）	増加率（％）	増加人口に占める割合（％）
	平均人口（万人）	合計（万人）	割合（％）	平均人口（万人）	合計（万人）	割合（％）			
超大都市	549.49	11539.22	31.80	562.03	11802.67	30.96	263.45	2.28	14.30
特大都市	188.93	6045.79	16.66	201.77	6456.55	16.93	410.76	6.79	22.29
大都市	102.67	7905.91	21.79	111.72	8602.43	22.56	696.52	8.81	37.80
中等都市	73.80	8265.62	22.78	76.74	8594.54	22.54	328.92	3.98	17.85
小都市	57.47	2528.50	6.97	60.71	2671.45	7.01	142.95	5.65	7.76
合計	126.87	36285.04	100.00	133.31	38127.64	100.00	1842.60	5.08	100.00

(出所)《中国城市统计年鉴》2.006・2010），《中国城市建设统计年鉴》2006・2010.

[訳注12]　直轄市・地級市に設置された区で，農村の県と同レベルの行政単位である．

表 11-21 都市規模別にみた市轄区の既開発地面積（2005 年・2009 年）

2005 年の都市規模	2005 年 既開発地（建成区）			2009 年 既開発地（建成区）			増加面積 (km²)	増加率 (%)	増加面積に占める割合 (%)
	平均面積 (km²)	合計 (km²)	割合 (%)	平均面積 (km²)	合計 (km²)	割合 (%)			
超大都市	367.05	7,708	30.94	457.857	9,615	31.90	1,907	24.74	36.48
特大都市	157.88	5,052	20.28	206.031	6,593	21.88	1,541	30.50	29.48
大都市	77.11	5,860	23.52	87.3377	6,725	22.31	865	14.76	16.55
中等都市	45.25	5,068	20.34	50.9196	5,703	18.92	635	12.53	12.15
小都市	27.80	1,223	4.91	34.1364	1,502	4.98	279	22.81	5.34
合計	87.41	24,911	100.00	105.378	30,138	100.00	5,227	20.98	100.00

(出所) 表 11-20 と同じ．

　超大・特大都市の既開発地の面積は 1 万 6208 平方キロメートルへと増加し，いずれも 24％以上の伸びとなり，全国の既開発地面積の 53.78％まで増加した．また超大・特大都市は，全国の既開発地の面積増加への寄与率がそれぞれ 36.48％と 29.48％と高く，合計で 65％以上を占めている．一方，中等・小都市の既開発地の面積は 7205 平方キロメートルへと増加したものの，その増加幅でも全国の既開発地の面積増加への寄与率でも，超大・特大都市に比べてはるかに小さかった．

　最後に，表 11-22 で市轄区の域内総生産をみると，2005 年に超大・特大都市の市轄区の域内総生産は 7 兆 4507 億元で，全国の市轄区の域内総生産の 65.85％を占めているのに対し，中等・小都市はわずか 16.08％の 1 兆 8196 億元である．2009 年になると，超大・特大都市の市轄区の域内総生産は 13 兆 5650 億元へと増加し，全国の市轄区の域内総生産の 65.30％を占めているが，中小都市は 3 兆 4869 億元で 16.79％にすぎない．中等・小都市の域内総生産成長率は，超大・特大都市より高くみえるが，全国の市轄区の域内総生産への寄与率は 17.63％にすぎず，超大都市（43.20％）や特大都市（21.45％）よりはるかに低い．

(2) 大きな潜在力を持つ中小都市の都市化進展

　以上の分析で明らかなように，2005 年から 2009 年にかけての時期には，中

表 11-22 都市規模別にみた市轄区の域内総生産（2005 年・2009 年）

2005 年の都市規模	2005 年域内総生産			2009 年域内総生産			増加額（億元）	増加率（％）	増加額に占める割合（％）
	平均（億元）	合計（億元）	割合（％）	平均（億元）	合計（億元）	割合（％）			
超大都市	2,377	49,913	44.11	4,322	90,770	43.70	40,857	81.86	43.20
特大都市	769	24,594	21.74	1,402	44,880	21.60	20,285	82.48	21.45
大都市	265	20,441	18.07	483	37,210	17.91	16,768	82.03	17.73
中等都市	121	13,299	11.75	224	24,655	11.87	11,355	85.39	12.01
小都市	114	4,897	4.33	232	10,214	4.92	5,316	103.84	5.62
合計	400	113,144	100.00	731	207,728	100.00	94,584	82.95	100

（出所）表 11-20 と同じ．

小都市発展の潜在力を未だ十分に引き出すことができず，人口増加，都市拡張，経済発展がいずれも人々を満足させるものではなかった．人口と資源を集中し，規模の経済性を実現し，社会進歩の成果をより多く広範な人々に共有させることが，都市化の主要目的の1つである．中小都市の発展促進は，まさにこの目的を達成する主要な手段のひとつといえよう．

したがって，第 12 次五カ年計画では，第 11 次五カ年計画の構想が変更され，「大都市に依拠しながら，中小都市に重点を置いて，波及効果の大きい都市群を徐々に形成し，大中小都市と小城鎮の調和のとれた発展を促進する」と提起された．本章でも，中小都市の都市化進展が，超大・特大都市より大きく後れを取っていることを指摘してきた．しかし人口移動の観点からは，中小都市の発展を大いに推進することが人口の都市部への移動を促進し，集積効果を実現させることにつながる．

本章で明らかになったことは，第 1 に，中国の人口移動のパターンは依然として省内移動中心である．地区別の転入人口の分析でわかるように，各地区とも省内移動の比率が 50％以上とかなり高く，なかでも中部地区と東北地区は 70％以上になっていて，中国の人口移動パターンが主に省内移動であることがわかる．第 2 に，地区ごとにみても，人口移動は主に地区内の移動である．とくに東部地区と東北地区の人口移動は，ほとんど地区内に集中しており，その比率はそれぞれ 93.78％と 73.41％である．ただし，西部地区だけは 46.71％にとどまる．第 3 に，人口移動に人口「還流」現象がみられる可能性がある．転

入人口のうち，戸籍地を5年以上離れていた者の内訳をみると，各地区とも主として地区内からの転入者であり，その割合はいずれも50％を超え，東北・西部・中部では84％を超えていた．一方，転出者も，東部・西部・東北で戸籍地を5年以上離れていた者はほとんど域内で移動し，その割合はそれぞれ93.33％，54.81％，77.03％である．これらのデータから，流動人口が最終的に域内の都市へ還流して定住した可能性が明らかになった．以上のような流動人口の分析から，地区の中心都市や中小都市の発展を推進することによって，隣接する周辺都市からの人口の集中を吸収できることがわかる．

また，2005-09年の都市規模別の発展状況の分析から，量的には中小都市が超大・特大都市より立ち遅れていたが，伸び率では中小都市がかなり大きな成長の潜在力を持っていることがわかる．これは，市轄区の人口増加率，人口密度，域内総生産，1人当たり域内総生産などにあらわれている．

まず，市轄区の人口密度の増加率は表11-23に示すように，2005年から2009年にかけて，中等都市は年平均増加率6.14％，小都市は5.34％であり，いずれも超大都市の2.44％より高い．また，2005年には，小都市の市轄区の平均人口密度は245.82人だったが，2009年には338.93人へと37.88％の伸びとなり，都市規模別にみて最も高かった．また，中等都市の人口密度の増加率は33.40％，小都市は37.34％で，他の規模の都市に比べて最も高く，超大・特大都市ではそれぞれ31.72％と18.51％であった．

次に表11-24に示すように，市轄区の域内総生産の増加率は，2005年から

表11-23　都市規模別にみた市轄区の人口密度（2005年・2009年）

単位：％

都市規模	2005年 平均人口密度	2009年 平均人口密度	全体の人口密度 増加率	各都市の人口密度 増加率の平均（訳注）
超大都市	1652.30	1790.77	8.38	31.72
特大都市	1411.00	1282.25	-9.12	18.51
大都市	1226.44	1230.25	0.31	29.67
中等都市	993.67	814.01	-18.08	33.40
小都市	245.82	338.93	37.88	37.34
合　計	1035.67	977.09	-5.66	31.63

（注）各都市の2005年から2009年までの人口密度の増加率をそれぞれ計算してから，これを集計して各規模の都市の増加率を計算した．
（出所）表11-20と同じ．

2009年にかけて小都市が106.04%,中等都市が91.56%に達したが,超大・特大都市はそれぞれ84.74%と82.53%で,中小都市の増加率が大都市よりも明らかに高かった.この期間に,中等都市の市轄区の1人当たり域内総生産は1万8253.38元から3万1916.28元へ95.79%増加し,小都市は1万4646.01元から2万8675.61元へ74.85%増加した.これに対して超大・特大都市は,それぞれ55.36%と68.60%の伸びで,中等都市と小都市をはるかに下回っている.これらのデータは,中小都市の経済発展のスピードが平均的には超大・特大都市より速く,比較的強い成長の潜在力を持つことを意味している.

中国の経済・社会の構造転換は,中小都市の集積効果の発揮に重要なチャンスを与えている.就業と戸籍の問題が,農村労働力の都市への移動を阻害する2大原因であり[8],この2つの問題に関する政策を転換すれば,中小都市が都市化の過程で一層重要な役割を果たすことになるだろう.

就業面では,前述のように超大・特大都市が都市化の過程で中心的な作用を及ぼし,国民総生産の増加や流動人口の吸収,都市化率の上昇などでも重要な役割を果たしてきた.しかし,近年は経済構造の転換と産業配置の調整が経済社会の主要な趨勢となり,第12次五カ年計画では,東部地区における「科学技術イノベーションの能力向上に着目し,国家的イノベーション都市(国家創新性城市)と地域的イノベーションプラットフォームの構築を加速させる.産業競争力の新たな優位性の創出に力を入れ,戦略的新産業,現代サービス業,先進的製造業の発展を加速させる」という方針が提起された.これは,中国の

表11-24 都市規模別にみた市轄区の域内総生産(2005年・2009年)

都市規模	市轄区の域内総生産増加率の平均値(%)	2005年市轄区の1人当たり域内総生産(元)	2009年市轄区の1人当たり域内総生産(元)	1人当たり域内総生産の増加率(原注)(%)
超大都市	84.74	41686.23	64761.86	55.36
特大都市	82.53	31751.91	53534.97	68.60
大都市	86.74	24542.49	39374.72	60.43
中等都市	91.56	18253.38	31916.28	74.85
小都市	106.04	14646.01	28675.61	95.79
合 計	90.92	22614.21	38269.64	69.23

(注)各都市の2005年から2009年までの域内総生産の増加率をそれぞれ計算してから,これを集計して各規模の都市の増加率を計算した.
(出所)表11-20と同じ.

流動人口の主体である農村人口や低学歴労働者の就業機会が，次第に中西部地区や中小都市へ移転していくことを意味している．

　戸籍に関しては，流動人口の都市住民化のために，戸籍による制限の緩和や都市住民と平等な待遇の付与という課題に直面している．戸籍改革の最大の阻害要因は，都市の所在地や規模によって，流動人口の都市住民化を推進するコストに相違があるということである．超大・特大都市では，1人の転入者に都市戸籍を付与するコストは，中小都市よりはるかに大きい．第12次五カ年計画は，「特大都市では人口規模を合理的に抑制し，大・中都市は人口管理を強化・改善し，外来人口の受け皿としての重要な役割を引き続き発揮させ，中小都市と小城鎮は実情に応じて定住条件を緩和する」と提起している．これは，今後の都市化過程で，中小都市と小城鎮が，農村人口と流動人口の吸収に一層中心的な役割を担うことを意味しているのである．

第12章
都市化における社会統合の問題

近年,農民や出稼ぎ農民(農民工)を都市社会にどのように統合するかという問題が,すでに学界,マスコミ,政府の注目すべき課題として議論されている.中国の第12次五カ年計画(2011-15年)でも,都市化管理に関わる部分で,農村からの移動人口をいかに都市住民に転換させるか,という問題に対して特別に言及されている.このように,農民や農民工の都市への統合や社会への統合は,現在の中国の改革発展における大きな課題であり,本書で都市化戦略を模索する上でも解決しなければならない問題である.

1 中国の都市化における「社会統合」という難題

(1) 都市化における社会統合とは何か

都市化の中で最も大きな人口変動は,農村住民の都市への移動である.このため,都市化に伴って社会集団の間で生じる最大の問題は,都市に移住した農民が都市住民とどのように調和した関係を作るのか,あるいは見知らぬ者どうしがいかに打ち解けて暮らしていくのかということである.都市化がもたらす人口移動は,「都市化移民」とも呼ばれる.移民の「統合」問題は一貫して社会学の研究課題の1つであり,社会統合は英語で social inclusion あるいは social integration と呼ばれる.ドイツの社会学者G.ジンメル[訳注1]は,1908年に出版した『社会学——社会化の諸形式についての研究』という本のなかで,

---

訳注1〕 G.ジンメル(Georg Simmel)は黎明期の社会学者で,人間相互の関係を重視する形式社会学を提唱し,のちのシカゴ学派にも影響を与えた.

もっぱら「外来者」「異邦人」「よそ者」の社会的移動，社会的地位，定住と衝突などの問題を取り上げて研究した[1]．アメリカの社会学者 W. トマス[訳注2] が 1918 年に出した著書『ヨーロッパとアメリカにおけるポーランド農民』は，移民の社会統合に関する古典的著作とみることができる．要するに，社会統合に関する研究は，移民がいかに移住先の社会になじんでいけるかという問題を探求してきたのである．

　もちろん，中国の都市化における社会統合の問題は，欧米諸国よりもいっそう複雑である．中国には特殊な戸籍制度が存在しているため，農村人口が都市で働いていても，普通はそのまま自動的に都市戸籍になるわけではない．そのため，改革開放以降 30 年以上のあいだ，外来労働者や農民工の「循環流動」，つまり毎年の春節（旧正月）前に農民工がふるさとに戻り，旧正月を過ごしてから再び都市部へ出稼ぎにいくという現象が目立った特徴となってきた[訳注3]．毎年の春節前に大勢の農民工がふるさとに戻り，春になると再び都市部に出稼ぎにいく，という大規模な「循環流動」は，世界でも稀に見る現象であろう．当然，この「循環流動」自体，農民工が都市社会に統合されていないことを示している．したがって，都市化における社会統合は，中国の大きな特殊性をみせているのである．

(2)　中国の急速な都市化進展における社会統合の難題

　1990 年代後半から 21 世紀にかけて，中国の都市化は高速発展の時期に入った[2]．中国社会科学院のまとめた報告書によると，2006 年から 2009 年にかけて，都市部の新規増加人口は毎年 1500 万人で，2000 年から 2009 年までの期間に，都市化率が毎年平均 1.2 ポイントずつ伸びた[3]．2010 年末のデータによると，中国の都市化率（都市部常住人口の比率）は 47.5％だという．しかし，

訳注2〕　W. トマス（William Thomas）はアメリカの社会学者で，ポーランド農民社会の解体や，アメリカにわたったポーランド移民の適応・不適応を分析し，価値・態度と社会行動との関わりを明らかにして，のちのシカゴ学派につながる問題意識を示した．

訳注3〕　出身農村での滞在は 40 日ほどにも及び，日本でみられるような短期間の「帰省」とは異なる．農民工が安定した職についていないため，1 か月以上都市を不在にしても差し支えないということをあらわす．

中央農村工作指導小組の陳錫文・副組長は，現在の都市化率は「見かけ上の数字」にすぎず，統計上の「都市住民」のうちの10～12％が実は農民工およびその家族で，単なる統計上の都市人口であり市民待遇をうけていないと述べている[4]．上記の社会科学院の報告書の執筆者の1人である魏後凱も，中国の都市化のデータには偽りの部分が多数存在しており，都市部に流入した多くの農民や農民工は実際都市になじんでおらず，「城中村（都市の中の農村）」という現象もいたる所にあると指摘しており，さらに，中国の実際の都市化率は10ポイント下方修正すべきだとも指摘している[5]．

　大量の農村人口が都市部に流れ込む一方，都市部に移動した農民や農民工はいまだに都市に溶け込めない．この両面は鋭く対立し，この対立から生み出された矛盾が多くの面であらわれている．たとえば毎年の春節の前後，億単位の農民工の帰郷と都市へのUターンで起こる「春运（春節運輸＝帰省ラッシュ）」という難題が生じ，また失地農民問題や征地問題[訳注4]は，最近の大衆抗議運動，関係機関への陳情，社会的不安定の要因の1つとなっている．要するに，農村人口が都市部に移動してから「統合」できるかどうかという問題は，今後数十年にわたって都市化が順調に進展するのか，そして中国の特色ある都市化を順調に実現できるのかという問題と関わる中心課題になっている．

　本章では，農村から都市に移動した人口を，大きく2つのタイプに分類する．1つは，都市に入った外来の出稼ぎ労働者，俗にいう「外来農民工」であり，もう1つは経済発展，地域計画，行政計画，市域拡張，土地収用などによって，農村戸籍だった農民が現住地でそのまま都市戸籍に転じるという，いわゆる「農転非（農村人口から非農村人口への転籍人口）」である．この2つのタイプが共に直面している問題は，都市に溶け込めず真の都市住民と大きな違いがあることである．一方で，この2つのタイプの間にも多くの差異があり，都市に統合されるときに直面する困難にも違いがある．そのため，2つのグループに対して，異なる対策が講じられるべきである．

　訳注4］　失地農民問題は，農地の不正没収や国家による強制収用により土地を失った農民が不満を持ち，さまざまな社会問題を引き起こすことで，征地（土地収用）問題も同様である．

(3) 中国都市化における「不統合」と「半統合」の問題

　我々の研究によって，外来農民工が直面する主要な問題は，「不統合（不融入）」であることが明らかになった．ごく少数の外来農民工が出稼ぎ先への統合に成功したことは否定しないが，ほとんどの外来農民工が遭遇する問題は，出稼ぎ先に彼らを受入れる制度がないため，彼ら自身もその都市に慣れ親しもうと思わなくなってしまうということである．ここで筆者は「不統合」という概念を使ったが，これは決して農民工が初めからなじむ気がないといっているのではなく，多くの制約によって彼らは統合されたくても統合できず，結局「不統合」という立場になっているということである．

　これに対して，「農転非」が直面する問題は「半統合（半融入）」，つまり戸籍制度上はすでに都市住民になったが，客観的にも主観的にも本当の都市住民の地位を手に入れることができず，都市生活を送ることが難しいという問題である．このような「都市住民としての地位の遅れ（市民地位滯后）」を，筆者は「半統合」と呼んでいる．本章では，まず「半統合」と「不統合」の現象をそれぞれ説明したあと，両者の相違の比較とそれぞれに講じるべき対策を分析していきたい．

　本研究は，筆者が組織した清華大学社会学部（社会学系）の広州市における調査に基づいたものである．この調査は2009-10年に行われた．2009年4月，研究グループは広州市人口・家族計画局（人口和计划生育局）から提供された関係資料，統計データ，マスコミ報道などを合わせて，資料の検索，収集，分析を行った．5-6月には予備調査を行い，主要研究対象をいくつかのグループに分けて，それぞれに対応したアンケートとインタビューの概要を作成し，さらに試行調査を行って調整・修正した．7-8月に，広州市人口・家族計画局，地方政府，社区の多大な協力のもとで，アンケート調査を行った．9月以降，研究グループは資料を整理し，データの整理と分析を行った．そして2010年末まで討論を続け，一連の調査報告書をまとめた．本章で使用するのは，「農転非」と「外来農民工」の2種類のアンケートである．

　そのうち，「農転非」を対象にしたアンケートは広州市の4つの区で500部配布したが，内訳は白雲区120部，番禺区120部，海珠区120部，天河区140部で，有効回答数は459，有効回答率は91.8％である．アンケート協力者の住

む社区[訳注5]は，農村10.4％（45人），農村から都市に変更された社区31.6％（137人），城中村54.5％（236人），経済適用房と商品房3.5％（15人）[訳注6]，また16人は社区の類型について回答がなかった．

外来農民工を対象にしたアンケートは，広州市の3つの区で500部配布し，その内訳は白雲区300部，番禺区100部，天河区100部で，有効回答数は437，有効回答率は87.4％である．アンケート協力者の外来農民工のうち，広州市内の他の区・県の出身者が2.3％，広東省内の他の県・市の出身者が30.2％，広東省以外の出身者が65.9％である．広東省以外から来た農民工の出身地は，湖南省，四川省，江西省，河南省，広西自治区，重慶市，雲南省などの省や直轄市が多い．

2　今日の「農転非」の「半統合」問題

これまでの研究では，「半統合」という概念は使われていないが，半統合の現象は早くから注目されていた．上述のW.トマスの古典的著書『ヨーロッパとアメリカにおけるポーランド農民』は，アメリカにおけるポーランド移民の相対的に独立したコミュニティを研究し，「半統合」という概念こそ使わなかったが，そこで述べられたポーランド農民の実情はまさに「半統合」の現象といってよいだろう．中国人による海外のチャイナタウンは，いうまでもなく，よく知られた「半統合」の現象である．しかし，本書で述べる「半統合」は，中国の都市化に特有な現象である．

訳注5）　社区はもともと英語のcommunityの訳語だったが，現在は街道の下にある基礎的な行政区画を指し，居民委員会が置かれる．本章では，明らかに地名や組織を示す場合には社区，それ以外はコミュニティという訳語を当てた．また，このアンケートでは，後述の商品房の「小区」も1つの単位としているようだが，小区は日本でいえば分譲マンション団地にあたり，一般にかなり大規模である．

訳注6）　経済適用房は低所得者向けの分譲住宅で，1994年の《城鎮経済適用住房建設管理办法》や2007年の《経済适用住房管理办法》で政策的に位置づけられた．商品房は一般に中産層や高所得者を対象とする分譲住宅で，1980年代から住宅の市場経済化とともに増加している．本章では，前者を「低所得者向けアパート」，後者を「分譲マンション」と意訳する．

「農転非」とは，農村戸籍から都市戸籍に転じることを指し，従来から重要な問題とされていたが，新中国成立以降も今日ほど目立つ現象ではなかった．その原因として，1つは「農転非」の人数が非常に少なかったことがあげられる．改革開放前には，毎年の「農転非」は 0.15％を超えてはならないと規定されていたため，その頃は「農転非」がまれに見る現象だった．もう1つの原因は，過去の「農転非」には特別な「調整政策（安置政策）」があったためである．たとえば，労働者募集に応じる形で戸籍上の地位変更を図り，都市戸籍を獲得すれば国有企業の従業員という地位を手に入れることができた．そのため，過去における「農転非」の統合問題は目立たなかったのである．それに対して，現在の「農転非」は都市の急速な拡張の中で形成され，その人数は非常に多い．過去に農民が「農転非」を望んだのは，「農転非」を実現すれば「食いっぱぐれがない（鉄飯碗）」境遇が手に入ったからである．しかし今日では，以前のような調整政策は既に存在せず，農民の多くは「農転非」を避けるようになった．なぜなら，都市戸籍になれば，「宅基地（農村の住宅用地）」や「責任田（集団所有制における請負農地）」など，土地に付随する多くの利権を失うからである．「農転非」は，現在非常に厳しい状況にある「失地農民」の問題ともつながり，この問題の特殊な性質をより一層反映している．

　都市が急速に拡張している今日，農村に土地を求めることによって都市が発展してきたため，土地は非常に希少な資源となった．一方で，中央政府は「18億ムーの耕地を堅持する（堅守18亿亩耕地红线）」[訳注7]という耕地保全政策を明確にしているため，多くのディベロッパーは農民の住宅用地をねらうようになり，「農民を高層住宅に転居させる（农民上楼工程）」[訳注8]ことが各地で頻発している．このような局面で，「農転非」は一層複雑な問題になってしまった．

　歴史発展という角度からみれば，確かに都市化は中国近代化の趨勢であり活路を開く手段だが，現在の多くの「農転非」のための方策は，農民の生活と地位を改善するという姿勢から始まったものではなく，むしろ農民から利益を奪うものである．農民は土地と交換に都市戸籍を手に入れたあと，いかにして都

訳注7〕　第3章訳注28を参照されたい．
訳注8〕　第3章訳注29を参照されたい．

市生活に統合されるかが問題となるはずだが，往々にして彼らは無視されてきた．そのため，本書でいう「半統合」の状態になってしまった．

いったい，何が都市化における「農転非」の「半統合」なのか．筆者は「半統合」に関して以下の5つの特徴に整理してみた．

(1) 戸籍制度上の受容が，多方面の要素と連動していないという矛盾

「半統合」の第1の特徴は，戸籍制度では都市に受容されたものの，それが都市生活の多方面の要素と連動できず，むしろ衝突する状態にあるということである．たとえば就業面では，農民にとっては土地が当たり前の「職場」だったが，土地を失えば受け入れてくれる職場はなくなって失業者になってしまう．今回の調査で，フルタイムの仕事を持つ者は74.6％で，「農転非」の多くがフルタイムの仕事を持つとはいえ，それを持たない者も25.4％を占める．もし，これを都市失業率と定義すれば，驚くほど高い数字である．また，今回の調査では，「農転非」の中で転職経験のある者の比率が相当高く，半数近くにのぼることがわかった．さらに，そのうち2回転職した者は37.7％，3回が19.5％，4回以上が7.0％である．今回の調査対象者が「農転非」となってからの期間は長くないので，頻繁に転職する理由が，仕事への不適合や不満であることは明白である．

社会保障の面でも，「農転非」の人々にとって多くの不備がある．表12-1のデータから，調査対象の「農転非」のうち，政府や勤め先の社会保険（医療，養老，失業，労災）を受けられない人がかなりいることがわかる．

要するに，戸籍制度上の受容は，農民の身分転換の一部に過ぎない．中国において，都市人口と農村人口の定義は戸籍に基づいて行われるが，戸籍を転換するだけで，他の多くの面における社会的地位が変化するわけではない．表12-1のデータが示すように，都市戸籍になっても，多くの「農転非」は医療，養老，失業，労災保険など多くの保障が「真空」の状態である．彼らと元来の都市住民との間には，大きな格差が存在している．制度上の受容は統合とは異なるもので，戸籍制度上は受け入れられても，統合は依然として難しい．したがって，中国の都市化は「任重くして道遠し」である．

表 12-1 「農転非」の社会保障および社会保険の状況

	保険の提供者	加入の有無	割合	有効標本数 [原注]
医療保険	政府が提供または代理加入	加入 非加入	26.0 74.0	285
	使用者が提供または代理加入	加入 非加入	41.5 58.5	318
養老保険	政府が提供または代理加入	加入 非加入	29.0 71.0	290
	使用者が提供または代理加入	加入 非加入	48.7 51.3	316
失業保険	政府が提供または代理加入	加入 非加入	13.0 87.0	284
	使用者が提供または代理加入	加入 非加入	30.7 69.3	316
労災保険	政府が提供または代理加入	加入 非加入	11.7 88.3	282
	使用者が提供または代理加入	加入 非加入	34.7 65.3	317

(原注) 同じ保険の有効標本数が 500 を超えているのは，政府と勤務先の両方の保険に加入する者がいるためである．
(訳注) ①中国では，この表の 4 種の保険に出産保険を加えたものを「五険」と呼び，基本的な社会保険制度とされる．
②社会保険制度は，企業従業員を対象とする制度，都市住民（自営業者・非就労者など）を対象とする制度，農村住民（農民）を対象とする制度が分立している．しかも，原注にあるように重複加入もあり，過渡期の複雑な運用になっているようである．
③運用主体は地方政府レベルの「統籌地区」であり，全国レベルの統一した運用がなされていない．したがって，企業は小規模な地方支社の従業員の社会保険を独自に設定せず，第三者の代理業者（社保駅站）の保険に代理加入（代為繳納）する場合もある．

(2) 「農転非」は相対的に都市の弱者層である

　過去を振り返れば，改革開放前の「農転非」と「半辺戸」（農村出身の単身労働者で，家族は農村に残す）の多くは都市部の困窮層だったが，今でもそのような状況にほとんど変化がない．「農転非」の人々は，経済競争の面では何の優位性も持たない．「農転非」の多くは自分の意志で移動したわけではなく，都市に住むのは自発的な選択ではない．彼らは一夜にして都市住民となり，仕事上は自分の慣れ親しんだ労働環境を失い，高層住宅に転居したが住宅近くの畑はなくなり，食べ物を手に入れるには現金が必要で，居住環境にも適応でき

ない．従来の農村生活はほとんど非市場的なもので現金は必要なかったが，都市に入った途端に大きな経済的格差を感じる．図12-1から明らかなように，「農転非」の所得水準が低いことは明らかである．我々の調査で，「農転非」の月収は都市住民と格差があるのみならず（都市住民の平均月収は2110元だが，農転非はその43％しかない），外来農民工と比べても格差が存在することがわかった．外来農民工の平均月収が1224元であるのに対し，農転非はわずか917元である．一方，生活費の支出をみると，外来農民工は都市に定住するわけではないから，支出をかなり節約できるのに対し，農転非は都市に家を構えて定住するため，日常生活，医療，教育などは都市部の基準に従わざるを得ず，その支出は外来農民工の支出を大きく上回って赤字の窮地に追い込まれていることが明白である．

(3) 限定的な社会交流と相互扶助

マルクスは「人間は名実ともに社会的動物である」と述べた[6]．したがって，いわゆる「統合」の最も核心的な問題は，相互扶助と社会関係，つまり「農転非」と本来の都市住民との関係がどのようになっているかという問題である．「農転非」の交流状況を尋ねた表12-2によれば，「おしゃべりをする」程度の

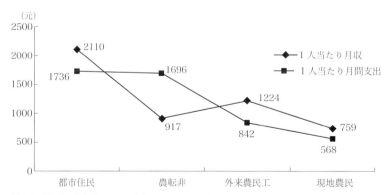

(出所) 農転非，外来農民工，現地農民のデータは，今回のアンケート調査による．都市住民の1人当たり月収（可処分所得）と1人当たり月間支出は《広州市2008年国民経済和社会発展統計公報》の年次データから月次データを算出したものである（広州市政府公式Webサイト http://www.gz.gov.cn/vfs/content/newcontent.jsp?contentId=665104&catId=4115）．

図12-1　4つの集団の1人当たり月収と月間支出の比較

表12-2 あなた,またはあなたの家族と,本来の広州市民との間に,以下のような交流がありますか

	ある (%)	ない (%)	有効標本数 (人)
トラブル解決への援助	60.7	39.3	328
仕事や商売の助け合い	54.1	45.9	327
病気の時の見舞いや世話	65.0	35.0	329
経済的に困難な時の援助	45.0	55.0	329
正月や祭日の挨拶や贈り物	63.3	36.7	332
意思決定の時のアドバイス	38.3	61.7	326
心配事や情緒不安定を解決する援助	49.1	50.9	328
家族,婚姻,恋愛の問題解決への協力	35.0	65.0	326

最も普通の交流は比較的高い割合を占めているが,実質的利益に関わるような交流となると,かなり限定的である.

(4) 「半統合」の社会心理的表現

統合という問題では,制度的な隔たりが本来は一番カギとなる問題である.しかし本書で提起している「半統合」という視点でみれば,「農転非」は既に制度上の問題を解決して都市戸籍を持つようになったにも関わらず,依然として統合は困難である.そこでは,心理的,観念的な問題が際立っているのである.社会学の研究によれば,心理的な違和感は,物質的な客観的指標で数値化しにくいものだが,明らかな「社会的事実」である.つまり,「農転非」の人々は客観的には都市住民だが,心理的には都市や本来の都市住民から排斥されると感じており,自分の社会的地位に対して懐疑的である.今回のアンケート調査で,「農転非」の人々に「本来の都市住民は,あなたと以下のように交流したいと思っていますか」と聞くと,「わからない」とか,「どちらでもない」と答える比率が高かった.たとえば,「本来の都市住民は,あなたが社区の管理に参加してほしいと思っていますか」と尋ねると,「どちらでもない」と答えた「農転非」は40.4％を占める.また,「本来の都市住民は,あなたを隣人にしたいと思っていますか」に対して「どちらでもない」が34.7％,「一緒に仕事をしたいと思っていますか」に対して「どちらでもない」が35.4％,「あなたを親友にしたいと思っていますか」に対して「どちらでもない」が

39.2%を占める．

全体をまとめれば，筆者はこのような状態を「主観的心理の半統合」と呼びたい．実際には，心理的な統合は極めて重要である．純粋に客観的条件だけみれば，本来の都市住民の内部にも大きな格差がある．経済的条件，所得水準，居住条件などをみれば，本来の都市住民にも極端な金持ちと極端な貧乏人の間に大きな格差があるのはいうまでもない．さらにいえば，経済的条件が「農転非」より劣る都市住民もいる．しかし，そのような都市住民の心理は「農転非」と異なり，不安定な感覚をそれほど感じず，当然のように都市の福利厚生を享受している．ここからわかるのは，主観的心理の統合は，彼らが「排斥されている」という考えで都市や周囲の人々をみるのをやめることなのである．

(5) 社会的アイデンティティーの差異

全体的に評価すれば，「農転非」はまだ都市住民としてのアイデンティティーを持っていない．

本調査で，我々は「農転非」に対して，「自分はすでに都市住民になったと思うか」，「都市生活に適応したか」，「今の都市生活と以前の農村生活の比較」などの質問をした．調査の結果から，「農転非」の人々は全体として，都市生活を受け入れていないことがわかった．

表12-3から，調査対象となった「農転非」はすでに都市戸籍を持っている

表 12-3 （「農転非」に対し）以下の判断はあなたの認識と一致しますか

単位：％，人

	自分はすでに都市住民になった	農村住民より都市住民になった方がよかった	都市にいる以上，都市生活に適応するべきだ	既に都市生活に適応している
非常にそう思う	6.0	1.1	6.9	5.3
そう思う	10.6	7.7	29.4	18.9
どちらでもない	39.0	39.2	38.9	47.6
そう思わない	29.5	31.1	13.9	16.9
全くそう思わない	14.9	20.9	10.8	11.3
総計	100.0	100.0	100.0注	100.0
標本数	451	454	452	450

（注）四捨五入したため，各項目の合計は100にならない．以下の表も同じなので，注を省略する．

が，都市住民としてのアイデンティティーは持っていないことがわかる．自分はすでに都市住民になったと考える人は，全体の16.6％にすぎない．「どちらでもない」と答えたのは，よくわからないということなので，調査対象の「農転非」のうち83.4％は，都市住民としてのアイデンティティーを持っていない．その原因は何だろうか．調査の示すように，彼らは実際には農村生活にアイデンティティーを持っている．「農村住民でいるより都市住民になってよかった」という2番目の判断に対して彼らは同意せず，半数以上の者が「そう思わない」「全くそう思わない」と答え，わずかに8.8％が「非常にそう思う」「そう思う」と答えたにすぎない．つまり9割以上の人は農民と農村生活にアイデンティティーを感じている．いいかえれば，「農転非」の人々は戸籍制度上では都市戸籍になったものの，心理的には都市にアイデンティティーを感じず，依然として農村の生活を慕う気持ちが強いのである．

この意味で，「農転非」と外来農民工はよく似ている．彼らは既に都市で生活して働いているが，自分が都市に属するのではなく農村に属していると思っている．したがって，戸籍を変更すれば農民の都市住民化という問題が解決し，中国の都市化と農民の都市住民化は戸籍改革にかかっているという従来の見方は，現在のところ通用せず，実際にはもっと複雑な問題だといえる．

なぜ，「農転非」のほとんどは都市生活と都市住民の地位にアイデンティティーを感じず，農村生活を懐かしむのだろうか．その背景は経済的利益に関わ

表12-4 全体として，あなたが都市戸籍へ変更したあとの自分の得失をどう評価しますか

	得たものが大きい	得失相半ば	失ったものが大きい	わからない	有効標本数（人）
比率（％）	15.8	50.7	20.4	13.2	456

表12-5 もしもう一度選択する機会があったら，農村戸籍と都市戸籍のどちらを選びますか

	農村戸籍	都市戸籍	わからない	有効標本数（人）
比率（％）	58.9	28.1	13.0	445

表 12-6　あなたは，なぜ農村戸籍に戻りたいのですか

	比率（％）	有効標本数（人）
農村の集団経済の福利を享受できる	56.5	178
農村では一人っ子政策の制限がない	20.6	65
昔の生活が懐かしい	7.0	22
その他	2.2	7
わからない	13.7	43
合計	100	315

る．本調査は「農転非」の利益の得失も調査したが，その結果は表 12-4，表 12-5，表 12-6 に示されている．

表 12-4，表 12-5，表 12-6 からわかるように，農村戸籍から都市戸籍への転換は，多くの人にとって利益を失うことを意味しており，「失ったものが大きい」と感じる人の比率は「得たものが大きい」と感じる人より高いことが分かる．もちろん，さらに大きな割合を占めるのは，矛盾した心理を持っている人で，得失相半ばすると考えている．「もしもう一度選択する機会があったら」という設問に対して，農村戸籍に戻りたいと答えた人は 58.9％にのぼっている．筆者の実地調査によれば，多くの農民，とくに都市周辺の農民は「農転非」に強い抵抗感を持つが，その大きな原因は経済的利益である．都市の発展に伴って周辺の地価が暴騰しても，農民自身が地目変更をすることはできない．都市開発が認可されると農民の土地は収用され，住宅用地あるいは工事用や商業用に地目変更され，地価は驚くほど高騰していく．元々そこに住んでいた農民がこのような事実を目にすれば，心中穏やかでないのは当然だろう．このことは，2 つの重要な法律問題に関わっている．第 1 に，農村のいわゆる集団的土地所有制の下で，農民はどうやって自分の土地を所有し，当然の利益をいかにして保護するのだろうか．第 2 に，都市開発による地価高騰の利益は誰が享受し，その利益はどのように公平かつ公正に分配されるのだろうか．どちらも法律問題に深く関わっている．2011 年の政府活動報告において，温家宝首相は「都市に移るか農村に留まるかという問題は，農民の自主権を十分に尊重すべきである」とあらためて強調した．つまり，「農転非」を推進する際にも農民の選択権を尊重し，都市化の名目で農民の利益を損害してはならず，都市戸籍への

変更を強制したり命令したりしてはならないということである．要するに「農転非」と，それがもたらす「半統合」に関わる問題は，相当に複雑なもので，簡単に考えてはならないのである．

3　外来農民工の「不統合」問題

　中国の都市にいる農民工は「外来人口」あるいは「外来出稼ぎ労働者（外来打工族）」とも呼ばれ，長い間都市，とりわけ大都市で働きながら，都市社会に統合されない状態にある．いうまでもなく，その最も中心となる原因は，中国の「戸籍制度」という障壁である．したがって，筆者は戸籍という障壁から論じていきたい．

(1)　戸籍制度による受け入れ拒否

　外来農民工に対する戸籍制度による受け入れ拒否，あるいは「制度的な進入禁止（不准入）」に関する文献はすでに数多く，筆者が詳しく紹介するまでもない．大都市の戸籍制度は外来人口を受け入れず，農民はもちろん，北京・上海・広州・深圳のような大都市では大学卒業生も普通は追い出される．はなはだしい場合，名門大学の教授が大都市から大都市へ転職する際に，戸籍制度の壁にぶつかったのをみたことがある．つまり，戸籍の障壁は農民工だけでなく，多くの社会集団に対しても存在しているのである．現在，世論が沸騰しているのは，このような受け入れ拒否や進入禁止が果たして理にかなっているのか，そして社会的公正をどう考えればよいか，ということである．

　もちろん，都市の受け入れ能力に限りがあるため，当分は戸籍制度で人口移動を抑えるしかないと考える人もいる．たとえば，2011年に北京で新しく打ち出された，納税期間が5年に満たない外来人口に対する住宅や自動車の購入制限策というのは，21世紀に入って戸籍制度をさらに強化した措置にあたる．我々は，このような政策をどうみるべきだろうか．

　人間は鏡を見て初めて美醜がわかる．社会政策は，何を鏡にすればいいのだろうか．それは国際比較であり，鏡をみれば一目瞭然である．世界の多くの国の都市化と比較すれば，中国の都市化が遅れているのは明らかである．それで

は，どの程度の都市化率が適切なのだろうか．S. プレストン[訳注9]は，世界のほとんどの国（中国は対象外）の工業化と都市化の関係について考察し，大量のデータに基づいて，その比率がほぼ1対2の関係になること[7]，つまり就業人口に占める工業人口の割合が1%増えるごとに，総人口に占める都市人口の割合が2%ずつ増えることを指摘した．これに対して，筆者が中国の工業化と都市化の比率を考察した結果，中国の都市化の速度は上記の多くの国の約2分の1であることがわかった．これに関して，中国の他の学者も，都市化の立ち遅れについて指摘している[8]．

したがって，戸籍制度とその大都市における厳格な運用の合理性を説く理由は多いものの，戸籍制度がもたらす「不統合」が公民にとって公正でないという事実も一目瞭然である．人口密度が中国より高い国々，たとえば日本では，国民に「不統合」をもたらすような厳格な戸籍制度をとっていないが，それでも日本の大都市のガバナンスは不可能ではない．それどころか，人口密度の高い日本の東京などの都市をみれば，交通は順調に流れ，秩序が整然としており，自由な人口移動による問題は起こっていない．これに対して，厳格な戸籍制度を実施している北京などの都市では，交通渋滞が深刻である．したがって，都市の効率的な運営を維持する最も核心的な問題は戸籍ではなく，都市ガバナンスの水準と都市住民の資質を高めることである．最近公表された第6回人口センサスのデータが示すように，戸籍登録地を半年以上離れた流動人口（その主体は農民工）は2.6億人を超え，全国の労働人口の3分の1近くを占めている．このような莫大な人口を「不統合」にするような戸籍制度は，不公平で正義に反する問題である．もちろん，小都市の戸籍は開放的であると弁護する人もいるだろう．しかし，実際問題として労働力移動の基本原則は，労働力の価格の低いところから高いところへ流れるのである．大都市の賃金水準や金を稼ぐ機会は小都市をはるかに上回るため，農民工が大都市に流れ込むのは労働力移動の基本原則にしたがっている．

［訳注9］ S. プレストン（Samuel Preston）はアメリカの人口学者，社会学者で，国民所得と平均寿命の関係をあらわしたプレストン曲線で知られる．

（2）戸籍制度に関連する多方面の社会的差別

　戸籍制度による受け入れ拒否は，さまざまな面で社会的差別を引き起こし，そのうえ，さまざまな不統合も引き起こしている．このような社会的不統合の具体的内容は多岐にわたるが，比較的目立つのは以下の3つの分野だろう．

　まず，農民工の子供の教育における不統合である．少なからぬ都市が農民工の子供を公教育システムに組み込むと宣言したが，実際は農民工の子供と都市住民の子供は依然として別世界に置かれている．ネット上で猛批判されたが，上海でみられた，農民工と都市住民の子供を同じ学校の異なる校地に通学させるような事例は言語道断である．大学入試制度だけとっても，全ての外来農民工の子供が，大学入試で住所地の都市住民の子供と同様に扱われていないことは，誰の目にも明らかである．したがって，農民工の子供の教育は完全に「中断的」であり，たとえ6年間の義務教育が実施されたとしても，その後の教育にうまく接続できない．さらに一部の地方では，国の政策に反して，農民工の子供から差別的な授業料を徴収している[9]．このような問題については，これまで多くの研究がなされてきたため[10]，これ以上は触れないことにする．

　第2に，多種の社会保障，社会保険，医療保険，公共医療における不統合があげられる．政府が提供する医療保険，養老保険，失業保険，労災保険などさまざまな社会保障や社会保険は，表12-1に示す「農転非」よりも外来農民工の方が明らかに低い．統計によると，2009年末に，都市部で就労する1.5億の農民工のうち，都市基本医療保険の加入者は28.90％，基本養老保険は17.65％，失業保険は10.95％で，一番比率が高いと言われる労災保険でもわずか37.25％に過ぎない[11]．農民工がこれらの保険に加入しない理由は明らかで，長いあいだ実施されてきた戸籍制度で彼らは都市人口とみなされないため，自分は都市の人間ではなく将来は農村に戻るのだと考え，養老保険や失業保険への加入率が非常に低い．労災保険の加入率はわずかに高いようだが，これは就労している間の労災が心配だからである．報道によれば2011年5月，重慶市の呉遠碧という農民工が，医療保険に加入していないため自分で腹を切開し腹水を排出した結果，死亡した．このような事件は，公共医療面における不統合によってもたらされた悲惨極まる社会的悲劇を改めて示している．

　第3に，住宅システムにおける不統合である．後掲の表12-11と表12-12に，

今回調査した農民工の住宅状況が示されている．ほとんどの農民工は粗末な家屋に住んでおり，その居住条件は驚くほど劣悪である．廉思らの著作『蟻族』[訳注10]では，大学卒業者が大都市で働く場合の劣悪な居住条件に驚愕したが[12]，実は農民工と比較すると「蟻族」の居住条件の方がはるかに優れている．また，農民工の居住する地区に，典型的な「居住地分化（segregation）」現象があらわれている．国情の違いによって，農民工の居住地は欧米のスラムとは本質的に異なるとはいえ，その劣悪さはスラムに負けないほどである．現状では，農民工の住宅における不統合は断裂的な不統合であり，都市の住宅システムに入り込む可能性はまったくない．都市部の分譲住宅は，農民工はもちろん，都市住民でさえ受け入れ難いほどの高価格になっている．また戸籍制度の障壁で，農民工が低所得者向けアパート（経済适用房），家賃補助アパート（廉租房），制限価格アパート（限价房）[訳注11]を享受する可能性を阻んでいる．当然，多くの農民工は市場で流通する労働者向け住宅を選択せざるを得ないが，実際問題として農民工は普通の賃貸住宅にさえ手が届かない．彼らが家賃を負担できるのは，基本的に都市郊外の農村との境界に無断で建てられた違法家屋である．したがって，農民工が住んでいる家屋自体が危険なもので，都市管理の厳格化に伴いしばしば立ち退きを迫られている．まさにこのような状態を，筆者は統合の可能性がないという意味で，「断裂的な不統合」という概念で呼んでいる．

訳注10〕 大学の大衆化とともに，大卒でも非正規労働に従事するワーキングプアが増えて社会問題となっている．彼らは都市郊外のアパートにルームシェアして集住しているため，勤勉だが弱くて小さな蟻が巣に集住するのにたとえて「蟻族」と呼ばれる．

訳注11〕 经济适用房は本章訳注6を参照されたい．廉租房は政府が家賃補助をする低所得者向けアパートで，現在は2013年の《关于公共租赁住房和廉租住房并轨运行的通知》に基づいて公共家賃アパートと運用が統合され，公共租赁住房となっている．限价房は経済适用房や廉租房よりも若干所得が高い層を対象として，民間業者が供給しながら，政府の介入によって価格が抑えられているアパートである．どの制度も，基本的に都市戸籍の住民を対象としている．

(3) 制度的な排斥と農民工の能力とのギャップ

筆者がこれまでの研究で明らかにしたように，都市に移動した農民工は，都市内部で強い経済活動の能力を持つ集団である．たとえば，中国の31の省・自治区・直轄市の1人あたりGDPと，その地域に移動した農民工が労働力に占める割合を算出すると，その相関関係は非常に強く，相関係数は0.76と相当に高い[13]．また，都市住民に対するアンケート調査では，都市住民も外来農民工の大きな社会的役割を認めていることがわかる．たとえば，農民工が都市の発展に「大きく貢献した」と考える都市住民は76.0％，「市民生活を便利にした」と考える割合は82.5％である[14]．したがって，農民工は都市の発展に大いに貢献している強力な集団（強勢群体）であるにもかかわらず，制度的排斥によって生活の場は都市の周辺地域（辺縁地帯）に追いやられ，経済的にも社会的にも地位の低い都市弱者層になってしまった．

このような制度的統合拒否は，確実に社会の公正原則を大きく損ねるものである．社会学の「エリートの周流」[訳注12] 理論によると，もし能力のある社会集団が長期にわたって社会の最下層で抑圧されれば，社会のアンバランスをもたらし，社会矛盾の激化と社会動乱を引き起こしてしまう[15]．最近みられる一連の激烈な集団抗議行動（群体事件）は，すでにそのような兆しをみせている．

(4) 社会的不公正の現象

制度的排斥の下で，農民工は長期にわたって都市で明らかに不公正な扱いをされてきた．筆者がかつて書いた「剥奪される都市農民工（城市農民工的被剥奪）」は，長時間労働，給与の遅配，職場で受けた損害などの不公正な扱いを分析したものである[16]．もちろん，2003年に都市ホームレス収用送還法（城市流浪乞討人員収容遣送辦法）[訳注13] が廃止されて，社会環境がある程度改善

訳注12〕 イタリアの経済学者・社会学者であるV. パレート（Vilfredo Pareto）の提唱した理論で，社会は少数のエリートが支配するが，そのエリートには2つの類型があり，それが交互に支配者として入れ替わる循環構造を持っているとする．

訳注13〕 ホームレスを収容所に送り込んで農村に送還するための法律だったが，2003年に広州市でホームレスと誤認された青年が取り調べ中に暴行を受けて死亡した事件を契機に批判が高まり，廃止された．

されるようになった．しかし，不公正な扱いという角度からみると，多かれ少なかれ農民工の中で権益が侵害される現象が未だに存在している．たとえば労働時間について，今回の2009・2010年の調査と，都市ホームレス収用送還法が廃止される前の2002年の調査を比較すると，「あなたは毎日何時間働いていますか」という質問に対し，2002年の調査では，農民工の中で毎日14時間以上働く人は16.1％で，12時間以上働く人は全体の約3分の1，10時間以上働く人はほぼ6割を占めていた．しかし2009・2010年の調査では，労働時間に明らかな改善がみられ，毎日14時間以上働く人はごくわずかになった．ただ，毎日12時間以上働く人はまだ15.6％も占め，10時間以上働く人は40.8％である．このような労働時間は明らかに「農転非」を大きく上回り，ほとんどの都市住民の8時間労働制とはさらに比較にならない．

したがって，今回の調査で明らかなように，農民工の権益侵害の現象はある程度改善されたとはいえ，依然として問題は残されている．割合からみれば，農民工の権益侵害は，都市住民や農転非を大きく上回っている．彼らが侵害を被ったという現象は，様々な社会集団の中で，最も際立っている．今回の調査では，もっぱら農民工が権利や利益の損害を被ったかどうかについて調査したが，その結果は表12-7に示すとおりである．

国家が給与遅配を禁止する政策を何度も打ち出したにもかかわらず，給与遅配は未だに25.7％にも達しており，かなり深刻な状況である．したがって，今なお給与遅配で引き起こされた集団抗議行動や異常事件が時々起こっている．就労先で保険に加入させてくれない，あるいは労働時間の延長がよく命じられ

表12-7 あなたは出稼ぎ先の都市で自分の権利や利益を侵害されたことがありますか

侵害された内容	人数	割合（％）	有効標本数（人）
給与の遅配	110	25.7	428
給与の減額	70	16.4	428
労働契約の未締結	83	19.4	428
社会保険の未加入	91	21.3	428
経営者による日常的な労働時間延長	91	21.3	428
経営者による労災補償の不給付	29	6.8	428
臨時居留証（暫住証）がないため処罰された	148	34.7	429

るという割合はともに5分の1を超えている．表12-7で比率が最も低いのは，「経営者による労災賠償の不給付」の6.8%だが，労災事故に遭う人が調査標本のうちごく一部であることを考慮すれば，事故にあった人の多くは経営者からの補償がないとみてよいだろう．

したがって，現在直面する鋭い矛盾は，国家が労働法で農民工の合法的権利を守ろうとしているのに，実際には農民工の権益侵害がしばしば起こっているということである．また，中国の法律自体に欠陥があると指摘する研究者もいる．たとえば，農民工が労災事故に遭った時，労災認定には3か月から6か月かかり，仲裁が必要な場合はさらに2か月必要で，裁判所の一審判決までの期限は6か月から1年であるため，外来農民工はこのような手続きを待つことはできない[17]．

なお本調査によれば，農民工が都市で遭遇する不公正な待遇は前述の労働紛争，職務紛争，労働時間などの面だけでなく，表12-8のような多くの社会問題にもあらわれている．

表12-8の順位をみると，一番大きな問題は子供の入学問題で，47.4%もの農民工が，戸籍制度で排斥されるので子供の入学に高額の賛助金が必要だと回答した．各地方政府が，学校に対して賛助金禁止を何度も通達したにもかかわらず，実際には賛助金の徴収は相変わらず普遍的な現象である．次に大きな問題は就業差別であり，さらに，信頼されない，差別を感じるなどの問題もある．

(5) 対人コミュニケーションの断絶状態

社会的援助の面で，外来農民工は流入先の資源をあまり享受していないこと

表12-8 あなたは都市戸籍がないために以下の問題にあったことがありますか

	はい (%)	いいえ (%)	わからない (%)	有効標本数 (人)
仕事に応募できなかった	42.0	39.7	18.3	421
子供の入学に高額な賛助金を支払った	47.4	25.1	27.5	403
生活が不安定	28.3	51.2	20.5	420
都市住民に信頼されない	25.4	50.9	23.7	422
差別を感じた	19.1	58.8	22.1	425

は明らかである．

いわゆる「不統合」で目立つのは，対人コミュニケーションや対人関係が断絶した状態で，都市の農民工はまるで「孤島」に暮らしているように，周りの市民や組織との交流がないことである．このような状態は，とくに彼らが困難に遭遇したときにあらわれる．本調査では農民工に対して表12-9のような質問をした．

表12-9によると，農民工は困難に出会ったとき，主に家族から援助を受け，また親戚からは部分的な援助，同郷人・同僚・友人・同窓生からはわずかな援助が受けられるが，それ以外はほとんど援助を受けていない．ところが，農民工は一般に1人で出稼ぎに来ていて，家族や親戚は常に遠隔地にいるため，本当に助けてくれるはずの人が普通はあてにならない．表12-9からわかるように，農民工は困難に出会っても，党組織・地方政府・司法機関・法執行機関・警察・公益組織・社区組織・労働組合・婦女連合会・共産主義青年団・勤務先・経営者など，すべての地域資源やコミュニティ資源から何の援助も受けられない．周知のとおり，都市には各種の社会資源，精神的資産，物質的資産が

表12-9 日常生活で困難に出会ったとき，以下の組織や個人はあなたを援助してくれますか

	農転非	外来農民工
家族	3.49	3.41
親戚	2.89	2.70
同僚	2.49	2.29
党組織	2.48	1.33
友人・同窓生	2.47	2.30
地方政府	2.44	1.39
司法機関・法執行機関	2.33	1.34
警察	2.32	1.48
公益組織・社区組織	2.32	1.40
労働組合・婦女連合会・共産主義青年団	2.29	1.37
勤務先・経営者	2.27	1.76
同郷人	2.25	2.35
ニュースメディア	2.15	1.27
宗教団体	1.94	1.19

(注) 1 (援助してくれない)，2 (多少は援助してくれる)，3 (大いに援助してくれる) 4 (非常にたくさん援助してくれる) の4段階で回答を求め，その平均値を算出した．

高度に集中しており，もし農民工が都市に溶け込めれば，これらの資源を簡単に手に入れることができる．しかし，現在の「不統合」の現実は都市資源の享受や公共サービスと断絶している状態である．これに比べると，「農転非」はなんといっても都市戸籍があるため，表12-9に示すように，都市公共資源の享受という面で明らかに農民工とは違いがある．

(6)「不統合」のアイデンティティーの状況

「不統合」は，間違いなく心理的な不適応としてあらわれる．今回の調査では，とくに外来農民工に対して社会的身分の自己認識，つまり，農民工が自分自身を都市人口だと認識しているのか，それとも農民だと認識しているのか，について尋ねた．結果をみると，多くの農民工は自分のことを出稼ぎ先の人間だと思わず，依然として農民だと考えている．これは，「不統合」という心理的状態だが，その具体的なデータは表12-10に示すとおりである．

表12-10に示されているように，自分を農民だと考える人の方が，農民でないと考える人より明らかに比率が高い．つまり，農民工は長い年月のあいだ都市で生活して働き，農業と関係のない仕事に従事しているにもかかわらず，その多くはいまだに自分を農民だと考えている．これは，中国における非常に不思議な現象である．長期にわたって農業生産に従事していない人に関して，自

表12-10　外来農民工の都市住民としてのアイデンティティー

単位：％，人

	自分が農民ではないと思う	農村生活が好きではない	都市に就労しているが，帰属意識がない	都市住民は農民工を強く排斥している	子供には都市に残って欲しい
非常にそう思う	4.9	5.2	11.1	3.7	16.8
そう思う	23.7	11.9	48.8	19.9	51.1
どちらでもない	20.7	30.4	23.8	42.6	27.6
そう思わない	43.4	43.8	15.1	29.3	4.1
全くそう思わない	7.3	8.7	1.2	4.4	0.5
合計	100.0	100.0	100.0	100.0	100.0
標本数	426	427	452	427	417

訳注14〕　第1章訳注12を参照されたい．

分自身も社会も，その身分を「農民」だと認識している．

　もちろん，最近になって我々は新生代農民工[訳注14]の問題に直面している．ある研究で示されたように，「80后」「90后」[訳注15]の新生代農民工は学校を卒業してすぐに都市に行き，都市生活になじんでいて，たとえ都市での仕事を失っても農村に戻ろうとは思わない[18]．新生代農民工は古い世代の農民工とは異なり，農村に帰属意識を持たないのである．したがって，新生代の農民工にとって，「不統合」は「双方向の不統合（双辺不融入）」であり，都市にも，農村にも統合できない．今後，都市化と共にますます多くの新生代農民工が都市に流入するだろうが，それは現在と将来の中国の社会的安定にかかわる最大の問題の1つだと考えられる．もし双方向の排斥（双辺排斥）の問題を解決できなければ，相当厳しい社会的影響をもたらすだろう．

　「双方向の排斥」の問題に関して，新しい問題も起きている．最近の調査で明らかにされたのは，相当高い比率の農民工が，都市戸籍への転籍を望んでいないという事実である．その理由として目立つのは「請負耕作地の保有を続けたい」「都市住宅の価格が高すぎる」「都市戸籍はあまり役立たない」「農村生活は楽だ」などである[19]．国務院発展研究センターのある報告も，農民工が「双放棄（請負耕作地と農村住宅用地の両方を手放す）」と引き換えに都市戸籍を手に入れることは，望まれないと明らかにしている[20]．

　要するに，上記の6つの「不統合」の状態は，農民と農民工に対して都市化への強い不信感をもたらした．彼らを都市に統合しようとしても，彼らはそれを望まず信じない．旧世代の農民工は，農村の生活に慣れ親しんで生まれ故郷に帰りたいと思っているし，農村にある住宅用地と耕作地を失う心配もあるため，都市に統合される可能性はほとんどない．新生代農民工も，上記の「双方向の不統合」の状態のもとで，自分自身の利益を考えて住宅用地と請負耕作地を手放したくない．したがって，現在の「不統合」は社会的な信頼感を完全に失った「不統合」の状態といえよう．

訳注15） 1980年代生まれを指す「80后」，90年代生まれを指す「90后」は，農民工に限らず，日本でいう「新人類」のように旧世代と全く違う考えや行動を示す若者をあらわす．

4 「半統合」と「不統合」に対する比較研究

(1) 2つの集団の資源占有における大きな格差

ここまで中国の都市化における2つの社会集団の統合状況を述べ,「半統合」と「不統合」という2つの分類概念を提起した．社会階層論によれば,人々の地位の格差は資源占有の格差として最も典型的にあらわれる．前述の「半統合」集団と「不統合」集団の違いは,少なくとも以下の4つの資源占有における大きな格差だといえる．

第1に,就職面の格差である．戸籍が影響する就業上の地位の違いによって,同じように就業しても,その安定性が異なる（表12-13の仕事への主体性に関するデータを参照されたい）．第2に,住宅面の格差である．外来農民工は農村に住宅を持っているが,「遠水は近火を救わず」というたとえのように,都市住宅の価格が高騰するなかで住宅格差は最も主要な資源面の格差となっている．第3に,福利厚生の格差である．自分自身の社会保障と公共福祉や,子供が利用できる教育資源などがこれに含まれる．第4に,ガバナンスの格差である．今回の調査からわかるように,「農転非」は「広州市民は自分たちにもガバナンスに参加してほしいと思っているか」という設問に比較的に肯定的な評価をしたのに対し,外来農民工は否定的な評価をした．「農転非」は正式に都市住民になったので,法律上も住所地の都市ガバナンスに参加しなければならない．一方,農民工は法的には戸籍所在地の農村のガバナンスに参加するのが正当であり,移動先の都市のガバナンスに参与する法的権利はない．本章では「農転非」の人々を「半統合集団」,外来農民工を「不統合集団」と定義したが,その資源占有の面において,このように確実に明白な格差が存在している．

(2) 2つの原因：制度的差異と社会選択の差異

2つの集団の格差の原因をさらに分析すれば,制度的差異および社会的選択の差異という2種類の原因にたどり着ける．以下,それぞれについて述べていきたい．

第1の制度的差異という原因は,最もわかりやすいもので,「農転非」は戸

籍の転換を実現したので，戸籍制度によって少なからぬ経済的利益，社会的資源，公共福祉の利益などを享受できる．それに対し，外来農民工の場合は，戸籍制度から排斥され，このような利益が享受できない．これに関するデータは枚挙にいとまがないが，住宅，仕事に対する自主性，政治参加という3つの事例だけ述べておきたい．

表12-11と表12-12は，2つの集団の住宅所有権および住宅面積を示しており，制度的差異による住宅資源における大きな格差を示している．

表12-11のように，「農転非」のうち90.3%の人が住宅所有権を持っており，この数字は中国の都市住民の持ち家比率と比較的近く，やや上回るほどである．その理由は，中国の「農転非」政策では農民の土地を収用する場合，必ず農民の住宅問題を解決しなければならないからである．それに対して，流動人口や外来農民工は，いずれも居住する住宅を所有せず，賃貸住宅や集団宿舎（いわゆる集団宿舎とは，工棚＝飯場のことが多い）に住むなど，住宅面での地位は

表12-11 「農転非」と外来農民工の住宅所有状況

住宅所有権	農転非(%)	外来農民工(%)
持ち家	90.3	8.0
賃貸	6.1	68.2
集団宿舎	0	20.4
親戚や友人と同居	1.1	3.4
その他	2.5	0
合計	100.0	100.0
標本数	361	437

表12-12 「農転非」と外来農民工の住宅面積

住宅面積(㎡)	農転非(%)	外来農民工(%)
0〜30	0.8	51.3
31〜60	6.7	24.7
61〜90	18.7	15.6
91〜120	14.9	6.1
121以上	58.9	2.3
合計	100.0	100.0
標本数（人）	387	391

「農転非」と全く異なる．もちろん，外来農民工は自分の故郷では住宅を所有しているが，彼らが働く場所では住宅を所有していない．この角度からみれば，「農転非」は都市の住宅資源を所有しているのに対し，農民工は，故郷において住宅資源を所有するが，働いている都市の住宅資源を所有していない．

いわゆる仕事に対する主体性の差異は非常に興味深い結果となっている．仕事でどれほど自主的に活動できるかについて尋ねた結果，表12-13のように「農転非」と外来農民工の就業上の地位の格差があらためて裏付けられた．

仕事中にプライベートな電話や用事などをすることを勧めるわけではないが，このような仕事上の主体性は，就業上の地位を確かに反映している．社会階層論の大家E. ライト[訳注16]は，人々の社会的地位を測定する際に，とくに仕事の主体性に関する質問項目を設定した[21]．表12-13のデータからわかるように，外来農民工に比べて「農転非」は明らかに仕事を自由に処理できる余地が大きい．これは，「農転非」の就業上のより強い安定性を反映するものである．

社区事務への参加は，2つの集団の異なる地位をさらに明らかに反映している．その最も直接的な指標は，表12-14に示す社区選挙[訳注17]への投票の状況である．

表12-13 「農転非」と外来農民工の仕事に対する主体性

仕事中に管理職の許可なく以下のことができますか	回答	農転非（％）	外来農民工（％）	標本数（人）
私用電話をかける	できる	65.2	49.3	467
	できない	27.7	44.1	296
	わからない	7.1	6.6	56
持ち場を30分離れる	できる	25.2	18.4	174
	できない	66.6	75.3	570
	わからない	8.2	6.3	58
1時間を私用にあてる	できる	16.4	12.6	116
	できない	77.4	81.8	640
	わからない	6.2	5.6	47

訳注16〕 E. ライト（Erik Wright）はアメリカの社会学者で，マルクス主義の立場から社会階層論を展開した．
訳注17〕 社区は都市の最末端の行政単位だが，居民委員会が置かれ，委員が選挙される．

表 12-14　社区選挙への参加

	農転非（％）	外来農民工（％）
投票した	86.0	9.2
投票しなかった	14.0	90.8
合計	100.0	100.0
標本数（人）	457	434

　投票への参加を一種の政治的地位とみれば，2つの集団の政治的地位は明らかに異なる．「農転非」は本来の住所地にいて，都市戸籍を持つため，社区選挙の投票に参加する割合が高い．一方，ほとんどの流動人口や農民工には，都市社区の投票に参加する権利がなく，また自分の原籍地である農村に戻って投票に参加する機会もない．したがって，彼らは実質的に地域の政治的資源とガバナンス資源を失った社会集団となったのである．

　格差の第2の原因は，社会的選択の差異である．移民の社会的選択理論（selectivity theory）はE.S. リー[訳注18]によって初めて提起された．たとえば，ある村の一部の労働者が出稼ぎに行って，その他の人は村に残って移動しない場合，社会的選択が原因である．リーによれば，労働力移動には2種類あり，1つは社会的選択のない全体的な移民，もう1つは社会的選択のある部分的な移民である[22]．明らかに，「農転非」は全体的移民である。つまり「農転非」が出現するのは，一般に都市化推進のために村全体の農民を一斉に都市戸籍に転籍するためで，例外のない移民であり，時に「釘子戸（動こうとしない世帯）」の住民がいても最終的には解決される。それに対して，外来農民工は社会的選択を経ており，村から出稼ぎに行く人もいれば，行かない人もいる．無論，そこには能動的な移民と受動的な移民がある．農民工は一般に自分の意思で村を出るのに対し，「農転非」の場合は受動的に転籍させられる。それでは，社会的選択のある農民工と社会的選択のない全体的移民との違いは何であろうか。一般的には，社会的選択のある移民は労働力の資質，技術水準，学歴，経済活動力などが，社会的選択のない移民より高い。

訳注18〕　E.S. リー（Everett Lee）はアメリカの移民研究者で，1960年代に移民の要因に関するプッシュ - プル理論を提唱した．

今回の調査結果でも，労働力の資質や経済活動力などさまざまな面で，「農転非」より社会的選択のある外来農民工のほうが明らかに優れている．その理由も簡単で，出稼ぎは大変なので，一般的には屈強な労働力が外に出て，高齢者や子供，病弱者などが農村に残ることになる．表12-15のように，年齢構成をみれば，2つの集団には明らかな差異がある．

表12-15からわかるように，年齢構成は「農転非」より外来農民工の方が明らかに若く，より強い労働能力を持っている．外来農民工のうち30歳以下が49.9％で半数を占めるのに対し，「農転非」では30歳以下が24.4％しかいない．さらに，51歳以上が外来農民工では3.3％にすぎないが，「農転非」は18.8％である．つまり，「農転非」には高齢者が一定の割合を占めるのに対し，外来農民工には60歳以上の者は1人もいない．「農転非」は家族を持つ集団であるため，一連の問題を解決しなければならないが，外来農民工のほとんどは単身で出稼ぎに行き，出稼ぎ先で家族が足手まといにならない．

表12-15　年齢構成

年齢	外来農民工		農転非	
	人数	比率(%)	人数	比率(%)
16〜20	27	6.4	6	1.3
21〜30	185	43.5	106	23.1
31〜40	139	32.7	129	28.2
41〜50	60	14.1	131	28.6
51〜59	14	3.3	67	14.6
60〜69	0	0	19	4.2
合計	425	100.0	458	100.0

表12-16　「農転非」と外来農民工の就業状況

現在の就業状況	農転非(%)	外来農民工(%)
労働力人口で有業者	79.5	89.6
労働力人口で無職または失業	7.8	3.0
非労働力人口	11.8	6.2
その他	0.9	1.2
合計	100.0	100.0
標本数（人）	459	433

さらに表 12-16 のように，就業率でもこのような差異があらわれている．外来農民工は他人に頼れず自分の労働で生計を立てるほかないため，必ず仕事をしなければならない．これに対して，「農転非」には労働市場から退出した老人がいるため，当然就業率は低くなる．

5 社会統合問題の解決策

外来農民工と「農転非」が社会的地位の違う 2 つの社会集団であり，とくに都市化にあたって「半統合」および「不統合」という 2 つのグループに分けられていることはすでに述べたとおりである．そこで，筆者は外来農民工及び「農転非」という社会的地位の違う 2 つの集団に対し，異なる社会的対策を講じ，異なる角度から都市社会へ統合し，社会の調和を促進すべきだと考えている．以下，まず外来農民工に関する対策，次に「農転非」に関する対策を論じていきたい．

(1) 外来農民工の社会統合問題に関する対策

近年，農民工をいかにして都市住民化するかという論文や資料が非常に多く[23]，筆者もそれらの考え方に賛成だが，漠然と都市住民化を論じるのは何の役にも立たないと考えている．したがって，本章では外来農民工の完全な不統合に対して，以下の 3 つの具体策を提案したい．

第 1 に，本章で分析した外来農民工が直面する 3 つの問題について，具体的な対策を提案したい．上述のように，外来農民工は，子供の教育の不統合，社会保障制度の不統合，住宅制度の不統合という 3 つの難題に直面している．筆者はこれらの具体的な問題について，解決策の提案を試みたい．

現在，農民工の子供の教育不統合には，多くの問題が存在している．たとえば，「農民工児童学校（打工子弟学校）」をどのように扱うか，という問題がある．現在，少なからぬ都市で，都市部に出稼ぎに来ている農村戸籍の人々の子供のための学校があらわれている．そこには確かにジレンマがあり，「農民工児童学校」の存在で，農民工の子供に教育の機会を与えた一方で，これらの学校は学習環境が整っておらず，教師の質も高くないため，農民工の子供の発達

には不利である．筆者が調査で感じたのは，当面は一種の均衡策をとるほかなく，これらの学校の水準を高めるべきであり，一律に閉鎖させるのは最善の方法ではない．しかし長期的にみれば，やはり農民工の子供も都市部の公教育システムに統合されるべきである．ただし，そうなれば都市の教育資源は農民工の子供を収容できるかどうか，という問題が関わってくる．多くの都市における調査でわかったことは，都市部では一人っ子政策が比較的厳格に行われたため，現在，多くの都市で小学校の教育資源が過剰な状態で，すでに定員割れが生じており，将来は中学校でも過剰現象があらわれるだろう．また，都市部の小中学校で，50代で退職する教師たちは貴重な教育資源である．したがって，農民工の子供の教育問題について最も重要な問題は都市の教育資源の不足ではなく，外来農民工の子供の教育を重視しないばかりか，社会統合の考えを受け入れず，しばしば制度的に彼らを排斥していることである．したがって，政府は政策的に農民工の子供を都市部の公立学校に入学できるよう取り組むべきだと筆者は考える．さらに，省都以下の都市でも，農民工の子供に高校統一入試や大学入試の受験資格を与える実験を行うべきである．

　外来農民工の社会保障制度への不統合の問題に関して，中央政府は第12次五カ年計画で，計画期間中に広範な社会保障体系を構築すると明確に提起した．外来農民工に関して現在直面している主要な問題は，各地域あるいは各省にまたがる社会保障体系の移転継続の問題である．実際には，今日ではコンピュータとインターネットが高度に発達し，一人ひとりの農民工が身分証番号を持っているため，農民工の労災，医療，養老などの社会保障権益を省や地域にまたがって継続させることは，技術的には全く問題がなく，たやすく解決できる．肝心なことは，各地域の社会保障資金の徴収と支給をどのように調整するかということである．中国は地域主義（小圏子）という社会的伝統を持っているため，地域を跨ぐ移転と継続の問題を解決するには，伝統的な地域の障壁を克服しなければならない．

　長期間都市で働く農民工の住宅問題は，農民工の社会統合に関して最も困難な問題である．長期的な政策からみれば，それは農民工が都市で住宅保障を享受すべきかどうか，そして住宅をどのように享受するか，という問題に関わってくる．当然，農民は農村で住宅用地を保有し，自分の住宅を所有している．

しかし，5年，8年，さらに10年以上にわたる長期間の出稼ぎ労働者が，彼が貢献してきた都市で住宅を保障されるべきか否かといえば，これも享受すべきであろう．もちろん，都市と農村における権益の関係をいかに扱うかということは難しい問題である．もし，今後30年，50年の中国都市化の長期的見通しからみれば，なお多くの農民，農民工が都市に移動しようとするだろう．国際経験からみて，「中所得国の罠」[訳注19]にかかっていない国，あるいはパターン転換に成功した国は人口移動による都市化を完成させたのに対し，「中所得国の罠」にかかった国は都市と農村の関係をうまく処理できず，合理的な都市化への転換を実現できなかった．したがって，長期的な発展という視角から，中国は必ず都市化転換を完遂すべきであり，不統合の状態を長期間放置してはならない．しかし現行の政策では，住宅補助金，住宅積立金，経済適用房，廉租房などを含む都市の住宅保障システムは，いずれも外来農民工と無縁である．したがって，今後は制度設計を変更すべきである．もちろん，差し迫った任務は，外来農民工の住宅条件を改善し，飯場の条件を改善し，農民工の住宅に潜む危険性を排除することであり，都市と農村の境界地域にある農民工の住宅に対しても規範的管理を強化することであって，一律に撤去して追放するという政策は採用できない．

　第2に前述のように，外来農民工は自身の能力や労働競争力からみれば弱者層ではなく，むしろ労働能力，労働技能，経済活動力における「強者グループ」だといえる．都市の農民工が収入，財産，住宅，社会福祉の享受などの面で弱者層になったのは，主として制度設計が彼らに不利だからである．したがって，制度的排斥と農民工自身の経済活動能力との間には大きなギャップがある．筆者はかつて「下層エリート（底層精英）」という概念を提起し，大都市の戸籍制度によって外来農民工の集団を「全面的に排斥」するのは不公正であり，社会矛盾の激化にもつながると提起した[24]．農民工は競争力があるのだから，競争を通じて地位向上を実現できるように，彼らの能力が発揮できるような制度設計をすべきである．筆者が以前書いた論文では，農民工が技能労働者

[訳注19]　開発経済学で一般的に指摘される現象で，新興国が低賃金労働力などを原動力に経済成長して中所得国となったあと，人件費の上昇，後発国の追い上げ，先進国との格差などによって競争力を失い，経済成長が停滞する現象を指す．

から中産層へ上昇できる制度をいかに設計するかについて分析し，社会的流動における技術的断裂の問題を解決した．また筆者は，八級賃金制度（"八級工"制度）を復活させ，農民工が上昇できる社会ルートを作り出すよう，呼びかけた[25]．

第3に，外来農民工に対するコミュニティ支援を行うべきである．農民工は都市のよそ者であり，社会関係で不利な立場にいるからには，解決策はコミュニティから着手しなければならない．現在のところ，都市の街道委員会や社区居民委員会は，基本的に都市戸籍の住民に向けてサービスを提供するものであり，外来農民工に対してはサービスを提供するのではなく，管理やコントロールを展開している．今回の調査で裏付けられたように，外来農民工は悩んだとき，基本的に現地の組織と関わらないのである（表12-17）．そのため，コミュニティ組織はこの分野で，なお大いに活動を展開できる余地があるのである．

表12-17に示すように，「農転非」と比べて，外来農民工が悩んだときに相談できる相手は，たいてい家族や親戚，友人である．両者の相談相手を比較すると，地方組織と関係ある機関に相談するのは，「農転非」より外来農民工の比率が明らかに低い．したがって，街道委員会や居民委員会，労働組合，婦女

表12-17　悩みを打ち明けたい時，以下の組織や個人を相談の相手にしますか（「する」と答えた者の割合）

単位：％

	農転非	外来農民工
家族	90.1	87.6
親戚	72.1	70.4
友人・同窓生	67.9	71.5
同僚	66.3	71.3
同郷人	38.0	73.3
勤務先・経営者	28.9	22.3
党組織	27.2	10.5
労働組合・婦女連合会・共産主義青年団	25.6	14.6
地方政府	23.8	11.7
公益組織・社区組織	24.1	13.2
警察	22.6	13.2
司法機関・法執行機関	20.1	11.4
ニュースメディア	14.9	11.2
宗教団体	12.1	9.8

連合会，青年団，各種公益組織，司法機構，警察などといった都市コミュニティの各組織は，社会的なサービスを提供すると同時に，外来農民工の需要を考慮し，彼らも都市の構成員であり（都市戸籍はないが），彼らは都市の発展に大きく貢献しているのだから，コミュニティの公共サービスを享受すべきだということを認識しておかなければならない．

(2) 農転非の社会統合に関する対策

「農転非」の半統合に対しても，3つの対策を提案したい．

第1に，上述のように「農転非」は全体として都市の弱者層である．そのため，都市の弱者層に対する支援は，「農転非」を主要対象とすべきである．「農転非」は既に市民となった以上，市民の待遇を享受すべきである．都市部には最低生活保護制度があり，彼らをその重要対象と見なすべきである．彼らは土地を失い，土地に基づく労働技能を失ったため，より一層注視すべきである．改革開放前の都市でも，わずかながら，「農転非」の現象があった．たとえば，農村の幹部が抜擢されて，都市に移動することがあった．当時，都市でやや突出した弱者層が，この「半辺戸」[訳注20]と呼ばれる人々だった．半辺戸の家庭では，都市の福祉を享受できるのは1人だけで，生活が往々にして貧困であったため，就職先は色々な政策を打ち出して半辺戸を支援しようとしていた．当時の政策を見習うのであれば，現在，農村から都市戸籍に転籍したばかりの人々に対しても，特別な支援策を講じるべきである．このような政策は，移民の初期支援策を参考にし，就職，住宅，福祉，子供の教育などの面においてさまざまな支援を提供することができる．弱者層への支援は，一貫して各種の公共政策の重要な内容である．

第2に，上述のように，社会的交際は統合の重要な前提である．では，なぜ「農転非」と市民との交際は，限られているのか．そこには，住宅の隔離という問題がある．最近，隔離に関する研究は多くなってきた．都市部で高層ビルや住宅団地を建設するとき，そして実際には「農転非」を推進するときには，往々にして，立ち退き世帯を集中して居住させる．ディベロッパーは，分譲マ

[訳注20] 夫婦の片方が都市戸籍，もう片方が農村戸籍の世帯のことである．

ンションの利益を最大限にするために，しばしば「農転非」の住民を特定区域に集中させながら，その地域のほかの建物を分譲マンションとして開発する．新しい住宅団地は郊外に近く，すがすがしい空気と緑地に恵まれているため，ディベロッパーは高級住宅地として宣伝する．その結果，「農転非」住民の居住区域で建設されるのは立ち退き世帯の住宅地であるのに対し，ほかの区域は高級住宅地と称することになる．さらに，2つの住宅地はしばしば塀や柵によって隔てられ，住居に関して隔離された状況が形成されるのである．1949年以降，中国の居住様式は，さまざまな階級や階層が混住する形式だった．現在のような流れでいくと，将来の中国社会は階級と階層に基づいた隔離的な居住様式になってしまう．それは中国にとって深刻な問題であろう．もし階級によって隔離される居住モデルが形成されると，社会統合はさらに難しくなる．したがって，今後の制度設計では必ず避けるべきだと，筆者は提言したい．

第3に，上述のように，現在「農転非」の半統合は主に主観的心理のうえでの半統合である．したがって，統合の問題を解決するためには，物質的条件を充実させるだけでなく，主観的心理面の統合も無視できない．実は，主観心理，心理状態，感覚，意識，観念の変化は，物質条件の建設よりも複雑である．人間関係と深く関わり，「農転非」のプロセスだけで形成するものではなく，長期にわたるコミュニティ住民との接触や相互交流によって形成するものである．その過程で，住宅地，コミュニティ，居民委員会が大きな役割を果たす．まず，居民委員会は積極的に活動を組織し，「農転非」と市民との交流の機会を増やし，相互に信頼関係を構築すべきである．次に，本来の都市住民一人ひとりには，「農転非」を積極的に支援する責任がある．改革開放前，都市住民と都市の知識青年は数度，大規模な「上山下郷運動」を経て，農村に赴いた．当時，農村住民は農村に流入した都市住民に対して親切に応対した．現在，都市住民も同じように，都市に移動した農村住民に親切にすべきである．また，現在の都市拡張の中で，一部の新築住宅地は元の農民の土地を占用して建築されたものである．にもかかわらず，よくみられる問題として，新たに分譲住宅を買った住民が，排斥的な心理を抱きながら元の農村住民を「立ち退き世帯」と呼んでいる．実は，本来「農転非」はこの土地の持ち主で，土地を譲渡したから新たな住宅地が建設できたのである．したがって，「農転非」と「立ち退き世

帯」を尊重すべきである．

　最後に，公共福利や公共財の待遇の統一も同様に重要である．「農転非」に都市住民と同じ待遇を本格的に実現させ，すべての市民待遇を「農転非」にも与える．この責任は街道弁事処と街道委員会にある．心理感覚と社会物質は生活と密接不可分な関係にある．もし「農転非」が都市の公共福利は農村よりはるかに高いと実感したら，彼らは徐々に都市生活を認めるようになるであろう．都市の生活水準，便利さおよび豊富さは，いずれも農村とは比較にならないものである．もし，「農転非」がこのような生活を本格的に体験できれば，一定の期間を経て，彼らは必ず都市生活と一体感を持つようになるであろう．

原注

第1章
1) 涂文学:《中国近代城市化与城市近代化论略》,《江汉论坛》1996 年第 1 期.
2) 毛泽东:《中国社会各阶级分析》, 1925 年 12 月.「近代工業プロレタリア階級はほぼ二百万人である. 中国は経済的におくれているので, 近代工業プロレタリア階級の数は多くない. 二百万前後の産業労働者のうち, おもなものは鉄道, 鉱山, 海運, 紡績, 造船の五つの産業の労働者であり, そのうち非常に多くのものが外国資本の産業で奴隷のようにつかわれている. 工業プロレタリア階級は, 数こそ多くないが, 中国の新しい生産力の代表者であり, 近代中国のもっとも進歩的な階級であって, 革命運動の指導勢力となっている.」(『毛沢東選集』第 1 巻, 外文出版社, 1977 年, 10 頁).
3) 涂文学:《中国近代城市化与城市近代化论略》,《江汉论坛》1996 年第 1 期.
4) 张仲礼主编:《东南沿海城市与中国近代化》, 上海人民出版社, 1996, 第 429 页.
5) 徐新吾等:《上海近代工业主要行业的概况与统计》,《上海研究论丛》第 10 辑, 上海社会科学院出版社, 1995, 第 137 页.
6) 赵文林, 谢淑君:《中国人口史》, 人民出版社, 1988, 第 626 页;《中国城市手册》, 经济科学出版社, 1987, 第 796 页.
7) 《新中国五十年统计资料汇编》中国统计出版社, 1999.
8) 侯丽:《对计划经济体制下中国城镇化的历史新解读》,《城市规划学刊》2010 年第 2 期.
9) 赵燕菁:《中国城市化道路理论述评》, 载叶维钧等主编《中国城市化道路初探》, 中国展望出版社, 1988.
10) 王远征:《中国城市化道路的选择和障碍》,《战略与管理》2001 年第 1 期.
11) 白南生:《中国的城市化》,《管理世界》2003 年第 11 期.
12) 李强, 杨开忠:《都市蔓延》, 机械工业出版社, 2007.
13) 白南生:《中国的城市化》,《管理世界》2003 年第 11 期.

第2章
1) 李强等:《城市化进程中的重大社会问题及其对策研究》, 经济科学出版社, 2009, 第 2-3 页.
2) 中华人民共和国国家统计局编《中国统计年鉴 (2010)》, 中国统计出版社, 2010.
3) 李强:《农民工与中国社会分层》, 社会科学文献出版社, 2004, 第 308～309 页.
4) 颜如春:《中国西部多元城镇化道路探析》,《中国行政管理》2004 年第 9 期.
5) Shahid Yusuf and Tony Saich, *China Urbanizes: Consequence, Strategies, and Policies.* Washington, DC: World Bank, 2008.
6) "国发 [2010] 46 号",《全国主体功能区规划》, 2010 年 12 月 21 日. その中で, こ

の計画の目的は，効率的で，調整され，持続可能な国土と空間の開発パターンを構築することにあることが明らかにされている．

7) Richard Sennett, *Classic Essays on the Culture of Cities*, New York: Meredith Corporation. 1969.
8) Richard Sennett, *Classic Essays on the Culture of Cities*, New York: Meredith Corporation. 1969.
9) Louis Wirth, "Urbanism: As a Way of Life." *American Journal of Sociology* (July 1938): 1-24. (L. ワース：松本康訳「生活様式としてのアーバニズム」，松本康編『近代アーバニズム』都市社会学セレクション 1，日本評論社，2011 年).
10) 周錫瑞：《改革与革命——辛亥革命在两湖》，杨慎之译，中华书局，1980，第 80 页．
11) 费正清：《剑桥中国晚清史》（下卷），中国社会科学出版社，2006，第 643 页．
12) 金观涛，刘青峰：《开放中的变迁——再论中国社会超稳定结构》，法律出版社，2010，第 102-120 页．
13) 于建嵘：《当前我国群体性事件的主要类型及其基本特征》，《中国政法大学学报》2009 年第 6 期．
14) 赫尔曼·M. 施瓦茨：《国家与市场：全球经济的兴起》，徐佳译，江苏人民出版社，2008，第 50 页．(H.M. シュワルツ：宮川典之ほか訳『グローバル・エコノミー』Ⅰ・Ⅱ，文真堂，2001-2002 年).
15) 丝奇雅·萨森：《全球城市：伦敦，纽约，东京》，上海社会科学院出版社，2008 (S. サッセン：伊豫谷登士翁ほか訳『グローバル・シティ：ニューヨーク・ロンドン・東京から世界を読む』筑摩書房，2008 年).
16) William Julius Wilson. "From Institutional to Jobless Ghettos." In *When Work Disappears: the World of the New Urban Poor* (1996). City Reader. Second Edition. 2000. (W. J. ウィルソン：川島正樹ほか訳『アメリカ大都市の貧困と差別：仕事がなくなるとき』明石書店，1999 年).

第 3 章

1) 吴良镛，吴唯佳，武廷海：《论世界与中国城市化的大趋势和江苏省城市化道路》，《科技导报》2003 年第 2 期より再引用．
2) 费孝通：《小城镇 大问题》，江苏人民出版社，1984；李强：《农民工与中国社会分层》，社会科学文献出版社，2004，334-348 页．
3) 哈贝马斯：《公共领域的结构转型》，曹卫东等译，学林出版社，1999；《在事实与规范之间：关于法律和民主法治国的商谈理论》，童世骏译，三联书店，2003．(J. ハーバーマス：細谷貞雄ほか訳『公共性の構造転換：市民社会の一カテゴリーについての探究』未来社，1994 年，同：河上倫逸ほか訳『事実性と妥当性：法と民主的法治国家の討議理論にかんする研究』上・下，未来社，2002-2003 年).柯亨，阿拉托：《社会理论与市民社会》，邓正来等编《国家与市民社会》，中央编译出版社，2002（A. アレイト & G. コーヘン「市民社会と社会理論」，M. ジェイ編：竹内真澄監訳『ハーバーマスとアメリカ・フランクフルト学派』青木書店，1997 年).Antonio Gramsci, *Selections from the Prison Notebooks*, Quentin Hoare and Geoffrey Nowell

Smith. trans. and ed. New York: International Publishers. 1971.
4) 唐子来：《西方城市空间结构研究的理论和方法》，《城市规划汇刊》1997 年第 6 期.
5) 辜胜阻，朱农：《中国城镇化的区域差导及其区域发展模式》，《中国人口科学》1993 年第 1 期.
6) 陆大道：《我国的城镇化进程与空间扩张》，《城市规划学刊》2007 年第 4 期.
7) 顾朝林等：《中国都市地理》，商务印书馆，2004.
8) 陆大道：《我国的城镇化进程与空间扩张》，《城市规划学刊》2007 年第 4 期.
9) 梁漱溟：《中国文化要义》，上海世纪出版集团，2003，第 72, 81 页.
10) 列斐伏尔：《空间：社会产物与使用价值》；载夏铸九、王志弘编译《空间的文化形式与社会理论读本》，明文书局，2002，第 19-30 页；包亚明：《现代性与空间的生产》，上海教育出版社，2003.
11) 张庭伟：《对城市化发展动力探讨》，《城市规划》1983 年第 5 期；顾朝林等《中国城市地理》，商务印书馆，2004；《中国城市化：格局·过程·机理》，科学出版社，2008.
12) 齐康，夏宗玕：《城镇化与城镇体系》，《建筑学报》1985 年第 1 期.
13) 费孝通：《小城镇 大问题》，江苏人民出版社，1984；刘红星：《温州市城镇化特点分析和水平预测》，《城市规划》1987 年第 2 期. 刘传江：《中国城市化的制度安排和创新》，武汉大学出版社，1999.
14) 顾朝林等：《中国城市地理》，商务印书馆，2004；《中国城市化：格局·过程·机理》，科学出版社，2008；薛凤旋，杨春：《外资影响下的城市化——以珠江三角洲为例》，《城市规划》1995 年第 6 期.
15) 宁越敏：《新城市化过程——90 年代中国城市化动力机制和特点探讨》，《地理学报》1998 年第 5 期；陈波翀，郝寿义，杨兴宪：《中国城市化快速发展的动力机制》，《地理学报》2004 年第 6 期.
16) 张庭伟：《1990 年代中国城市空间结构的变化及其动力机制》，《城市规划》2001 年第 7 期；房国坤，王咏，姚士谋：《快速城市化时期城市形态及其动力机制研究》，《人文地理》2009 年第 2 期；熊国平：《20 世纪 90 年代以来长三角城市形态演变的动力变化》，《华中建筑》2009 年第 2 期；刘欣葵：《中国城市化的空间扩张方式研究》，《广东社会科学》2011 年第 5 期.
17) 周一星，孟延春：《中国大城市的郊区化趋势》，《城市规划汇刊》1998 年第 3 期；丁成日：《城市"摊大饼"式空间扩张的经济学动力机制》，《城市规划》2005 年第 4 期；耿慧志：《论我国城市中心区更新的动力机制》，《城市规划汇刊》1999 年第 3 期；杨东峰：《从开发区到新城：现象、肌理及路径——以天津泰达为例》，博士学位论文，清华大学，2004.
18) 周一星等：《土地失控谁之过？》，《城市规划》2006 年第 11 期.
19) 熊国平，杨东峰，于建勋：《20 世纪 90 年代以来中国城市形态演变的基本总结》，《华中建筑》2010 年第 4 期.
20) 中华人民共和国国家统计局编《中国统计年鉴 2011》，中国统计出版社，2011.
21) 吴良镛：《北京旧城居住区的政治途径——城市细胞的有机更新与"新四合院"的探索》，《建筑学报》1989 年第 7 期.
22) 帕克：《城市社会学》，宋俊岭等译，华夏出版社，1987，第 48～62 页.

23) 陈伟新：《国内大众城市中央商务区近今发展实证研究》，《城市规划》2003年第12期.
24) 费孝通：《小城镇 大问题》，江苏人民出版社，1984.

第4章

1) 中国市长协会：《中国城市发展报告》，新华网专题：http://www.china.com.cn/aboutchina/data/07cs/node_7039769.htm
2) 王宏伟，袁中金，侯爱敏：《城市化的开发区模式研究》，《地域研究与开发》，2004年第2期.
3) 王宇灏：《我国开发区治理模式研究》，硕士学位论文，苏州大学，2009.
4) 雷霞：《我国开发区管理体制问题研究》，博士学位论文，山东大学，2009.
5) 吴熙铭：《基于DEA方法的土地利用经济效益评价研究——以台州经济开发区为例》，硕士学位论文，浙江工业大学，2011.
6) 吴熙铭：《基于DEA方法的土地利用经济效益评价研究——以台州经济开发区为例》，硕士学位论文，浙江工业大学，2011.
7) 雷霞：《我国开发区管理体制问题研究》，博士学位论文，山东大学，2009.
8) 国家级经济技术开发区，http://baike.baidu.com/view/887968.htm.
9) 郭薇：《开发区二次创业恰逢其时》，2011年5月12日《中国环境报》.
10) 鲍克：《中国开发区——入世后开发区微观体制设计》，人民出版社，2002.
11) 《全国开发区整治整顿工作情况对比分析》，《领导决策信息》2004年第15期.
12) 国家旅游度假区，http://baike.baidu.com/view/4450172.htm.
13) 王宇灏：《我国开发区治理模式的研究》，硕士学位论文，苏州大学，2009.
14) 王宇灏：《我国开发区治理模式的研究》，硕士学位论文，苏州大学，2009.
15) 《中国民生热线临沂临港经济开发区拆迁上访成功中央作出批示》，2011年4月11日，http://www.sdbfzm.com/Article/ShowArticle.asp?ArticleID=688.
16) 《长春净月经济开发区农妇李卫为阻止拆迁自焚重伤》，http://www.ttl1890.com/ttdaily/13758.htm.
17) 《江西抚州连环爆炸案》，http://www.huanqiu.com/zhuanti/china/jxbzh/.
18) 雷霞：《我国开发区管理体制问题研究》，博士学位论文，山东大学，2009.
19) 孙洪健：《我国开发区行政管理体制创新问题研究》，硕士学位论文，吉林大学，2005.
20) 王宇灏：《我国开发治理模式研究》，硕士学位论文，苏州大学，2009.
21) 樊宁：《高新区扩容后如何防止旧体制复归——透视苏州高新区区划调整》，《中国外资》2003年第8期.
22) 王宇灏：《我国开发区治理模式研究》，硕士学位论文，苏州大学，2009.
23) 王宇灏：《我国开发区治理模式研究》，硕士学位论文，苏州大学，2009.
24) 詹水芳：《上海开发区空间集聚模式与世界级产业基地建设》，硕士学位论文，华东师范大学，2004.
25) 《烟台开发区培育战略新兴产品打造千亿经济体》，http://tv.people.com.cn/GB/150716/156856/158298/14825091.html.
26) 《城市化是人的市民化不是土地的城市化》，2011年2月14日《人民日报》；新华网全文转载，http://news.xinhuanet.com/2011-02/14/c_121072956.htm.

27) 孙洪健：《我国开发区行政管理体制创新问题研究》，硕士学位论文，吉林大学，2005.
28) 刘广：《我国基本公共服务均等化问题研究》，硕士学位论文，河南大学，2010；杨真：《城乡基本公共服务均等化背景下的乡镇政府公共服务职能问题研究》，硕士学位论文，长春工业大学，2010.
29) 《中西部等地区国家级经济技术开发区基础设施项目贷款财政贴息资金管理办法》，中国开发区协会网站，http://www.cadz.org.cn/Content,jsp?ItemID=1602&ContentID=78714.
30) 国家级经济技术开发区，http://baike.baidu.com/view/887968.htm.
31) 《开发区的有序竞争与协调发展》，2005年3月11日《中国高新技术产业导报》.
32) 周穗芳：《我国开发区融资模式的比较分析》，《财政监督》2009年第18期.
33) 周穗芳：《我国开发区融资模式的比较分析》，《财政监督》2009年第18期.
34) 《北京经济技术开发区鼓励社会资本投资经营基础设施项目暂行办法》，http://www.most.gov.cn/tjcw/tczcwj/200708/t20070813_52377.htm.
35) 《北京经济技术开发区第一批利用社会资金建设基础设施及能源项目简介》，http://www.bda.gov.cn/cms/qt/9038.htm.
36) 《连云港经济技术开发区基础设施建设引入社会资本》，http://www.fdi.gov.cn/pub/FDI/gjjjkfq/kfqdt/t20060402_13278.htm.
37) 王宏伟，袁中金，侯爱敏：《城市化的开发区模式研究》，《地域研究与开发》2004年第2期.
38) 鲍克：《中国开发区——入世后开发区微观体制设计》，人民出版社，2002.
39) 《全国开发区整治整顿工作情况对比分析》，《领导决策信息》2004年第15期.
40) 《部分地区开发区违规圈地占地问题重新抬头》，2011年1月11日. http://finance.sina.com.cn/g/20110111/06519231950.shtml.
41) 《开发区的有序竞争与协同发展》，2005年3月11日《中国高新技术产业导报》
42) 《开发区的有序竞争与协同发展》，2005年3月11日《中国高新技术产业导报》
43) 王兴平：《中国开发区空间配置与使用的错位现象研究—以南京国家级开发区为例》，《城市发展研究》2008年第2期.
44) 王宏伟，袁中金，侯爱敏：《城市化的开发区模式研究》，《地域研究与开发》2004年第2期.
45) 王宏伟，袁中金，侯爱敏：《城市化的开发区模式研究》，《地域研究与开发》2004年第2期.
46) 张艳：《机构调查显示拆迁矛盾已成为我国首要社会矛盾》，人民网2011年6月23日.
47) 王宇灏：《我国开发区治理模式研究》，硕士学位论文，苏州大学，2009.
48) 王宇灏：《我国开发区治理模式研究》，硕士学位论文，苏州大学，2009.
49) 王宇灏：《我国开发区治理模式研究》，硕士学位论文，苏州大学，2009.
50) 《南昌通报聚众冲击开发区等群体性事件》，http://news.qq.com/a/20070720/002605.htm.

第5章

1) 诺南主编《城市手册》，郭爱军等译，格致出版社，上海人民出版社，2009，第32页.

2) 蔡禾主编《城市社会学：理论与视野》，中山大学出版社，2003，第 65 页．
3) 蔡禾主编《城市社会学：理论与视野》，中山大学出版社，2003，第 7-11 页．
4) 原新：《二元经济论与劳动力转移理论——兼论中国劳动力转移》，《人口与经济》1998 年第 2 期．
5) 埃德温主编《区域和城市经济学手册》（第 2 卷），郝寿义等译，经济科学出版社，2003，第 335 页．
6) 埃德温主编《区域和城市经济学手册》（第 2 卷），郝寿义等译，经济科学出版社，2003，第 335-336 页．
7) 埃德温主编《区域和城市经济学手册》（第 2 卷），郝寿义等译，经济科学出版社，2003，第 334 页．
8) 埃德温主编《区域和城市经济学手册》（第 2 卷），郝寿义等译，经济科学出版社，2003，第 329 页．
9) 诺南主编《城市手册》，郭爱军等译，格致出版社，上海人民出版社，2009，第 32 页．
10) 埃德温主编《区域和城市经济学手册》（第 2 卷），郝寿义等译，经济科学出版社，2003，第 465 页．
11) 埃德温主编《区域和城市经济学手册》（第 2 卷），郝寿义等译，经济科学出版社，2003，第 465 页．
12) 埃德温主编《区域和城市经济学手册》（第 2 卷），郝寿义等译，经济科学出版社，2003，第 466 页．
13) 埃德温主编《区域和城市经济学手册》（第 2 卷），郝寿义等译，经济科学出版社，2003，第 464 页．
14) 埃德温主编《区域和城市经济学手册》（第 2 卷），郝寿义等译，经济科学出版社，2003，第 464 页．
15) 诺男主编《城市手册》，郭爱军等译，格致出版社，上海人民出版社，2009，第 33 页．
16) PG 区工作日志．
17) John R. Logan. Harvey L. Molotch. *Urban Fortunes: The Political Economy of Place*. Berkeley and Los Angeles: University of California Press, 1987.
18) PG 区工作日志．
19) 郑也夫：《城市社会学》，中国城市出版社，2002，第 107 页．
20) 周飞舟：《分税制十年：制度及其影响》，《中国社会科学》2006 年第 6 期．

第 6 章

1) 中国发展研究基金会：《中国发展报告 2010》，人民出版社，2010，第 59 页．
2) 《全国工业用地供应首超住宅，二三线城市增幅明显》，新华网，2011 年 7 月 29 日，http://news.xinhuanet.com/house/2011-07/29/c_121745427.htm．
3) 《关于 2010 年度中央预算执行和其他财政收支的审计工作报告》，审计署办公厅，2011 年 6 月 27 日．
4) 曹明，王卢羡：《地方政府债务融资的结构性风险和改革建议》，《中国债券》2011 年 2 月．
5) 曹明，王卢羡：《地方政府债务融资的结构性风险和改革建议》，《中国债券》2011 年

2月.
6) 中国发展研究基金会:《中国发展报告 2010》, 人民出版社, 2010, 第 74~75 页.
7) Meg Elizabeth Rithmire,"Closed Neighborhoods in Open Cities: The Politics of Socio-Spatial Change in Urban China." Paper for the Annual Meeting of the American Political Science Association Washington D.C.2010,APSA.
8) John Friedman, *China's urban transition*. Minneapolis: University of Minnesota Press. 2005. (J. フリードマン:谷村光浩訳『中国 都市への変貌:悠久の歴史から読み解く持続可能な未来』鹿島出版会, 2008 年).
9) John Logan, *Urban China in Transition.* Blackwell. 2008.
10) 李强, 杨开忠:《城市蔓延》, 机械工业出版社, 2006.
11) You-tien Hsing, "Land and Urban Politics" *The Great Transformation : Politics of Land and Property in China.* Oxford University Press. 2010.
12) Meg Elizabeth Rithmire, "Closed Neighborhoods in Open Cities: The Politics of Socio-Spatial Change in Urban China" Paper for the Annual Meeting of the American Political Science Association, Washington D. C.2010, APSA.
13) 李强:《城市化进程中的重大社会问题及其对策研究》, 经济科学出版社, 2009.
14) David Harvey, *Urbanization of Capital: Studies in the History and Theory of Capitalist Urbanization,* Johns Hopkins University Press. 1985. (D. ハーヴェイ:水岡不二雄監訳『都市の資本論:都市空間形成の歴史と理論』青木書店, 1991 年).
15) Castells. M. , Theory and Ideology in Urban Sociology In C. Pickvance (Eds), *Urban Sociology :Critical Essays.*London: Tavistock. p.75. (M. カステル「都市社会学における理論とイデオロギー」, C. G. ピックヴァンス編:山田操ほか訳『都市社会学:新しい理論的展望』恒星社厚生閣, 1982 年). 转引自蔡禾, 何艳玲《集体消费与社会不平等——当代资本主义都市社会的一种分析视角》,《学术研究》2004 年第 1 期.
16) Saskia Sassen, *The Global City: New York, London, Tokyo.* Princeton University Press. 2001. (日本語訳は第 2 章注 15).
17) Harvey Molotch, The City as a Growth Machine: Towards a Political Economy of Place. *American Journal of Sociology.* 82 (September, 1976). 309-332. (H. モロッチ「成長マシンとしての都市:場所の政治経済学にむけて」, 町村敬志編『都市の政治経済学』都市社会学セレクション 3, 日本評論社, 2012 年).
18) C.Stone, "Urban Regimes and the Capacity to Govern: A Political Economy Approach" *Journal of Urban Affairs.* 15 (1): 1-28.
19) 邹谠:《二十世纪中国政治》, 牛津大学出版社, 1994.
20) Nee, V. & Opper, S., On Politicized Capitalism, in V. Nee & R. Swedberg (Ed.), *On Capitalism.* Stanford: Stanford University Press, 2007. pp. 93-127.
21) 白南生:《城市化与农村劳动力流动》, 载《中国社会变迁 30 年, 1978-2008》第 3 章, 社会科学文献出版社, 2008.
22) Albert Part, "Rural Urban Inequality in China" Chapter 2, ed. Shahid Yusuf and Tony Saich. *China Urbanizes:Consequence, and Policies.* Washington, DC:

World Bank. 2008.
23) 李强：《城市化化进程中的重大社会问题及其对策研究》，社会科学出版社，2009.
24) 顾朝林："Social Polarization and Segregation in Beijing", *The New Chinese City: Globalization and Market Reform,* Blackwell, 2002.
25) 沈原：《市场，阶级与社会：转型社会学的关键议题》，社会科学文献出版社，2007.
26) Tony Saich "The Changing Role of Urban Government." in Chapter 8, ed. Shahid Yusuf and Tony Saich. *Chaina Urbanizes: Consequence, Strategies, and Policies.* Washington, DC: World Bank. 2008.
27) 陆铭：《垄断行业高收入成因解析》，《人民论坛》2010年第8期.
28) 陆铭：《警惕扭曲之手》，《财经》2011年11月总第305期.
29) 顾朝林："Social Polarization and Segregation in Beijing", *The New Chinese City: Globalization and Market Reform,* Blackwell, 2002.
30) 蒋芳，刘胜和，袁弘："Measuring Urban Sprawl in Beijing with Geo-spatial Indices." *Journal of Geographical Sciences.* 2007.
31) 朱小棣，易成栋：《住房空置的政治经济学》，《南方周末》2010年11月3日；唐学鹏：《中国住房空置是"系统性空置"》，《21世纪经济报道》2010年8月18日.
32) Sugie Lee, "Metropolitan Growth Patterns and Socio-Economic Disparity in Six US Metropolitan Areas 1970-2000." *International Journal of Urban and Regional Research,* Volume36.5, 2011.9, pp.988-1011.
33) 匡文慧，邵全琴，刘纪远，孙朝阳：《1932年以来北京主城区土地利用空间扩张特征与机制分析》，《地球信息科学学报》2009年第4期.
34) 蒋芳，刘胜和，袁弘："Measuring Urban Sprawl in Beijing with Geo-spatial Indices." *Journal of Geographical Sciences.* 2007.
35) 吴良镛：《城市边缘与区域归化——以北京地区为例》，《建筑学报》2005年第6期.
36) 蒋芳，刘胜和，袁弘："Measuring Urban Sprawl in Beijing with Geo-spatial Indices." *Journal of Geographical Sciences.* 2007.
37) Michael, J.White, Wu Fulong, Yiu por (Vincent) Chen. "Urbanization, Institutional Change, and Sociospatial Inequality in China, 1990-2001." in *Urban China in Transition,* ed by John Logan, Blackwell, 2008.
38) Nee, V. & Opper, S., "Political Capital in a Market Economy." *Social Forces.* 2010.
39) Park, Albert and Katja Sehrt, "Tests of Financial Intermediation and Banking Reform in China." *Journal of Comparative Economics* 29:608-644.
40) Guthrie, Douglas, 1999. Dragon in a Three-Piece Suit. Princeton: Princeton University Press. Hayek, Friedrich A. 1945. "The Use of Knowledge in Society. *American Economic Review,* 35: 519-530.
41) Wong, Sonia M.L.Sonja Opper, and Ruyin Hu, 2004 "Shareholding Structure, Depoliticization and Enterprise Performance: Lessons from China's Listed Companies," *Economics of Transition* 12: 29-66.
42) Nee, V. & Opper, S., On Politicized Capitalism. In V. Nee & R. Swedberg (Ed.),

On Capitalism. Stanford:Stanford University Press, 2007, pp.93-127.
43) 陆铭:《垄断行业高收入成因解析》,《人民论坛》2010 年第 23 期.
44) Krueger, Anne.1974. "The Political Economy of the Rent Seeking Society." *American Economic Review* 64: 291-303.

第 7 章

1) 李强:《城市化进程中的重大社会问题及其对策研究》,经济科学出版社,2009,第 47 页.
2) 李强:《城市化进程中的重大社会问题及其对策研究》,经济科学出版社,2009,第 49～51 页.
3) 李忠辉:《大拆大建城市的伤痛与遗憾》,2005 年 9 月 23 日《人民日报》.
4) 刘易斯·芒福德:《城市发展史——起源、演变和前景》,宋峻岭等译,中国建筑工业出版社,2005,第 2 页(L. マンフォード:生田勉訳『歴史の都市明日の都市』新潮社,1969 年).
5) 单淳:《从城市形象说起》,2005 年 2 月 9 日《中国文物报》.
6) 2011 年 6 月 23 日《京华时报》.
7) 方可:《当代北京旧城更新》,中国建筑工业出版社,2000,第 194 页.
8) 方可:《当代北京旧城更新》,中国建筑工业出版社,2000,第 194 页.
9) 单霁翔:《从"大规模危旧房改造"到"循序渐进,有机更新"——探讨历史城区保护的科学途径与有机秩序》(下),《文物》2006 年第 3 期.

第 8 章

1) 蒋三庚、王曼怡、张杰:《中央商务区现代服务业集聚路径研究》,首都经济贸易大学出版社,2009,第 122 页.
2) 陈伟新:《国内大中城市中央商务区近今发展实证研究》,《城市规划》2003 年第 12 期.
3) 帕克:《城市社会学》,宋俊岭等译,华夏出版社,1987,第 48-62 页.
4) 刘涛:《国外 CBD 演化及开发对我国 CBD 建设的启示》,《上海城市管理职业技术学院院报》2007 年第 2 期.
5) 韩可胜:《CBD 的经济结构与政府管理模式研究——国际经验与上海陆家嘴的实践》,博士学位论文,华东师范大学,2008.
6) 蒋三庚、王曼怡、张杰:《中央商务区现代服务业集聚路径研究》,首都经济贸易大学出版社,2009,第 23-31 页.
7) 张杰:《北京 CBD 产业发展模式及对策研究》,《首都经济贸易大学学报》2006 年第 1 期.
8) 陈伟新:《国内大中城市中央商务区近今发展实证研究》,《城市规划》2003 年第 12 期.
9) 张进进:《成都建设 CBD 的条件和定位研究》,学位论文,西安交通大学,2007.
10) 于慧芳:《CBD 现代服务业集聚研究》,博士学位论文,首都经济贸易大学,2010.
11) 于慧芳:《CBD 现代服务业集聚研究》,博士学位论文,首都经济贸易大学,2010.
12) 于慧芳:《CBD 现代服务业集聚研究》,博士学位论文,首都经济贸易大学,2010.
13) 于慧芳:《CBD 现代服务业集聚研究》,博士学位论文,首都经济贸易大学,2010.

14) 于慧芳：《CBD 现代服务业集聚研究》，博士学位论文，首都经济贸易大学，2010.
15) 何彦君：《促进我国城市中央商务区（CBD）健康发展探讨》，硕士学位论文，广西大学，2006.
16) 岑俊华：《对珠江新城规划的看法》，《广东科技》2005 年第 8 期.
17) 蒋朝辉：《中国大城市中央商务区（CBD）建设之辨》，《国外城市规划》2005 年第 4 期.
18) 蒋朝辉：《中国大城市中央商务区（CBD）建设之辨》，《国外城市规划》2005 年第 4 期.
19) 上海 CBD の建设事例は次の论文を要约した．韩可胜《CBD 的经济结构与政府管理模式研究－国际经验与上海陆家嘴的实践》，华东师范大学博士学位论文，2008.
20) 韩可胜《CBD 的经济结构与政府管理模式研究－国际经验与上海陆家嘴的实践》，华东师范大学博士学位论文，2008.
21) 韩可胜《CBD 的经济结构与政府管理模式研究－国际经验与上海陆家嘴的实践》，华东师范大学博士学位论文，2008.
22) 韩可胜《CBD 的经济结构与政府管理模式研究－国际经验与上海陆家嘴的实践》，华东师范大学博士学位论文，2008.
23) 韩可胜《CBD 的经济结构与政府管理模式研究－国际经验与上海陆家嘴的实践》，华东师范大学博士学位论文，2008.
24) 岑俊华：《对珠江新城规划的看法》，《广东科技》2005 年 8 期.
25) 何彦君：《促进我国城市中央商务区（CBD）健康发展探讨》，硕士学位论文，广西大学，2006.
26) 李洁瑶：《珠江新城的 CBD 之痒》，《房地产导刊》2005 年第 18 期.
27) 李洁瑶：《珠江新城的 CBD 之痒》，《房地产导刊》2005 年第 18 期.
28) 罗永泰，张金娟：《我国中央商务区发展问题研究》，《城市发展研究》2004 年第 2 期.
29) 罗永泰，张金娟：《我国中央商务区发展问题研究》，《城市发展研究》2004 年第 2 期.
30) 罗永泰，张金娟：《我国中央商务区发展问题研究》，《城市发展研究》2004 年第 2 期.
31) 杨俊宴，吴明伟：《中国城市 CBD 适建度指标体系研究》，《城市规划》2006 年第 1 期.
32) 丁成日：《高度集聚的中央商务区—国际经验及中国城市商务区的评价》，《规划师》2009 年第 9 期.

第 9 章

1) 罗平汉：《人民公社化运动始末》，中共中央党校出版社，2006.
2) Dong Fureng, Industrialization and China's Rural Modernization. St. Martin's Press. 1992；柏兰芝：《空间规划和论述的政治：对珠江三角洲城市化战略的反思》，《台湾社会研究季刊》第 70 期，2008.
3) 赵之枫：《乡村城镇化进程中村庄集聚的时空方略》，《小城镇建设》2002 年第 10 期，第 32 页.
4) Shen Xiaoping, Spatial Inequality of Rural Industrial Development in China, 1989-1994. *Journal of Rural Studies* Vol. 15, No 2, 1998. pp.179-199.
5) 杨峥屏，但秋君：《珠海西部地区新农村建设的规划对策》，《规划师》2006 年第 5 期，第 27～29 页.
6) Lin G. C. S., Evolving Spatial Form of Urban-Rural Interaction in the Pearl

River Delta, China. *Professional Geographer*, Vol. 53, No.1, 2001. pp.56-70.
7) 清河县网站.
8) 清河カシミア产业の技术・市场・产业构造の发展については，王缉磁《社会结构演进与产业技术发展间动态互动关系的实证研究》，硕士学位论文，清华大学，2000.
9) 邢台市行政服务中心办公室数据，《关于我市外商投资企业2008年发展状况的分析与建设》，http://www.xtsxzfw.gov.cn/Broadcast/broadcastview.aspx?Infold=00090&type={InfoType}.
10) 《双城集拥有1000多台梳绒机，但"行路难"使收绒的客户都不愿走进双城集的区域》，http://www.xtsxzfw.gov.cn/node3/xinwen/xsq/qhx/userobjectlai5741/html.
11) 《云浮统筹发展规划》的规划文本.
12) 广东云浮市创新农村社会管理调查，http://www.gd.xinhuanet.com/newscenter/2011-08/26/content_23551395.htm.
13) 朱国宏：《人地关系轮——中国人口与土地关系问题的系统研究》，复旦大学出版社，1996，第143页.
14) 温铁军：《"三农问题"与解决办法》，《中国改革·农村版》2003年第2期，第32～34页.
15) 郑峰等：《新型工业化道路与城乡经济社会发展》，山东人民出版社，2004.
16) http://www.earthtree.com.tw/.
17) http://www.xingeng.org/Cn/about.asp.
18) Klatzmann J.and Levi Y., The Role of Group Action in the Industrialization of Rural Areas,Praeger Publishers,United States, 1997.
19) 卡斯特尔：《认同的力量》，夏铸九译，社会科学文献出版社，2003
20) 潘维：《农民与市场——中国基层政权与乡镇企业》，商务印书馆，2003

第10章

1) 胡必亮：《发展理论与中国》，人民出版社，1998，第168～169页.
2) 费孝通：《小城镇 大问题》，《费孝通全集》（第十卷），内蒙古人民出版社，2009，第215页.
3) 王立军：《浙江农村城镇化的现状与对策研究》，国务院发展研究中心信息网，2001年4月10日.
4) 刘德承：《民营经济推动下的农村城市化建设——浙江省典型案例》，博士学位论文，浙江师范大学，2011，第12页.
5) 韩村河村档案展览室.
6) 高阿娜：《韩村河印象》，2008年1月22日《中国现代企业报》.
7) 苏国勋：《理性化及其限制——韦伯思想引论》，上海人们出版社，1998，第191页.
8) 转引自沈原《市场，阶级与社会——转型社会学的关键议题》，社会科学文献出版社，2007，第232页.
9) 陆益龙：《农民中国——后乡土社会与新农村建设研究》，中国人民大学出版社，2010，第377页.
10) 费孝通：《从实求知路》，北京大学出版社，1998，第201页.

11) 刘学忠，李树超：《试论小城镇建设与农业产业化的同步协调发展》，载《农业经济》2000 年 4 月．

第 11 章

1) データの処理方法は，抄军，罗能生《中国的城市化与人口迁移——2000 年以来的实证研究》，《统计研究》2008 年第 2 期を参照されたい．
2) データの処理方法は，抄军，罗能生《中国的城市化与人口迁移——2000 年以来的实证研究》，《统计研究》2008 年第 2 期を参照されたい．
3) 翟振武，段成荣：《跨世纪的中国人口迁移与流动》，中国人口出版社，2006．
4) 中华人民共和国国家统计局：《2005 年全国 1% 人口抽样调查主要数据公报》，2006 年 3 月 16 日，http://www.stats.gov.cn/tjgb/rkpcgb/qgrkpcgb/t20060316_402310923.htm
5) 中华人民共和国国家统计局：《2010 年第六次全国人口普查主要数据公报（第 1 号）》，2011 年 4 月 28 日，http://www.stats.gov.cn/tjgb/rkpcgb/qgrkpcgb/t20110428_402722232.htm
6) 段成荣，杨舸：《中国流动人口状况——基于 2005 年全国 1% 人口抽样调查数据的分析》，《南京人口管理干部学院学报》2009 年第 4 期．
7) 中华人民共和国国家统计局：《2005 年全国 1% 人口抽样调查主要数据公报》，2006 年 3 月 16 日，http://www.stats.gov.cn/tjgb/rkpcgb/qgrkpcgb/t20060316_402310923.htm
8) 蔡昉：《中国人口流动方式与途径（1990～1999 年）》，社会科学文献出版社，2001．

第 12 章

1) 盖奥尔格・西美尔：《社会学：关于社会化形式的研究》，华夏出版社，2002，第 512～529 页．(G. ジンメル：居安正訳『社会学：社会化の諸形式についての研究』上・下，白水社，1994 年)．
2) 李强等：《城镇化进程中的重大社会问题及其对策》，经济科学出版社，2009，第 1～5 页．
3) 潘家华，魏后凯主编《城市蓝皮书：中国城市发展报告 No.3》，社会科学文献出版社，2010，第 1～35 页．
4) 于猛：《城镇化率不是越高越好》，《人民日报》2011 年 4 月 11 日，第 17 版．
5) 张敏：《社科院专家：我国城镇化率高 10 个百分点》，http://www.sina.com.cn，2010 年 07 月 30 日 06：17 新浪每日经济新闻．
6) 《马克思恩格斯选集》第 2 卷，人民出版社，1972，第 87 页．
7) Samuel H. Preston, "Urban Growth in Developing Countries: A Demographic Reappraisal," in Josef Gugler, edit, *The Urbanization of the Third World* (Oxford [Oxfordshire]: Oxford University Press, 1988), pp.24-25.
8) 周天勇：《城市化关键在于让进城农民工住下来》，《社会科学报》2009 年 12 月 17 日，第 2 版．
9) 崔传义：《农民进城就业与市民化的制度》，山西经济出版社，2008，第 111～112 页．

10) 熊易寒:《底层,学校与阶级再生产》,《开放时代》2010年第1期.
11) 王小鲁:《体制改革迟缓致中国陷入权贵资本主义泥潭》,《中国与世界观察》第1期,中国与世界观察杂志有限公司,2011,第51页.
12) 廉思:《蚁族:大学毕业生聚居村实录》,广西师范大学出版社,2009.
13) 李强:《为什么农民工"有技术无地位":技术工人转向中间阶层社会结构的战略探索》,《江苏社会科学》2010年第6期,第10页.
14) 李强:《农民工与中国社会分层》,社会科学文献出版社,2004,第108～109页.
15) 帕累托:《普通社会学纲要》,生活·读书·新知三联书店,2001,第301～304页.
16) 李强:《农民工与中国社会分层》,社会科学文献出版社,2004,第240～273页.
17) 崔传义:《农民进城就业与市民化的制度》,山西经济出版社,2008,第153页.
18) 国务院发展研究中心,国务院农工办课题组:《我国农民工工作"十二五"发展规划纲要研究》2010年6月,第148页.
19) 张翼:《农民工户籍转化意愿及其政策含义》,《比较》第2期,中信出版社,2011,第36～39页.
20) 国务院发展研究中心:《农民工不愿意"双放弃"换取城镇户口》,《中国经济时报》2011年6月9日.
21) 李强:《社会分层十讲》,社会科学文献出版社,2008,第206页～207页.
22) 李强:《农民工与中国社会分层》,社会科学文献出版社,2004,第397～398页.
23) 侯亚非,张展新:《流动人口的城市融入:个人,家庭,社区透视和制度变迁研究》,中国经济出版社,2010,第140～149页.
24) 李强:《农民工与中国社会分层》,社会科学文献出版社,2004,第123～142页.
25) 李强:《为什么农民工"有技术无地位":技术工人转向中间阶层社会结构的战略探索》,《江苏社会科学》2010年6期,第8页～18页.

索引

［事項索引］

あ行

アーバニズム　39
一線都市　181, 189
温州モデル　33, 53, 238, 268
億元村　235

か行

開発区建設モデル　59, 75
下郷　9, 26
過剰都市化　61
河北清河企業有限公司　220
韓建グループ　68, 237, 245, 248
完整社区　227
帰郷労働者（回流労働力）　225
危険家屋（危房）　63, 171, 176
旧市街再開発モデル　63, 167
居住地分化　142, 158, 325, 341
欣耕工房　231
釘世帯（釘子戸）　176, 335
窪地　77
計画的一体開発（PUD）　202
県城　7, 30, 225
建制鎮　xii, 7, 14, 213
現代サービス業　65, 184, 189, 196
現地都市化（就地城鎮化）　95, 211
原動力メカニズム　32, 48, 50, 52, 55, 242
公営住宅（公管房）　170
郊外化（suburbanization）と超郊外化（exurbanization）　62, 145
耕作請負　132
郷鎮企業　33, 53, 213, 215, 233, 237
郷鎮産業化モデル　66, 211
口糧田　131
戸籍　9, 19, 27, 136, 322

国家観光レジャー区（国家旅游度假区）　84
国家級経済技術開発区　78, 82
国家級国境経済協力区（国家級辺境経済合作区）　83
国家級ハイテク産業開発区（国家級高進技術開発区）　82
国家級保税区　83
国家級輸出加工区（国家級出口加工区）　84
コンセッション　100
コンパクト化とスプロール化　145

さ行

三級村民理事会　227
三農問題　22, 67, 214
三来一補　92, 98
ジェントリフィケーション（gentrification）　161
市街地面積　146, 147
シカゴ学派　39
四合院　169, 173
社会主義新農村　216, 246
社会的選択理論　335
社会統合　309
社会保険　137, 259, 315, 324, 338
社区　313
集積の経済性　61, 118
集団経済（集体経済）　86, 237, 261
集団抗議行動（群体事件）　21, 72, 142, 176, 326
18億畝耕地紅線　69, 241, 314
熟人社会　109
珠江デルタモデル　34, 53, 238, 268
主体機能区（主体功能区）　xiv, 35, 67, 73, 225
循環流動　19, 310
省級開発区　85

索引

小財産権　63
小城鎮　12, 21, 30, 66, 211, 213, 214, 237, 239, 264, 267
城中村　143, 156, 160, 201, 311
城鎮化　3
小都市　213
小農経済　230
上楼　69, 314
新型農村コミュニティー　242
新型都市化　xv
新区　60
人口センサス　16, 25, 235, 290
新生代農民工　20, 43, 331
新村建設　174, 254
新都市建設モデル　60, 113
新農村建設　216
人民公社　212
スプロール化　52, 62, 145, 159, 165
制限価格アパート（限価房）　325
生産責任制　78, 236
成長連合　123, 141, 157
西部大開発　79
セクターモデル（扇型モデル）　49
全国都市計画工作会議（全国城市規划工作会议）　11, 213
専門市場　55
蘇南モデル　33, 53, 238, 268
村落産業化モデル　68, 235

た行

第1次五カ年計画　8
第6次五カ年計画　213
第7次五カ年計画　213
第8次五カ年計画　xiv, 213, 301
第9次五カ年計画　xiv, 301
第10次五カ年計画　xiv, 301
第11次五カ年計画　xiv, 15, 216, 302
第12次五カ年計画　xiv, 35, 63, 146, 305, 307, 308, 309, 338
第13次五カ年計画　xiv
大遺跡　64, 180
大財産権　63
代替住宅　141

たいまつ計画（火炬計画）　82, 98
大躍進　8
多核心モデル（polycentric model）　49
多元的都市化モデル　29
単位　5, 163
地級市　9
地球樹（Earth Tree）　231
地票制度　143
地方融資平台　150
中小都市　213, 301
中心業務地区（CBD）建設モデル　14, 65, 181
中心地理論　30
中等都市　30, 117
中都市　30, 213
低所得者向けアパート（経済适用房）　313, 339, 325
天鉄集団　223
同心円理論　44, 65, 160, 183
都市拡張モデル　62, 145
都市化率　9, 10, 16, 18, 22, 39, 277, 279, 310
都市規模　29
都市群　xv, 15, 31, 37
都市経営　63, 161
都市人口　25
都市レジーム　146, 157, 162
土地交換　64, 69
土地財政　122, 140, 151, 156, 168
土地収用　142, 311
土地備蓄計画　122, 125

な行

二級都市　117
二線都市　189
農村宅地置換　69, 241
農転非　314
農民工　10, 20, 309, 322
農民工児童学校（打工弟子学校）　337

は行

払下土地使用権（出让土地）　206
半統合（半融入）　20, 312, 313
半辺戸　316, 341

PPP　100
非公式部門　128
人の都市化　iv, ix, xv, 137
不統合（不融入）　20, 312, 322
プロジェクトファイナンス　100
文化大革命　9
分税制　139, 156
別荘　68, 237
仿古街　174
保障性住房　141, 149
保税物流団地（保税物流園区）　84

有機的再開発（有機的更新）　64, 178

ら行

流動人口　119, 290
里弄　172
ルイスの転換点　102, 114
歴史文化都市　173

わ行

割当土地使用権（划撥土地）　206

や行

家賃補助アパート（廉租房）　325

［人名索引］

あ行

アラト, A.（Andrew Arato）　48
ウェーバー, M.（Max Weber）　39
ウルマン, E.（Edward Ullman）　50
エシェリック, J.（Joseph Esherick）　40

か行

カステル, M.（Manuel Castells）　156
クリスタラー, W.（Walter Christaller）　30
倪志偉　157
呉良鏞　64, 160, 178
コーエン, J.（Jean Cohen）　48

さ行

サッセン, S.（Saskia Sassen）　156
シュペングラー, O.（Oswald Spengler）　231
ジンメル, G.（Georg Simmel）　39, 309
鄒讜　157
スティグリッツ, J.（Joseph Stiglitz）　47
ストーン, C.（Clarence Stone）　146

た行

チューネン, J.（Johann Heinrich von Thünen）　160
デービス, K.（Kingsley Davis）　38

田雄　249, 251
鄧小平　13
トマス, W.（William Thomas）　310

は行

パーク, R.（Robert Park）　44
バージェス, E.（Ernest Burgess）　44, 81, 181, 183
ハーバーマス, J.（Jürgen Habermas）　48
ハーベイ, D（David Harvey）　156
ハリス, C.（Chauncy Harris）　50
パレート, V.（Vilfredo Pareto）　326
費孝通　12, 66, 109, 211, 213, 239, 268
フェアバンク, J.（John Fairbank）　40
フリードマン, J.（John Friedmann）　154
プレストン, S.（Samuel Preston）　323
ホイト, H.（Homer Hoyt）　49

ま行

マッケンジー, R.（Roderick McKenzie）　114
モロッチ, H.（Harvey Molotch）　157

ら行

ライト, E.（Erik Wright）　334
リー, E.（Everett Lee）　335
ローガン, J.（John Logan）　154

わ行

ワース, L.（Louis Wirth）　39, 114

［地名索引］

あ行

雲浮市（広東省）　67, 225

か行

河西 CBD（南京市）　190
華西村（江蘇省江陰市）　68, 262, 269
嘉善県（浙江省嘉興市）　241
韓村河（北京市房山区）　68, 237, 243

さ行

三台鎮（保定市安新県）　217
上海市漕河涇新興技術開発区　90
上海陸家嘴金融貿易区　194
什刹海（北京市西城区）　178
珠江新城（広州市）　199
新郷劉荘（河南省新郷県）　68

清河県（河北省邢台市）　219
井店鎮（河北省邯鄲市）　223
蘇州ハイテク団地（蘇州高新区）　89, 108

た行

大明宮遺跡公園（陝西省西安市）　64, 180

な行

南池子大街（北京市東城区）　29

は行

北京 CBD　187
平谷区（北京市）　121

ら行

ラサ市（西蔵自治区）　173
龍港鎮（浙江省温州市）　50, 140

【執筆者紹介】（*は編者）
李　強*（第4・12章）　清華大学教授
葛　天任（第1・2・6章）　同済大学助理教授
陳　宇琳（第2・3章）　清華大学副教授
劉　精明（第3章）　清華大学教授
呂　鵬（第4章）　中南大学教授
史　玲玲（第5章）　北京師範大学講師
高　天（第7章）　北京国文琰文物保護発展有限公司副研究館員
王　瑩（第8章）　中国社会科学院大学政法学院講師
李　阿琳（第9章）　北京工業大学講師
劉　強（第10章）　内蒙古大学講師
王　昊（第11章）　中国農業大学講師

【訳者紹介】
蒋　芳婧（JIANG Fangjing）
1983年　広西生まれ
2004年　西安外国語大学日本語学部卒業
2006年　対外経済貿易大学大学院日本経済専攻修士課程修了
2011年　東京経済大学大学院経済学研究科博士後期課程修了（博士・経済学）
現在　　天津外国語大学高級翻訳学院（大学院）准教授
主要著書：《全球化时代背景下东亚地区制造业的竞争与合作格局——以汽车产业与ICT产业为中心》，南开大学出版社，2013年，《基于功能翻译理论的中央文献对外翻译研究——以政府工作报告日译为例》，中央编译出版社，2017年，（翻訳）《翻译行为与跨文化交际》，南开大学出版社，2017年.

【解説者紹介】
橋谷　弘（はしや　ひろし）
1955年　東京生まれ
1978年　早稲田大学政治経済学部経済学科卒業
1987年　東京都立大学大学院人文科学研究科博士課程単位取得
2001年　東京経済大学経済学部教授
現在　　東京経済大学名誉教授
主要著書：『帝国日本と植民地都市』吉川弘文館，2004年，『東アジアの都市構造と集団性：伝統都市から近代都市へ』（共著），清文堂出版，2016年，「改革開放以降の中国における地方都市の変貌：雲南省昆明市を事例として」（『東京経大学会誌』第293号，2017年2月）．

多元的都市化と中国の発展

2018年10月12日　第1刷発行

定価（本体6000円＋税）

編著者　李　　　　強
訳　者　蒋　　芳　婧
解　説　橋　谷　　弘
発行者　柿　﨑　　均

発行所　株式会社 日本経済評論社

〒101-0062　東京都千代田区神田駿河台1-7-7
電話 03-5577-7286　FAX 03-5577-2803
URL：http://www.nikkeihyo.co.jp
振替 00130-3-157198

装丁・渡辺美知子　　　藤原印刷・高地製本所

落丁本・乱丁本はお取替えいたします　　Printed in Japan
Ⓒ JIANG F. & HASHIYA H.
ISBN978-4-8188-2510-9

・本書の複製権・譲渡権・公衆送信権（送信可能化権を含む）は
　㈱日本経済評論社が保有します。

・JCOPY 〈㈳出版者著作権管理機構　委託出版物〉

本書の無断複写は著作権法上での例外を除き禁じられています。複写
される場合は、そのつど事前に、㈳出版者著作権管理機構（電話 03-
3513-6969、FAX 03-3513-6979、e-mail: info@jcopy.or.jp）の許諾
を得てください。